Friedrich und Andreas Plötzeneder

Powerprojekte mit
Arduino™ und C

Friedrich und Andreas Plötzeneder

Powerprojekte mit
Arduino™
und C

- Schrittmotor
- Distanzmessung mit Ultraschall
- Transistorkennlinie
- EKG und schwebende Kugel

Bibliografische Information der Deutschen Bibliothek

Die Deutsche Bibliothek verzeichnet diese Publikation in der Deutschen Nationalbibliografie; detaillierte Daten sind im Internet über http://dnb.ddb.de abrufbar.

Satz: DTP-Satz A. Kugge, München
art & design: www.ideehoch2.de
Druck: C.H. Beck, Nördlingen
Printed in Germany

ISBN 978-3-645-65131-8

Vorwort

Standardisierte Hardware hat dem PC zu seinem Erfolg verholfen. In der Mikrocontrollertechnik ist dem Arduino ein vergleichbarer Erfolg gelungen. Mit aufsteckbarer Hardware, die als *Shield* bezeichnet wird, stehen Schaltungen wie Motorbrücken oder EKG, Ethernet oder XBEE-Karten und vieles mehr zur Verfügung. Da ist es naheliegend, diese Hardware auch in C zu programmieren. Aus diesem Blickwinkel ist dieses Buch geschrieben. Es wendet sich an Mikroelektroniker, die bereits »Hello world« hinter sich haben und auch mit einem Steckbrett umgehen können. Es wird gezeigt, dass nicht nur der Arduino infrage kommt, sondern auch mit älteren Prozessoren wie dem ATmega8 und mit verschiedensten Programmiergeräten gearbeitet werden kann. Geordnet nach Preisklassen, wird die Hardware vorgestellt.

Wer Mikrocontroller in C programmieren will, findet in diesem Buch einen entsprechenden Kurs, bei dem zumindest einfache C-Kenntnisse vorausgesetzt werden. Inhalt ist die Grundlage für die Programmierung von Mikroprozessoren.

Auch die serielle Schnittstelle wird besprochen. Die Programme sind so geschrieben, dass sie für den ATmega8 und ATmega328P verwendet werden können. In Kapitel 6.3 wird die Standardein- und -ausgabe, wie *scanf* und *printf*, festgelegt. Die Methoden, um die serielle Schnittstelle mit dem Atmel Studio anzusprechen, werden in den Projekten angewandt.

Programmentwicklung mit Zustandsdiagrammen und Automatentabellen wird ebenfalls behandelt. Die damit gelösten Probleme sind vollständig in C-Programme umgesetzt. Lesern, die Zustandsdiagramme noch nicht in der Praxis eingesetzt haben, sei dieser Abschnitt besonders ans Herz gelegt.

Zur Behandlung abgeschlossener und vollständig gelöster Probleme werden Physik, Elektronik, Regelungstechnik und Programmierung besprochen. Die Projektbeschreibungen beschränken sich nicht auf eine Anleitung, um die Projekte nachbauen zu können, sondern behandeln auch die wesentlichen theoretischen Grundlagen zur Problemlösung. Nach der Lektüre dieses Buchs wird der Leser dank der diskutierten Grundlagen neue Probleme lösen können.

Weitere Informationen zu diesem Buch finden Sie im Internet unter *www.avr-ploetzeneder.com*.

Inhaltsverzeichnis

1 Zahlendarstellung

1.1 Zehner- oder Dezimalsystem

Das Zahlensystem mit der Basis zehn ist uns aus dem Alltag bekannt. Jede Stelle einer Zahl hat eine bestimmte Wertigkeit, so unterscheiden wir die Einer-, Zehner- und Hunderterstelle.

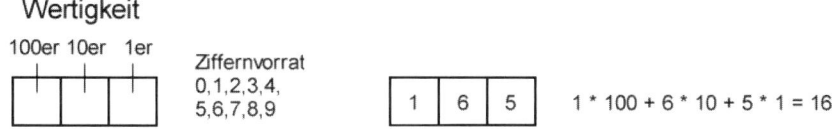

Abb. 1.1: Links Wertigkeit der Stellen, rechts Dezimalzahl 165

Um Verwechslungen auszuschließen, schreiben wir die Zahl mitunter so: 165_D.

Zahlensysteme, deren Stellen eine Wertigkeit haben, die um Potenzen ansteigen, bezeichnet man als *polyadisch*. (Eine Uhrzeit mit Stunden, Minuten und Sekunden ist nicht polyadisch.) In der Computertechnik sind neben dem Dezimalsystem noch zweier-(binär), achter-(oktal) und 16er-Systeme (hexadezimal) verbreitet.

1.2 Binärsystem

1.2.1 Positive Binärzahlen

Im Binärsystem gibt es nur zwei Ziffern mit den Werten Null und Eins. Diese werden üblicherweise mit »0« und »1« dargestellt. Die Wertigkeit der Stellen ist in Zweierpotenzen ansteigend.

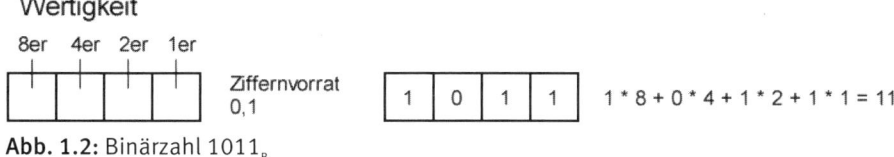

Abb. 1.2: Binärzahl 1011_B

Damit wir die Binärzahl 1011 von der Dezimalzahl Eintausendelf unterscheiden können, schreiben wir im Text »1011_B«. In einem C-Programm, das von einem Compiler einen

Maschinencode erzeugt, schreibt man »0b1011«. (Die im Buch verwendeten C-Compiler können diese Schreibweise verarbeiten, obwohl sie nicht dem ANSI-Standard für C entspricht.)

Bei einem 8-Bit-Mikrocontroller werden nicht einzelne Bits abgespeichert, sondern 8 Bits als kleinste Einheit. Einen Block von 8 Bit bezeichnet man auch als *Byte*. Ein Byte, das nur positive Zahlen darstellt, hat als größten Wert $1 * 128 + 1 * 64 + 1 * 32 + 1 * 16 + 1 * 8 + 1 * 4 + 1 * 2 + 1 * 1 = 255$.

1.2.2 Positive und negative Zahlen im Binärsystem

Der erste Gedanke, eine negative Zahl darzustellen, ist ein Bit für das Vorzeichen zu reservieren. Diese Methode hat aber zwei Nachteile. Der Wert Null kommt als +0 und -0 vor. Noch schwerwiegender ist, dass die arithmetischen Operationen Fallunterscheidungen benötigen. Werden z. B. eine positive und eine negative Zahl addiert, muss statt der Addition eine Subtraktion ausgeführt werden. Diesen Aufwand will man vermeiden. Gesucht ist ein Zahlensystem, das bei einer Addition, unabhängig davon, ob die Zahlen positiv oder negativ sind, den richtigen Wert ermittelt. Gelöst wird das Problem, indem man die negativen und positiven Zahlen im Zweierkomplement darstellt. Eine 4 Bit lange Zahl kann in der Zweierkomplementdarstellung Werte von -8 bis +7 annehmen.

Tabelle 1.1: 4 Bit Binärzahl im Zweierkomplement

Dezimalzahl	*Binärzahl in Zweierkomplementdarstellung*
7	0111
6	0110
5	0101
4	0100
3	0011
2	0010
1	0001
0	0000
-1	1111
-2	1110
-3	1101
-4	1100
-5	1011
-6	1010
-7	1001
-8	1000

Das Bit-Muster für die positiven Zahlen entspricht unseren Erwartungen. Wie man von einer positiven Zahl zu einer negativen Zahl kommt, ist nicht sofort ersichtlich. Deshalb werden zuerst noch die Rechenregeln und Beispiele für Zahlen im Binärsystem erläutert.

1.2.3 Rechnen im Binärsystem

Rechenregel:

$0_B + 0_B = 0_B$
$0_B + 1_B = 1_B$
$1_B + 0_B = 1_B$
$1_B + 1_B = 10_B$
$1_B + 1_B + 1_B = 11_B$

Beispiel 1

Addition von zwei positiven mehrstelligen Zahlen

3_D 0011_B
2_D 0010_B

5_D 0101_B

Es erfolgt einmal ein Übertrag.

Beispiel 2

Addition mit negativer Zahl

3_D 0011_B
-2_D 1110_B

1_D 0001_B

Es werden nur vier Stellen berücksichtigt!

Beispiel 3

Addition von zwei positiven Zahlen

4_D 0100_B
4_D 0100_B

8_D 1000_B (ist aber laut Tabelle 1.1 der Wert -8)

Die Addition von $4_D + 4_D$ überschreitet den Wertebereich einer mit 4 Bit vorzeichenbehafteten Zahl (-8_D bis 7_D) und führt daher zu einem falschen Ergebnis.

Wie kommt man zu dem Bit-Muster für negative Zahlen? Eine positive Zahl wird in zwei Schritten in eine negative umgewandelt. Zuerst sind die Bits einer positiven Zahl zu invertieren und danach ist zu dieser Zahl 1 dazuzuzählen.

Beispiel 4

Umwandlung von 5_D nach -5_D

1. Schritt

$5_D = 0101_B$

nach Inversion der Bits 1010_B

2. Schritt

$1010_B + 1_B = 1011_B$

Mit der gleichen Methode kann man von einer negativen Zahl den entsprechenden positiven Zahlenwert ermitteln.

Beispiel 5

Umwandlung von -5_D nach 5_D

1. Schritt

$-5_D = 1011_B$ nach Inversion der Bits 0100_B

2. Schritt

$0100_B + 1_B = 0101_B$

Beispiel 6

Multiplikation einer Binärzahl mit 2

$3_D * 2_D = 6_D$
$0011_B * 0010_B = 0110_B$

Eine Multiplikation mit 2 erfolgt im Binärsystem durch das Verschieben der Bits einer Zahl um eine Stelle nach links.

In der Programmiersprache C kann eine Linksverschiebung um eine Stelle wie folgt geschrieben werden:

```
i = 3 << 1;
```

Danach hat i den Wert 6;

1.3   Oktalsystem

Das Oktalsystem wird in der Sprache C unterstützt. In diesem Zahlensystem gibt es 8 verschiedene Ziffern (0 bis 7), und die Stellen einer Zahl werden mit Potenzen der Basis 8 bewertet.

Die oktale Zahl 123 hat den Wert $1 * 8^2 + 2 * 8^1 + 3 * 8^0 = 1 * 64 + 2 * 8 + 3 * 1 = 83_D$.

In der Programmiersprache C werden Zahlen mit führenden Nullen als Oktalzahlen interpretiert.

Beispiel

i = 0123;

ist gleichwertig zu:

i = 83;

1.4   Hexadezimalsystem

Das Hexadezimalsystem arbeitet mit der Basis 16. Der Ziffernvorrat sind 0123456789ABCDEF. Dabei hat A den Wert 10_D usw.

Tabelle 1.2: Werte von Ziffern im Hexadezimalsystem

Hexadezimale Ziffer	Wert im 10 er System
0	0
1	1
2	2
3	3
4	4
5	5
6	6
7	7
8	8
9	9
A	10
B	11
C	12
D	13
E	14
F	15

Jede hexadezimale Ziffer hat einen Wert im Bereich von 0_D bis 15_D. Das entspricht einer Binärzahl mit 4 Bits. Das macht die Umrechnung zwischen Hex- und Binärsystem sehr einfach.

Um eine Hexadezimalzahl von einer Dezimalzahl sicher unterscheiden zu können, schreiben wir z. B. »123_H« oder »FFF_H« . Bei einer Eingabe im C-Compiler ist 0x vor die Zahl zu schreiben, z. B. »0x1FFF.«

Beispiel 1

Welchen Wert hat $2A_H$?

$2 * 16 + 10 * 1 = 42_D$

Beispiel 2

Umwandlung von $2A_H$ ins Binärsystem

2_H entspricht 0010_B

A_H entspricht 1010_B

Zusammengefügt, ergibt es die Binärzahl von 00101010_B.

Beispiel 3

Umwandlung der Binärzahl 11000101_B ins Hexadezimalsystem

1. Schritt ist die Einteilung der Binärzahl in Gruppen mit vier Stellen

$(1100)(0101)$

1100_B entspricht C_H

0101_B entspricht 5_H

Zusammengefügt, ergibt das das Ergebnis $C5_H$.

Für den C-Compiler GCC, der im Atmel Studio eingesetzt ist, und CodeVisionAVR bewirkt *i = 0b11000101;* das Gleiche wie *i = 0xC5;*.

2 Hardware

2.1 Richtlinien zur Auswahl der Hardware

Beim Auswählen einer optimalen Hardware sind der finanzielle Rahmen und das Ziel der Anwendung zu berücksichtigen. Nachfolgend wird davon ausgegangen, dass ein Anfänger mit AVRs selbstständig kleine Projekte realisieren will. Die folgenden Vorschläge sind nach dem Investitionsaufwand geordnet. Die Einteilung nach Investitionskosten sollte nicht mit dem Nutzen gleichgesetzt werden.

2.2 Hardware-Auswahl bei einer Investition von 100 Euro

2.2.1 STK500

Dieses Board ist von Atmel. Auf der PC-Seite gibt es dazu eine gute Software-Unterstützung. Alle Funktionen des STK500 können mit dem Atmel Studio angesprochen werden. Auch in CodeVison werden die Funktionen des STK500 gut unterstützt.

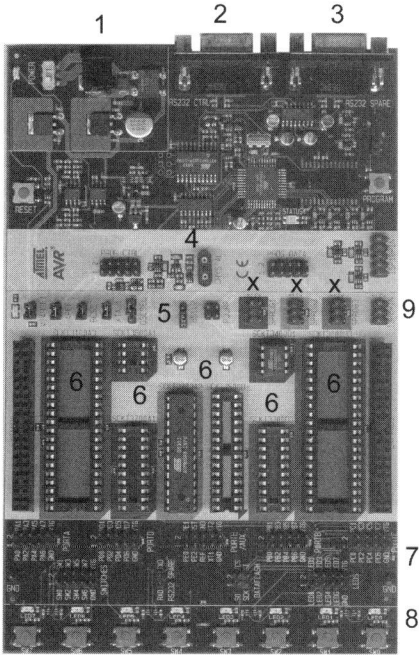

Abb. 2.1: Entwicklungs-Board STK500

1. Spannungsversorgung: Es ist noch ein Brückengleichrichter und Spannungsregler am Board. Daher ist bei der Spannungsversorgung nicht einmal eine Verpolung problematisch.

2. RS-232-Schnittstelle: Über diese Schnittstelle kann das selbst erstellte Programm in den Mikrocontroller geladen werden (Programm-Download). Es besteht auch die Möglichkeit, ein Programm vom Mikrocontroller zum PC hochzuladen oder auch *Fuses* zu setzen.

3. RS-232-Schnittstelle für die Kommunikation mit dem Mikrocontroller am STK500

4. Steckplatz für Quarz

5. Jumper für Clock und Referenzspannung (ADU)

6. Steckplätze für verschiedene Prozessoren

7. Stiftleiste zu den Ports des Prozessors

8. Stiftleiste für LEDs und Taster: Diese können mithilfe eines Flachbandkabels mit einem Port verbunden werden.

9. Signale zur Programmierung: Je nachdem, welcher Prozessor programmiert werden soll, wird das Signal über ein Flachbandkabel mit einer Stiftleiste (x) verbunden.

Eigenschaften des STK500

Mit dem STK500 kann man den AVR-Mikrocontroller im ISP(In System Programming)-Modus oder HV(High Vage)-Modus programmieren. Der oft verwendete ISP-Modus benötigt eine Ansteuerung mit den Signalen MOSI, MISO, SCK, Reset und GND. Diese Signale werden von der Stiftleiste (9) abgegeben und mit einem Fachbandkabel zur Stiftleiste (x) geführt. Der Prozessor, der programmiert werden soll, ist in die richtige Fassung im Bereich (6) zu stecken.

Ist an einem Mikrocontroller noch eine Hardware angeschlossen und soll das Programm zum Prozessor heruntergeladen werden, darf die Last an den Pins nicht niederohmig sein. Mit einer Last größer 4 kΩ funktioniert die Programmierung erfahrungsgemäß aber immer. Arbeitet man mit einem Laptop, der in der Regel keine serielle Schnittstelle besitzt, ist ein Schnittstellenwandler *zweifach-USB-zu-RS-232* zu empfehlen.

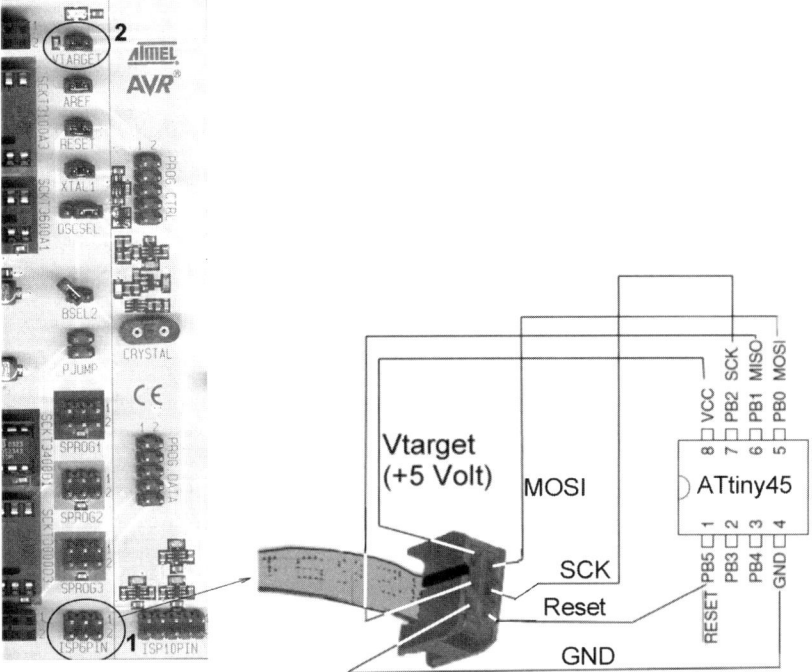

Abb. 2.2: Programmierung eines ATtiny45 mit dem STK500

Mit dem Jumper 2 (im Bild oben) wird an Vtarget 5 V angelegt. Der Mikrocontroller erhält dadurch die Versorgungsspannung. Am Stecker 1 ist ein Verbindungskabel mit sechs Leitungen angeschlossen. Es ist zur Programmierung mit einem ATtiny verbunden. Leider ist es nicht möglich, einen ATtiny in einem Sockel des STK500 zu programmieren (man muss zusätzliche Verbindungsleitungen legen).

In der IDE von Atmel Studio kann man für den Prozessor ATmega328P, also den Arduino, ein C-Programm erstellen. Dieses Programm ist leider aus der Entwicklungsumgebung im Atmel Studio mit dem STK500 nicht zu flashen. Das STK 500 hat den Vorteil, dass damit viele verschiedene Prozessoren programmiert werden können. Zusätzlich hat das Board acht LEDs und acht Taster, die an verschiedene Ports angeschlossen werden können. Ein großer Nachteil am STK500 ist, dass man eine serielle Schnittstelle zur Programmierung und eine weitere zur Kommunikation benötigt.

2.2.2   Dragon mit Arduino

Der Dragon ist ein Programmiergerät von Atmel, das gegenüber dem STK500 zwar keine Steckplätze für Prozessoren hat, jedoch zusätzliche Möglichkeiten bietet.

Mit dem Dragon ist es möglich, mit dem Atmel Studio den ATmega328P zu programmieren. Zusammen mit einem Arduino hat man eine Hardware, bei der man keine Netzgeräte und keine USB/RS-232-Wandler benötigt (siehe Bild unten).

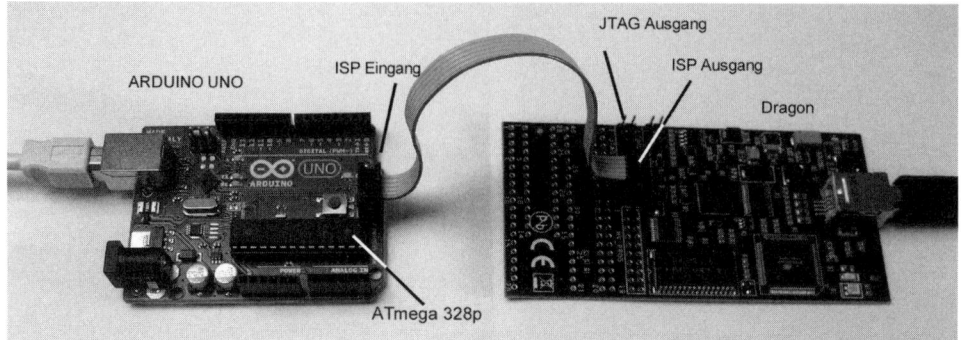

Abb. 2.3: Arduino (links) ist mit dem Dragon (rechts) verbunden. Dabei programmiert der Dragon den Arduino.

Mit der oben gezeigten Verbindung kann man den Arduino über ISP (SPI-Schnittstelle) vom Dragon aus programmieren. Dabei überschreibt man unter Umständen unabsichtlich den Bootloader im ATmega328P. Die positive Seite ist, dass man auf diese Art auch den Bootloader von Arduino (aus der Entwicklungsumgebung des Atmel Studios) in den ATmega328P laden kann. Die genaue Anleitung, wie Sie in einen neuen ATmega328P den Bootloader in den Flash-Speicher schreiben können, finden Sie im Anhang. Der Dragon bietet unterschiedliche Programmiermethoden an.

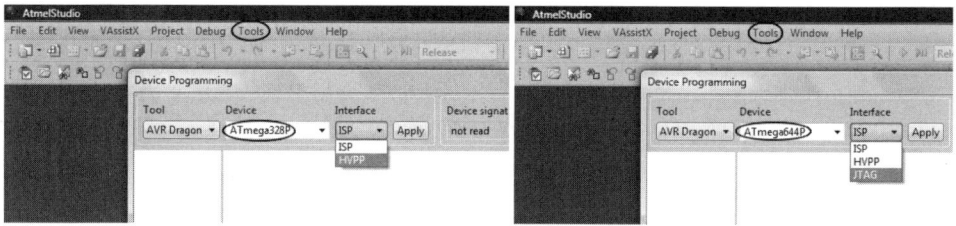

Abb. 2.4: Auswahl verschiedener Programmiermethoden beim Dragon im Atmel Studio

Dabei bedeutet:

ISP:	In-System Programming
HVPP:	High Vage Parallel Programming (12 V an Reset)
JTAG:	Joint Test Action Group (nur für große AVR verfügbar)

Der Dragon kann auch die neuen Xmega-Prozessoren aus dem Atmel Studio ansprechen. Der populäre Klassiker ATmega8 wird leider vom Dragon nicht mehr unterstützt.

2.3   Hardware-Auswahl bei einer Investition von 50 Euro

2.3.1   STK500-kompatibler Programmieradapter mit Arduino

Die Arduino-Hardware besteht aus einer Platine mit einem RS-232/USB-Umsetzer, einer LED an PB5, einem Reset-Taster und einem standardisierten Stecker (6-pol) zum Programm-Download. In Verbindung mit einem Programmieradapter ist das eine für Experimente geeignete Hardware. Ein Programmieradapter mit STK500v1- oder STK500v2-Protokoll kann im Atmel Studio wie ein STK500 angesprochen werden.

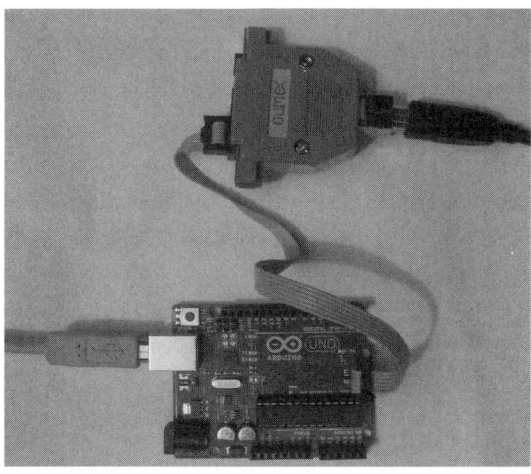

Abb. 2.5: Programmieradapter AVR-ISP/500 von Olimex

Der Arduino ist mit einem ATmega8-Prozessor bestückt. Der Adapter AVR-ISP/500 ist bei *http://elmicro.com/* erhältlich.

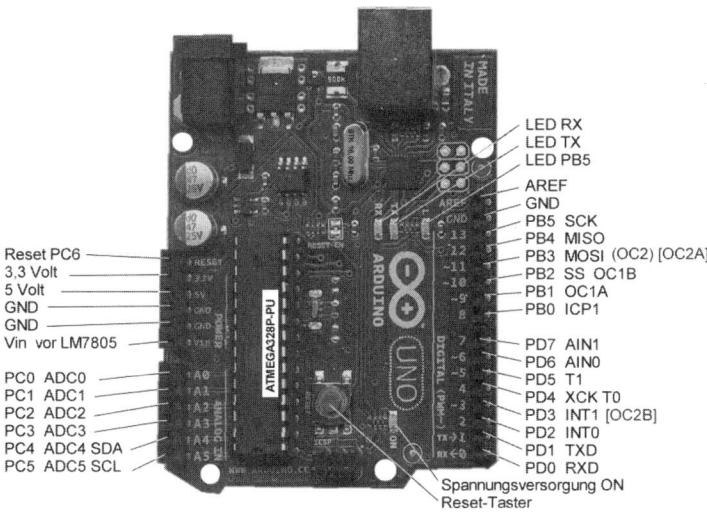

Abb. 2.6: Arduino mit bezeichneten Anschlüssen für den ATmega8/runde Klammern und ATmega328/eckige Klammern

In den Arduino kann man auch den Prozessor ATmega8 stecken und über eine sechspolige Flachbandleitung mit dem Programmiergerät verbinden (siehe Bild 2.5). Aus der IDE des Atmel Studios kann das Programm in den Prozessor geschrieben werden.

Ein ATmega328P, der Originalprozessor am Arduino, kann nicht direkt aus der IDE des Atmel Studios im STK500-Modus beschrieben werden. Eine Lösung bietet das Programm *avrdude*, dessen Einsatz im nächsten Kapitel beschrieben wird. Dabei wird der Programmieradapter mit avrdude angesprochen. (Das Lesen des Flash-Speichers mit einem Olimex Programmieradapter und einem ATmega328P wurde mit dem Befehl *avrdude -F - v -pm328p -c stk500v2 -P COM4 -b115200 -D -Uflash:r:x.hex:i* erfolgreich getestet.)

2.4   Hardware-Auswahl bei einer Investition von deutlich unter 50 Euro

2.4.1   Arduino mit Bootloader

Der Arduino verwendet den ATmega328P als Prozessor. Auf höheren Speicheradressen im Flash befindet sich ein Ladeprogramm, das auch als *Bootloader* bezeichnet wird. Mit dem Bootloader kann man über die serielle Schnittstelle den Prozessor programmieren und danach sogar über die Schnittstelle kommunizieren. Dabei muss der Arduino nur an der USB-Schnittstelle angeschlossen werden, da ein RS-232/USB-Umsetzer auf dem Arduino bereits vorhanden ist. Auf der PC-Seite wird die USB-Schnittstelle wie eine serielle Schnittstelle angesprochen. Da am Computer keine physikalische serielle Schnittstelle vorhanden ist, die USB-Schnittstelle wie eine serielle Schnittstelle angesprochen wird, bezeichnet man das auch als *virtuelle serielle Schnittstelle*. Die Umsetzung auf USB erfolgt bei älteren Arduinos mit einem FDTI-Chip, neuere verwenden den ATmega8u2-Chip. Wird ein Programm in den Flash-Speicher geschrieben, steht es auch nach Abschalten der Versorgungsspannung später wieder zur Verfügung. Der Prozessor kann auf diese Weise mindestens 10.000-mal mit einem neuen Programm überschrieben werden. Ein weiteres Argument für den Arduino ist sein einfacher Einsatz. Für diese standardisierte Hardware sind fertige Zusatzplatinen verfügbar. Diese werden als *Shield* bezeichnet und können auf den Arduino gesteckt werden. Später werden eine Motorendstufe, ein EKG und ein selbst aufgebauter Ultraschallsensor in Form von Shields vorgestellt. Es existieren auch Prototyp-Shields, mit denen man auf einfache Weise eine beliebige Schaltung aufbauen kann (siehe Ultraschallsensor).

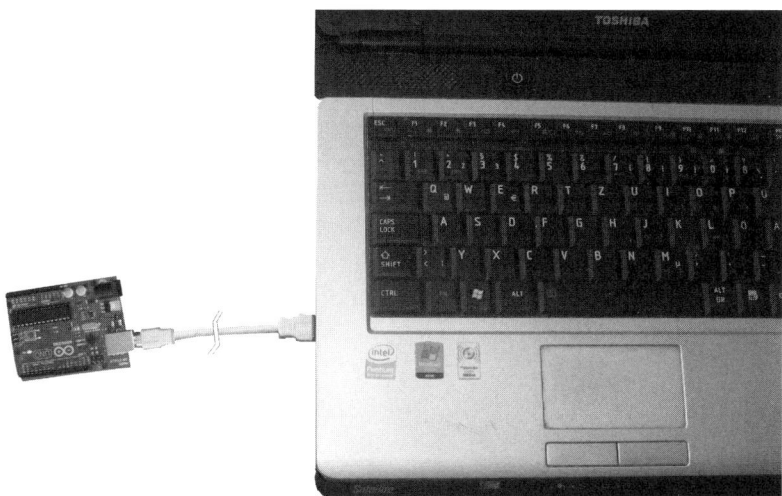

Abb. 2.7: Arduino am Laptop

Abb. 2.8 Links Prototyp-Shield
für Arduino; rechts Prototyp-
Shield auf Arduino gesteckt

Auf diese Lochrasterplatine können beliebige Schaltungen aufgebaut werden.

Fertig aufgebaute Shields gibt es außerdem für GPS, Bluetooth, Zigbee oder Ethernet, SD-Karten, RFID und vieles mehr. Die Verwendung eines Arduinos mit verfügbaren Shields führt in der Regel zu einer preiswerten Lösung.

Anleitung zum Auslesen des Flash-Speichers aus dem Arduino aus der DOS-Ebene

Sie finden das notwendige Programm in der Software für den Arduino. Dazu müssen Sie sich die Entwicklungsumgebung von Arduino herunterladen. Diese finden Sie unter *http://www.arduino.cc*. Dabei ist nichts zu installieren, sondern es ist nur eine Zip-Datei zu entpacken.

Verbinden Sie den Arduino mit einem USB-Kabel mit dem Computer. Es wird dabei ein Fenster geöffnet und ein Treiber angefordert. Sie finden den Treiber unter *D:\arduino-0023\arduino-0023\drivers* (*D:* ist das Laufwerk und *0023* die Version der Software). Öffnen Sie in der Systemsteuerung den Geräte-Manager und klicken Sie auf *Anschlüsse*. Sie können dann die COM-Schnittstelle auslesen (z. B. COM8). Alternativ kann man im DOS-Fenster den Befehl *Mode* eingeben. In einem Ordner (im Beispiel wurde *c:\temp* verwendet) sind drei Dateien zu speichern: *avrdude.exe, avrdude.conf* und *libusb0.dll*. Diese Dateien finden Sie in der entpackten Arduino-Software unter *Arduino\arduino-0023\arduino-0023\hardware\tools\avr\bin\avrdude.exe, Arduino\arduino-0023\arduino-0023\hardware\tools\avr\etc\avrdude.conf* und *Arduino\arduino-0023\arduino-0023\ hardware\tools\avr\utils\libusb\bin\ libusb0.dll*.

Aufruf des Programms
Methode 1:

Gehen Sie in die DOS.Ebene und geben Sie Folgendes ein:

Abb. 2.9: Eingabe

Flash-Speicher mit Avrdude auslesen; die Daten des Flash-Speichers werden in die Datei ccc.hex geschrieben.

Die Bedeutung der Schalter –F –v –p –c –P –b –D –U wird weiter unten erläutert. Die genaue Erklärung ist im Manual von Avrdude zu finden. Dieses Manual finden Sie unter *Arduino\arduino-0023\arduino-0023\hardware\tools\avr\doc\avrdude\avrdude.pdf*.

Methode 2:

Erstellen Sie eine Batch-Datei.

Öffnen Sie dafür Wordpad und schreiben Sie »*avrdude -F -v -pm328p -c stk500v1 -P\\.\ COM5 -b115200 -D -Uflash:r:D:\ccc.hex:i*«.

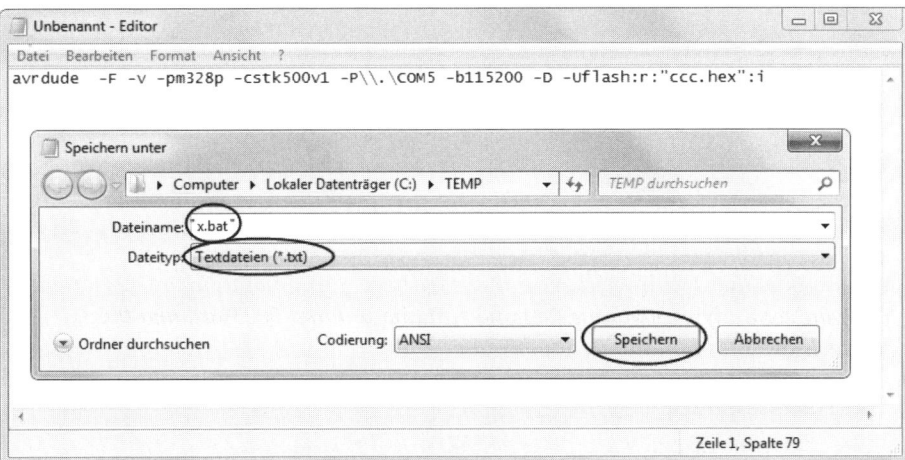

Abb. 2.10: Erstellen einer Batch-Datei in Wordpad; die Endung der Datei muss unbedingt vom Typ *.bat sein.

Da der Dateiname in Anführungszeichen angegeben ist, wird die Datei unter *x.bat* und keinesfalls unter *.bat.txt* abgelegt. Gehen Sie ins DOS (mit *Ausführen*) und wechseln Sie ins Verzeichnis *c:\temp* (mit cd \temp).

Abb. 2.11: Ausführen der Batch-Datei x.bat

Die erfolgreiche Ausführung des Programms (nach Methode 1 oder Methode 2) erkennen Sie in den letzten Zeilen, die von avrdude ausgegeben werden.

```
C:\Windows\system32\cmd.exe
Reading | ################################################## | 100% 4.76s
avrdude: writing output file "ccc.hex"
avrdude: safemode: lfuse reads as 0
avrdude: safemode: hfuse reads as 0
avrdude: safemode: efuse reads as 0
avrdude: safemode: Fuses OK
avrdude done.  Thank you.
C:\TEMP>
```

Abb. 2.12: Erfolgreiche Programmausführung mit avrdude

Falls das Programm einen Fehler meldet, drücken Sie am Arduino die Reset-Taste und starten Avrdude erneut. Nach ca. einer Sekunde geben Sie die Reset-Taste wieder frei. Es kann auch ein mehrmaliges Ausführen von Avrdude nötig sein.

Erläuterung der Schalter in der Kommandozeile beim Aufruf von avrdude:

-F: Die Signatur des Controllers wird ignoriert.

-v: Verbose; das bedeutet, dass ein ausführlicher Text über Aktionen oder Fehler ausgegeben wird.

-p: PART; welche *CPU* verwendet wird

-c: Programmer Type (Protokoll)

-P: PORT; auf welchem Port der Arduino anzusprechen ist; Sie finden den Port unter *Systemsteuerung • Geräte-Manager • Anschlüsse* (bei höheren Port-Nummern als com9 ist die Schreibweise »\\.\com10« erforderlich)

-b: Baudrate; 115.200 Baud für Arduino, 57.600 für Mega und Duemilanove

-D: Disable; verhindert prinzipiell automatisches Löschen vor dem Programmieren

-U: Speicheroperationen

Beachten Sie bei diesen Kommandos unbedingt Groß- und Kleinschreibung.

Falls Sie ein Programm im Mikrocontroller schreiben wollen, müssen Sie den Ausdruck *-Uflash:r:ccc.hex:i* ändern. Wir nehmen an, Sie wollen ein Blinkprogramm, wie es im nächsten Kapitel beschrieben wird, in den Flash-Speicher schreiben. Mit dem Explorer suchen Sie die Datei *Blink1.hex* unter *C:\Dokumente und Einstellungen\fp\Eigene Dateien\AVRStudio\Blink1\Blink1\Debug\Blink1.hex*. Dann ist der neue Ausdruck, der im DOS-Fenster einzugeben oder in eine Batch-Datei zu schreiben ist »*avrdude −F −v −pm328p −cstk500v1 −P\\.\COM5 −b115200 −D −Uflash:w:C:\Dokumente und Einstellungen\fp\Eigene Dateien\AVRStudio\Blink1\Blink1\Debug\Blink1.hex:i*«.

Mit Avrdude kann ein Programm also ohne Programmiergerät, falls im Prozessor ein Bootloader ist, in die Hardware geladen werden. Avrdude kann aber auch alle anderen Bits (Fuses) des Prozessors verändern. Das geht sogar so weit, dass man durch ungeschickte Programmierung den Prozessor nicht weiter mit Avrdude bearbeiten kann und man sich selbst »aussperrt«. Daher sind beim Setzen der Bits große Sorgfalt und ein sicheres Wissen nötig. Keinesfalls sollte man ohne ausreichendes Wissen experimentell verschiedene Bits setzen oder löschen. Sie können mit *avrdude* sowohl den Prozessor ATmega328P von Arduino programmieren, der den Bootloader enthält, als auch STK500- und STK500-kompatible Programmiergeräte (Olimex) ansprechen.

Sollten Sie das Arbeiten mit DOS-Befehlen nicht schätzen, kann das Beschreiben oder Lesen des Flash-Speichers auch mit einem Windows Programm durchgeführt werden.

Anleitung zum Auslesen oder Beschreiben des Flash-Speichers vom Arduino unter Windows

Das erforderliche Programm ist leicht anzuwenden und steht unter *http://www.ngcoders. com/downloads/arduino-hex-uploader-and-programmer/* zum Download bereit.

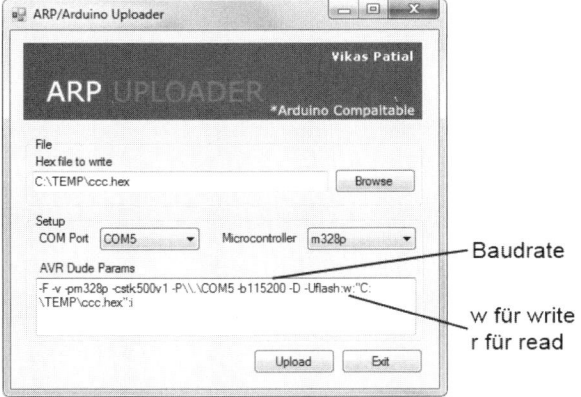

Abb. 2.13:
Programmierung des Arduinos mit ArduinoUploader.exe; die Baudrate 115200 muss eingegeben werden.

Die Dateien avrdude.exe, avrdude.conf und libusb0.dll sind in der heruntergeladenen Zipdatei enthalten. Für die meisten Anwender ist dieses Programm die richtige Wahl. Sollten Sie das Arduino-System aus dem Franzis Verlag (Lernpaket) verwenden, sind im ArduinoUploader für Mikrocontroller »m168« und für die Baudrate »19200« einzugeben.

2.5 Alternative Entwicklungs-Boards

Infrage kommt das ATMEL-Evaluations-Board von Polin (*www.polin.de*, Version 2.0.1, Bausatz 810 038), das für ca. 15 Euro erhältlich ist. Zur Programmierung verwendet man das frei erhältliche Programm *Ponyprog* (*http://www.lancos.com/prog.html*). Der Bausatz von Polin ist gut beschrieben und kann leicht aufgebaut werden. Für Einsteiger, die noch nie einen Lötkolben in der Hand gehabt haben, ist auf jeden Fall ein fertig aufgebautes Board vorzuziehen. Für das Polin-Board spricht, dass im Internet dazu Informationen vorhanden sind und es auch Zusatzplatinen gibt.

2.6 Alternative Programmiergeräte

Ein Nachfolger des STK500 ist das von ATMEL favorisierte STK600. Das Board ist auch für AVR32-Prozessoren geeignet und kostet ca. 200 Euro. Es erfordert noch Zusatzplatinen für unterschiedliche Prozessoren. Einsteiger, die mit den kleinen AVRs arbeiten wollten, haben von der Universalität des STK600 keinen Nutzen.

2.7 Empfehlung

Für den Einstieg in die Mikrocontrollertechnik mit Programmierung in C ist ein Arduino völlig ausreichend. Diese Hardware wird deshalb empfohlen. Die Programmierung des Chips (Download) erfolgt am einfachsten mit *http://www.ngcoders.com/downloads/arduino-hex-uploader-and-programmer/*.

3 Softwaretools zur Programmierung

3.1 Entwicklungsumgebung

Atmel bietet kostenlos das Programm Atmel Studio 6 an, das einen C-Compiler und die Software zum Programmieren des Flash-Speichers im Prozessor enthält. Die Oberfläche des Programms erinnert an das Visual Studio von Microsoft. Der Compiler ist sehr verbreitet, und daher findet man im Internet viele Beispielprogramme. Als zweiter C-Compiler wird CodeVisionAVR von *http://www.hpinfotech.ro* vorgestellt. Dieser Compiler hat einen Wizzard (»Zauberer«), mit dem Ports, Timer, ADU usw. konfiguriert werden können, ohne dass man im Datenblatt die Konfigurationsdaten für die Register ausforschen muss. Zusätzlich sind Treiber für RS-232, numerische und grafische LCDs, I²C, Temperatursensoren (1-wire) usw. vorhanden.

Mit dieser Unterstützung ist der Einstieg wesentlich einfacher als beim Atmel Studio. Es besteht auch die Möglichkeit, die Konfigurations-Bytes, die vom Wizzad des CodeVison AVR erzeugt wurden, in das C-Programm im Atmel Studio zu kopieren. Ein Nachteil von CodeVisionAVR ist, dass dieser Compiler ca. 150 Euro kostet. Die gute Nachricht: Die Evaluationsversion ist kostenlos, und damit lassen sich relativ große Programme verwirklichen. Die IDE (Integrated development environment) von CodeVisionAVR enthält ein Terminal-Programm und die Programmier-Software.

Beide Entwicklungssysteme werden anhand eines einfachen Programms, einer Blinkschaltung, vorgestellt. Es wird dabei Schritt für Schritt die Programmentwicklung gezeigt.

3.2 Blinklicht mit dem Atmel Studio 6

Mit einem kleinen Projekt, einer Blinkschaltung, werden der C-Compiler im Atmel Studio 6 und das Laden des Programms in den Flash-Speicher, vorgestellt. An PortB Pin 5 ist beim Arduino eine LED gegen Masse geschlossen. Daher erfolgt die Ausgabe des Blinksignals an diesem Pin. Der erste Schritt ist, ein neues Projekt zu erstellen.

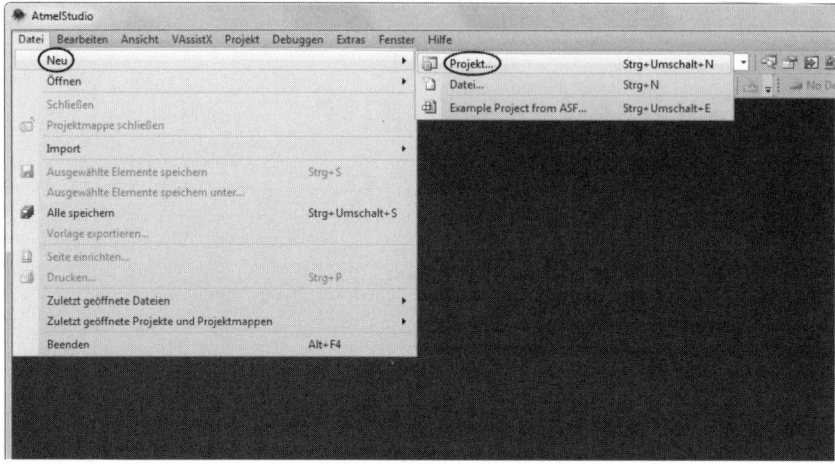

Abb. 3.1: Anlegen eines Projekts; das erfolgt mit Aufruf von Atmel Studio 6 und der Auswahl des Projekttyps.

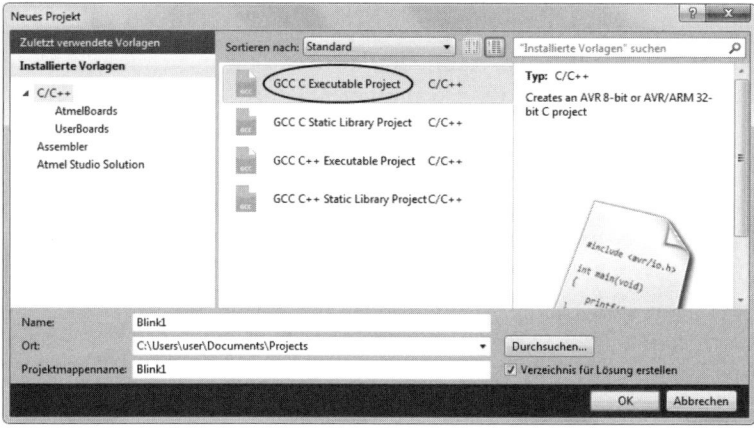

Abb. 3.2: Projekttyp auswählen

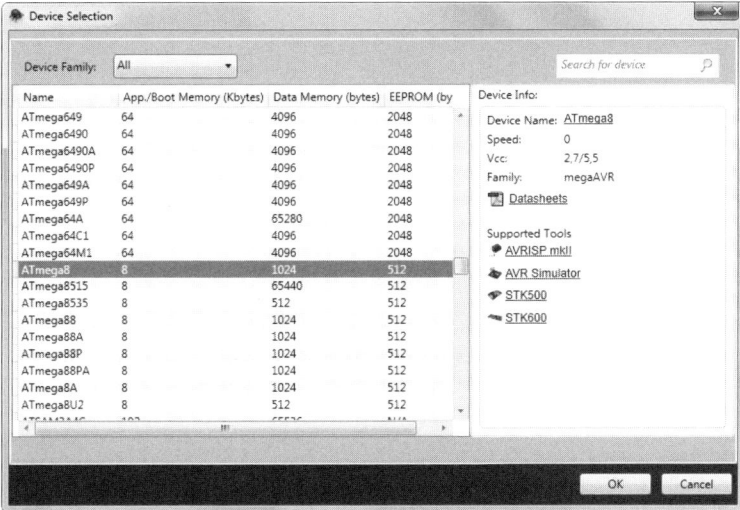

Abb. 3.3: Prozessor auswählen

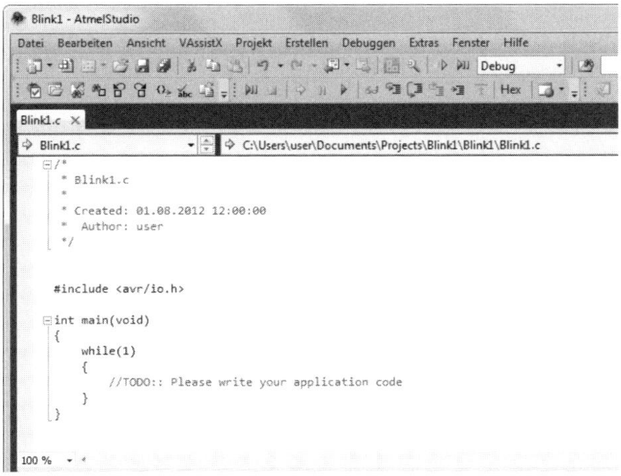

```
#include <avr/io.h>

int main(void)
{
    while(1)
    {
        //TODO:: Please write your application code
    }
}
```

Abb. 3.4: Generiertes C-Programm im Atmel Studio 6

Dieses Programm muss jetzt weiter geschrieben werden.

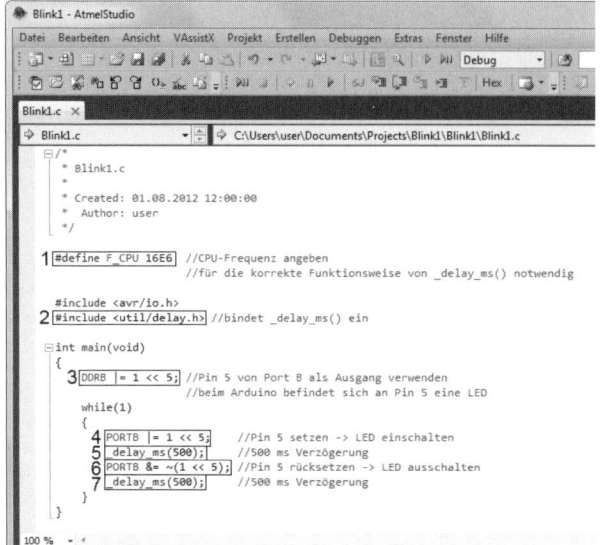

Abb. 3.5: Erstes Programm im Atmel Studio; die mit den Ziffern 1–7 markierten Zeilen sind einzufügen.

Die eingefügten Programmzeilen haben folgende Bedeutung:

1. `#define F_CPU 16E6`
Legt im Programm die CPU-Frequenz (Clock) fest. Damit arbeitet die Funktion *_delay_ms()* erst richtig. Wird ein neuer ATmega8 verwendet, läuft er mit internen Clock auf 1 MHz. Dann ist zur Einstellung der Clock-Frequenz »define F_CPU 1e6« anzugeben. (Durch Setzen der entsprechenden Fuses kann auch der 16-MHz-Quarz am Arduino zur Erzeugung der Clock-Frequenz verwendet werden.)

2. `#include <util/delay.h>`
Prototype für die Funktion *_delay_ms()*.

3. `DDRB |= 1 << 5;`
Das Datenrichtungsregister für den PortB (DDRB) wird auf Ausgabe geschaltet. Da an PortB Pin 5 die LED angeschlossen ist, erfolgt diese Port-Konfiguration. Gleichwertig ist

`DDRB |=0b00100000;`

oder

`DDRB |= 0x20;`

oder

`DDRB |= 32;`.

4. `PORTB |= 1 << 5;`
Setzt den Ausgang, an dem die LED angeschlossen ist, auf 1

5. `_delay_ms(500);`
Wartefunktion; Verzögerung 500 ms

6. `PORTB &= ~(1<<5);`
Setzt den Ausgang, an dem die LED angeschlossen ist, auf 0.

7. `_delay_ms(500);`
Wartefunktion; Verzögerung 500 ms

Das Programm wird mit F7 übersetzt. Es ist zu beachten, dass beim Übersetzen keine Fehlermeldung ausgegeben wird. Falls Sie einen neuen ATmega8 verwenden und ihn auf einen Betrieb mit einem Quarz konfigurieren wollen, kann das im Atmel Studio durchgeführt werden. In der Folge wird gezeigt, wie man das erstellte Programm nach der Übersetzung in den Flash-Speicher bringt. Danach werden die Fuses so gesetzt, dass der Quarz am Arduino die Clock-Frequenz bestimmt. Voraussetzung dafür ist, dass der Arduino mit einem STK500- oder STK500-kompatiblen Programmiergerät (z. B. Olimex AVR-ISP500) angesteuert wird.

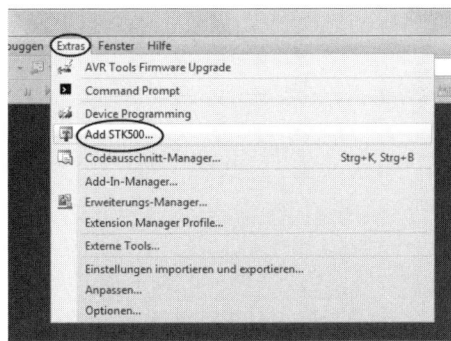

Abb. 3.6: Falls das betreffende STK500 noch nicht hinzugefügt wurde, muss dieses mit *Extras • Add STK500* geschehen.

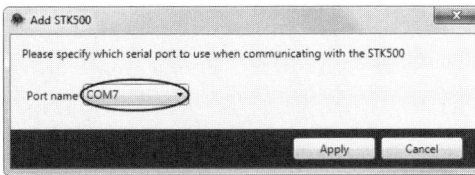

Abb. 3.7: Wählen Sie den Port aus, an dem das STK500 angeschlossen ist.

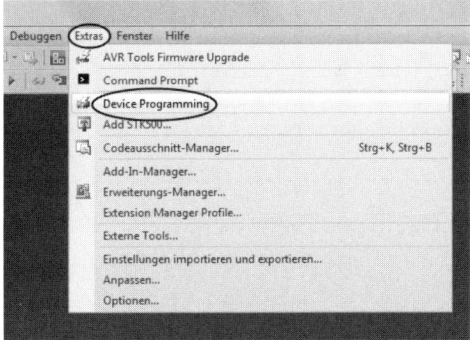

Abb. 3.8: Programmübertragung in den Flash-Speicher und Einstellung der Fuses

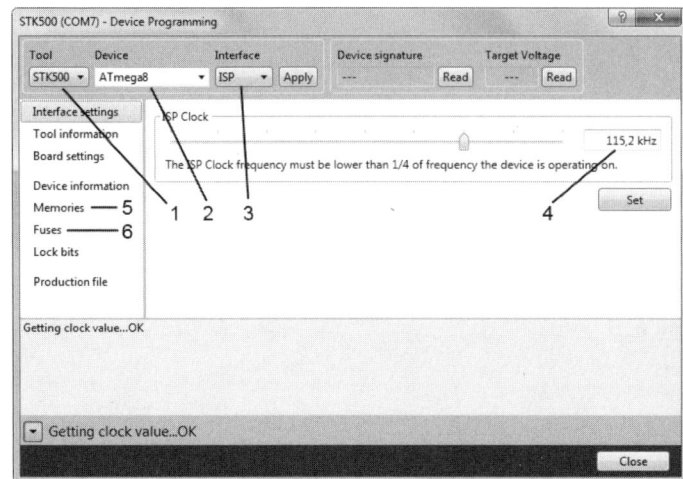

Abb. 3.9: Die Einstellungen sind in der angegebenen Reihenfolge vorzunehmen.

1. Auswahl des Programmiergeräts; damit wird ein STK500-Programmiergerät ausgewählt

2. Auswahl des Prozessors

3. Programmiermodus

4. Frequenz für die Kommunikation mit dem Mikroprozessor festlegen; läuft der Prozessor auf 1 MHz mit dem internen Oszillator, ist eine Frequenz kleiner als 250.000 Hz einzustellen. Regel: Die Frequenz zur Programmierung muss kleiner als ¼ der Clock-Frequenz sein. Diese Eingabe ist danach mit *Set* zu bestätigen.

5. Download der .hex-Datei in den Flash-Speicher

6. Einstellung der Clock-Quelle; vom internen RC-Oszillator mit 1 MHz Clock-Frequenz, der bei einem neuen Prozessor Standard ist, kann auf Quarzbetrieb umgeschaltet werden (ATmega328P: RC-Oszillator 8 MHz, Systemclock 1 MHz, siehe Datenblatt Punkt 8.2.1).

Zuerst ist die Datei, die in den Flash-Speicher geladen werden soll, auszuwählen. Danach ist mit dem Button *Program* die Übertragung zu starten.

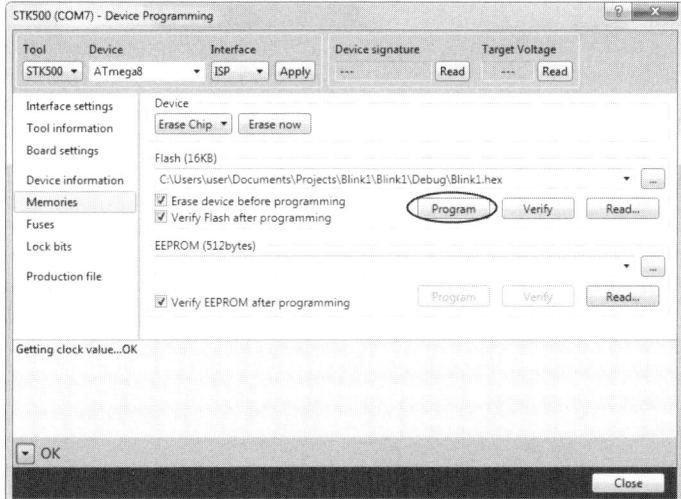

Abb. 3.10: Programm in den Mikroprozessor laden

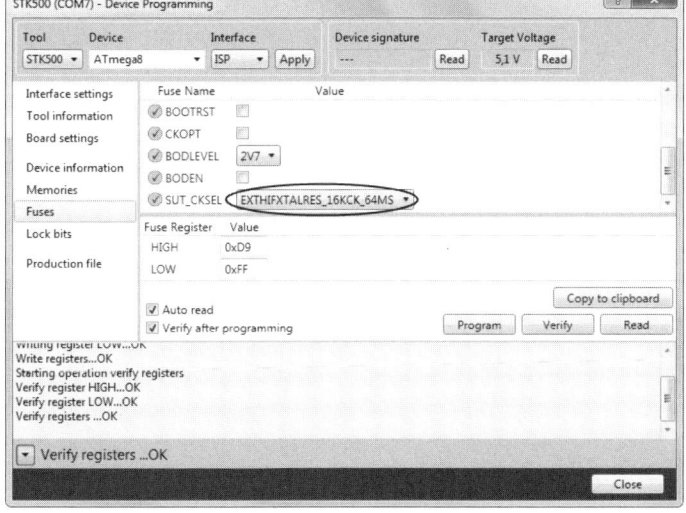

Abb. 3.11: Quarzoszillator aktivieren; damit läuft der Prozessor mit dem externen Quarz, z. B. mit dem 16-MHz-Quarz des Arduinos.

Bei Verwendung des STK500 ist zu beachten, dass bei diesem Entwicklungs-Board ein Steckplatz für den Quarz vorhanden ist. Der Quarz wird damit aber nicht direkt an den Prozessor angeschlossen, sondern an einen Quarzoszillator, der sich am STK500 befindet. Das Signal vom Quarzoszillator wird danach dem Prozessor zugeführt. Daher ist der Prozessor auf externen Clock zu konfigurieren.

3.3 Blinklicht mit CodeVisionAVR

Nach Installation der Evaluation-Version 2.60 (oder einer neueren Version von *http://www.hpinfotech.ro*) sehen Sie nach Programmaufruf ein Fenster, in dem Sie mithilfe des Wizzards ein neues Projekt anlegen können. Der Wizzard meldet sich mit einem Fenster mit vielen Registerkarten. In der Registerkarte *Chip* (in Bild 3.14 links) gibt man die Prozessortype und die Clock-Frequenz ein. In der Registerkarte *Ports Settings/PortB* (Bild 3.14 Mitte) ist der Anschluss, an dem die LED liegt, als Ausgang zu konfigurieren.

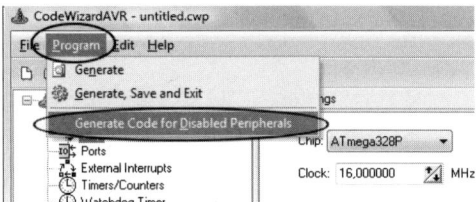

Abb. 3.12: Einstellung des Wizzards; damit werden nur die wesentlichen Initialisierungen angezeigt.

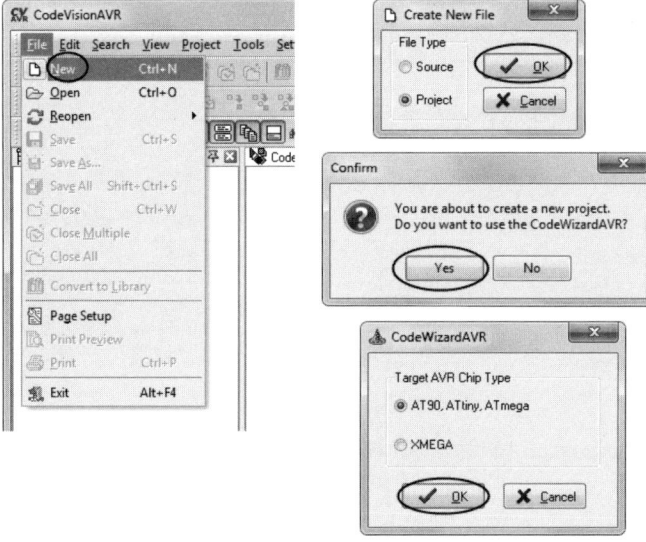

Abb. 3.13: Anlegen eines Projekts mit dem Wizzard

Danach wird das Projekt (Abb. 3.14 rechts) mit einem Mausklick in einen Projektordner gespeichert.

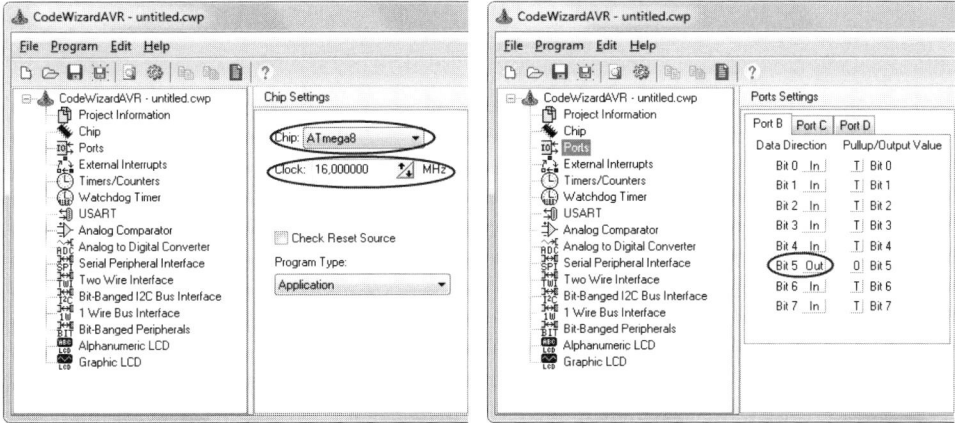

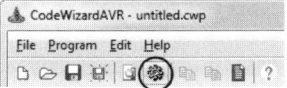

Abb. 3.14: Konfiguration des Projekts (oder ATmega328P wählen)

Für das Projekt werden drei Dateien angelegt.

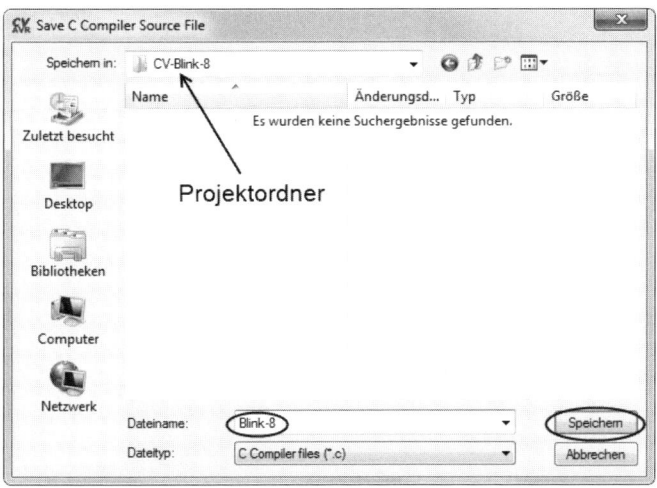

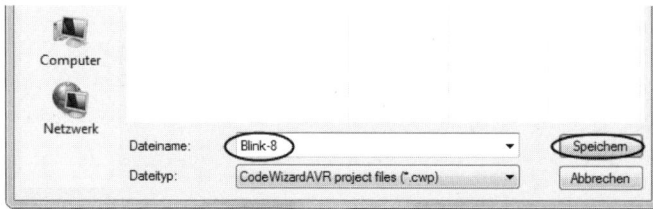

Abb. 3.15: Speichern des Projekts

Danach erscheint die C-Datei, in die die Funktion für das Blinklicht eingefügt werden muss. Die fünf per Hand eingefügten Programmzeilen sind im Programm unten mit *//einfuegen* gekennzeichnet

```
/*********************************************************
This program was created by the
CodeWizardAVR V2.60 Evaluation
Automatic Program Generator
© Copyright 1998-2012 Pavel Haiduc, HP InfoTech s.r.l.
http://www.hpinfotech.com

Project :
Version :
Date    : 24.08.2012
Author  :
Company :
Comments:


Chip type              : ATmega328P
Program type           : Application
AVR Core Clock frequency: 16,000000 MHz
Memory model           : Small
External RAM size       : 0
Data Stack size         : 512
*********************************************************/

#include <mega328p.h>
#include <delay.h>                    //einfuegen
// Declare your global variables here


void main(void)
{
// Declare your local variables here
```

```
// Crystal Oscillator division factor: 1
#pragma optsize-
CLKPR=(1<<CLKPCE);
CLKPR=(0<<CLKPCE) | (0<<CLKPS3) | (0<<CLKPS2) | (0<<CLKPS1) | (0<<CLKPS0);
#ifdef _OPTIMIZE_SIZE_
#pragma optsize+
#endif

// Input/Output Ports initialization
// Port B initialization
// Function: Bit7=In Bit6=In Bit5=Out Bit4=In Bit3=In Bit2=In Bit1=In Bit0=In
DDRB=(0<<DDB7) | (0<<DDB6) | (1<<DDB5) | (0<<DDB4) | (0<<DDB3) | (0<<DDB2) |
(0<<DDB1) | (0<<DDB0);
// State: Bit7=T Bit6=T Bit5=0 Bit4=T Bit3=T Bit2=T Bit1=T Bit0=T
PORTB=(0<<PORTB7) | (0<<PORTB6) | (0<<PORTB5) | (0<<PORTB4) | (0<<PORTB3) |
(0<<PORTB2) | (0<<PORTB1) | (0<<PORTB0);

// Port C initialization
// Function: Bit6=In Bit5=In Bit4=In Bit3=In Bit2=In Bit1=In Bit0=In
DDRC=(0<<DDC6) | (0<<DDC5) | (0<<DDC4) | (0<<DDC3) | (0<<DDC2) | (0<<DDC1) |
(0<<DDC0);
// State: Bit6=T Bit5=T Bit4=T Bit3=T Bit2=T Bit1=T Bit0=T
PORTC=(0<<PORTC6) | (0<<PORTC5) | (0<<PORTC4) | (0<<PORTC3) | (0<<PORTC2) |
(0<<PORTC1) | (0<<PORTC0);

// Port D initialization
// Function: Bit7=In Bit6=In Bit5=In Bit4=In Bit3=In Bit2=In Bit1=In Bit0=In
DDRD=(0<<DDD7) | (0<<DDD6) | (0<<DDD5) | (0<<DDD4) | (0<<DDD3) | (0<<DDD2) |
(0<<DDD1) | (0<<DDD0);
// State: Bit7=T Bit6=T Bit5=T Bit4=T Bit3=T Bit2=T Bit1=T Bit0=T
PORTD=(0<<PORTD7) | (0<<PORTD6) | (0<<PORTD5) | (0<<PORTD4) | (0<<PORTD3) |
(0<<PORTD2) | (0<<PORTD1) | (0<<PORTD0);

while (1)
    {
    PORTB.5 = 1;   //einfuegen
    delay_ms(500); //einfuegen
    PORTB.5 = 0;   //einfuegen
    delay_ms(500); //einfuegen


    }
}
```

Es handelt sich hier um ein von Wizzard in CodeVisionAVR erstelltes Programm, in das fünf Programmzeilen eingefügt wurden. Das Programm steuert die LED am Arduino (PB5) an, sodass sie mit einer Frequenz von 1 Hz blinkt.

4 Perfektionskurs in C

Ein C-Compiler übersetzt ein C-Programm in die jeweilige Maschinensprache. Daher ist es nicht mehr notwendig, für einen speziellen Prozessor die Assembler-Befehle zu lernen. Die Qualität der Übersetzung ist in der Regel so gut, dass eine Programmierung in Assembler nicht schneller läuft als ein C-Programm.

Es ist vielmehr bei größeren Programmen in C leichter, die Übersicht zu behalten, und falls Sie den Prozessor wechseln, müssen Sie nicht umlernen. Daher hat sich bei der Programmierung der Mikroprozessoren die Programmiersprache C durchgesetzt.

4.1 Variablen und Konstanten

4.1.1 Character

Character sind in C für AVR immer 8-Bit-Zahlen oder Bytes. Das im Byte gespeicherte Bit-Muster kann als nur positive oder als vorzeichenbehaftete Zahl interpretiert werden.

```
unsigned char x; //x kann Werte von 0 bis 255 annehmen
signed char y;   //y kann Werte von -128 bis +127 annehmen
char z;          //Ob z vorzeichenbehaftet ist hängt, von der
                 //Default-Einstellung des Compilers ab
                 //(default = Grundeinstellung)
```

Die Grundeinstellung ist beim Atmel Studio in der Registerkarte *Toolchain/General/ AVR/GNU C Compiler/General* festgelegt. Obwohl man mit Character alle Rechenoperationen (im angegebenen Wertebereich) durchführen kann, verwendet man es hauptsächlich zur Speicherung von ASCII-Zeichen.

```
z = 'a'; //weist z den ASCII-Wert von a zu
```

Sie müssen also nicht in der ASCII-Tabelle nachschlagen, um den Wert 97 für das Zeichen a finden.

Beispiele für Zuweisungen eines nicht druckbaren Zeichens an einen Character:

```
z = '\0'; //weist z den Wert 0 zu und symbolisiert,
          //dass es sich um ein Zeichen handelt
z = 0;    //bewirkt das Gleiche, wie der Befehl oben
z = ' ';  //weist z den ASCII-Wert eines Leerzeichens zu
z = '\n'; //weist z den ASCII-Wert von New Line (Neue Zeile) zu
z = '\r'; //weist z den ASCII-Wert von Carriage Return
          //(=Wagenrücklauf) zu
z = '\t'; //weist z den ASCII-Wert eines Tabulators zu
```

Es ist zu beachten, dass '\0', '\n', '\r' und '\t' einzelne Zeichen sind.

4.1.2   Integer

Unter Integer versteht man beim C-Compiler für AVR eine 16-Bit-Zahl.

```
unsigned int i; //Bereich von 0 bis 65535, ohne Vorzeichen
signed int j;   //Bereich -32768 bis 32767, mit Vorzeichen
int k;          //In der Grundeinstellung des Compilers ist das signed int

Beispiel 1:
char x;
int y;
x = 100;
y = x * x * x;
```

Es kommt für *y* nicht 1.000.000 heraus. Grund ist eine Bereichsüberschreitung von Integer. Ein weiteres Problem tritt in der letzten Zeile auf. Die Multiplikation erfolgt im Wertebereich von Character, danach erfolgt die Zuweisung an einen Integer.

Beispiel 2:

```
#include <stdio.h>
void main(void)
{
  char x;
  long z;
  x = 100;
  z = (long)x * x * x; // (1)
  printf("%li\n\r", z); // (2)
}
```

Die im obigen Code gekennzeichneten Zeilen werden im Folgenden beschrieben:

1. *z* braucht den Datentyp long, da das Ergebnis den Bereich von Integer überschreitet. Der Ausdruck *(long)x* wandelt *x* für die Multiplikation in long um. Dadurch werden beide Multiplikationen in long-Arithmetik ausgeführt. Falls eine Variable bei der Multiplikation mit mehr Bits vorhanden ist, wird die andere Variable auf den größeren Datentyp umgewandelt.

    ```
    z = (long)x * (long)x * (long)x;
    ```

    ist gleichwertig mit

    ```
    z = (long)x * x * x;
    ```

2. Mit dem *CodeVisionAVR C-Compiler* kann man mit printf() auf die serielle Schnittstelle schreiben. Beim Atmel Studio ist printf() zunächst nicht vorhanden. In Kapitel 6.3 wird aber gezeigt, wie man auch im Atmel Studio printf() verwenden kann. Genauer wird die Funktion printf() weiter unten in Kapitel 4.9 erklärt.

Die Umrechnung einer Variablen in einen anderen Datentyp, im Programm oben *(long)x,* wird auch als *Typecast* bezeichnet.

Statt unsigned *int i;* kann man auch *uint16_t i;* schreiben, und statt *signed int j;* auch *int_16 j;.* Diese Kurzschreibweisen gibt es auch für 8-Bitzahlen (char) und 32-Bitzahlen (long). Die Datentypen *int8_t, uint8_t, int16_t, uint16_t, int32_t, uint32_t, int64_t* und *uint64_t* sind nur in C für Mikroprozessoren üblich.

4.1.3 Long

Long erzeugt eine 32-Bit-Zahl. Signed long und unsigned long sind analog zu Integer möglich. Der Wertebereich von long reicht von $-2^{31} = -2.147.483.648$ bis $+2^{31}-1 = 2.147.483.647$. Bei richtiger Anwendung von long kann man in den meisten Fällen das Rechnen mit float, das sind Zahlen mit Kommastellen, vermeiden und erreicht kürzere Rechenzeiten.

4.1.4 Float und Double

Float und Double sind Zahlen mit Kommastellen. Double ist die Zahlendarstellung, die mehr Bits verwendet. Somit ist sie genauer. Die Kommastelle ist mit einem Punkt realisiert, Zehnerpotenzen können mit *E* geschrieben werden.

Beispiele: *12.5* oder *16E6*

4.2 Entscheidungsstrukturen

Die wichtigste Entscheidungsstruktur ist *if.* Obwohl man damit alle Probleme von Entscheidungen lösen kann, hat man in C zur Steigerung der Übersichtlichkeit zusätzlich den *switch* eingeführt.

4.2.1 If

Der Wert in der Klammer nach dem *if* bestimmt, ob der nächste Befehl oder Block, der mit geschwungenen Klammern gekennzeichnet ist, ausgeführt wird. Sollte in der Klammer nach dem *if* kein Vergleich vorhanden sein, sondern eine Zahl, kann auch diese das *if* steuern. Die Regel dafür ist, dass die Zahl 0 als *falsch* und alle anderen Zahlwerte als *wahr* bewertet werden.

Beispiel 1:

```
i = 5;
if (i > 3)
{
  a++; //wird ausgeführt, da 5 größer 3 ist wahr
  b++; //wird ausgeführt, da 5 größer 3 ist wahr
}
```

Beispiel 2:

```
i = 5;
if (i > 3)
  a++; //wird ausgeführt, da 5 größer 3 ist.
b++;  //wird immer ausgeführt, unabhängig, welchen Wert i hat
```

Einrückungen haben in der Programmiersprache C keinen Einfluss auf die Programmausführung. Sie machen jedoch das Programm lesbarer.

Beispiel 3:

```
i = 5;
if (i < 3)
{
  a++; //wird nicht ausgeführt, 5 kleiner 3 ist falsch
  b++; //wird nicht ausgeführt, 5 kleiner 3 ist falsch
}
```

Beispiel 4:

```
i = 5;
if (i == 3)
{
  a++; //wird nicht ausgeführt. 5 gleich 3 ist falsch
  b++; //wird nicht ausgeführt. 5 gleich 3 ist falsch
}
```

Beispiel 5:

```
i = 5;
j = 3;
if (i = j)
{
  a++; //wird ausgeführt. Der Ausdruck i = j ist hier wahr.
}
```

Anzumerken ist, dass $i = j$ eine Zuweisung ist und das Ergebnis einer Zuweisung der zugewiesene Wert ist. Da der zugewiesene Wert hier 3 ist und alle Werte ungleich null vom Compiler als *wahr* bewertet werden, wird der Block nach der *if*-Anweisung ausgeführt.

Es kommt manchmal vor, dass der Programmierer bei dieser Schreibweise keine Zuweisung beabsichtigt hat, sondern einen Vergleich wollte. Daher gibt mancher Compiler bei dieser Zuweisung eine Warnung aus (z. B. CodeVisionAVR: *Warning: possibly incorrect assignment*).

Will man j an i zuweisen und auf ungleich null abfragen, sollte man

```
if ((i = j) != 0)
{
}
```

schreiben.

4.2.2   If-else

Bei der Kontrollstruktur *if-else* wird entweder der Block nach dem *if* oder der Block nach dem *else* ausgeführt.

Wie beim *if* kann auch hier statt eines Blocks ein einzelner Befehl gesteuert werden.

Beispiel 1:

```
i = 5;
if (i > 3)
{
  a++; //wird ausgeführt. 5 größer 3 ist wahr
  b++; //wird ausgeführt. 5 größer 3 ist wahr
}
else
  c = 100; //wird nie ausgeführt
```

Bei einer *if-else* Struktur wird entweder der Block nach *if* oder der Block nach *else* ausgeführt. Gibt man im Bereich von *else* wieder ein *if*, erhält man die *if-else*-Kette.

4.2.3   If-else-Kette

Mit der *if-else-Kette* wählt man aus einem Bereich einzelne Abschnitte aus. Wir beginnen mit der größten Schwelle. Danach durchsuchen wir den Bereich bis zu dieser Schwelle.

Beispiel: Punkte bei einem Test mit dem entsprechenden Notenschlüssel:

 0 bis 49 Punkte • Note 6

50 bis 59 Punkte • Note 5

60 bis 69 Punkte • Note 4

70 bis 79 Punkte • Note 3

80 bis 89 Punkte • Note 2

90 bis100 Punkte • Note 1

```
if (Punkte >= 90)
    Note = 1;
else if (Punkte >= 80)
    Note = 2;
else if (Punkte >= 70)
    Note = 3;
else if (Punkte >= 60)
    Note = 4;
else if (Punkte >= 50)
    Note = 5;
else    Note = 6;
```

C ist eine Programmiersprache, die frei von Formatierung ist. Man könnte ein C-Programm auch in einer Zeile schreiben. Formatierungen sind in C nur dazu da, eine

Übersicht zu gewinnen. Das gleiche Programm wie oben hat mit zusätzlich eingefügten geschwungenen Kammern folgendes Aussehen.

```c
if (Punkte >= 90)
{
  Note = 1;
}
else if (Punkte >= 80)
{
  Note = 2;
}
else if (Punkte >= 70)
{
  Note = 3;
}
else if (Punkte >= 60)
{
  Note = 4;
}
else if (Punkte >= 50)
{
  Note = 5;
}
else
{
  Note = 6;
}
```

Falls bei dieser *if-else-Kette* eine Zuweisung erfolgt (zu einer Note), wird die Kette verlassen.

4.2.4 Kurzform für die Kontrollstruktur mit ternärem Operator

Bei dieser kurzen Spezialform der Entscheidung wird ein Operator (? :) eingesetzt, der mit drei Argumenten arbeitet. Als Ergebnis bei diesem Entscheidungsprozess werden nicht, wie bei *if*, verschiedene Blöcke von Programmcode bedingt ausgeführt, sondern es erfolgt eine bedingte Zuweisung.

```c
z = i > 5 ? 3 : 7;
```

Das bedeutet, dass z der Wert 3 zugewiesen wird, falls i größer 5 ist, andernfalls erhält z den Wert 7.

4.2.5 Switch

Mit der Kontrollstruktur *switch* kann man eine Auswahl aus konkreten Fällen formulieren. Eine Auswahl aus definierten Bereichen wie bei der *if-else-Kette* ist nicht möglich.

Beispiel 1:

```
int i;
i = 5;
switch (i)
{
  case 1: // (1)
    x = 10;
    y = 20;
    break;
  case 2:
    x = 123;
    y = 50;
    break;

  case 3:
    x = 1;
    y = 2;
    break;

  default:
    x = 0;
    y = 0;
    break; // (2)
}
```

1. Falls *case 1* gültig ist (falls *i* gleich 1 ist), läuft das Programm nicht in den *case 2* hinein, da das Programm durch den *break*-Befehl den *switch*-Block verlässt.

2. Dieser *break* ist nicht nötig, da das Ende des *switch*-Blocks bereits erreicht wurde.

Hat i den Wert 1, werden an x 10 und an y 20 zugewiesen und der *switch* wird beendet. Hat *i* den Wert 2 oder 3, wird in den Fall *case 2* oder *case 3* gesprungen und nur dieser ausgeführt.

Im Beispiel oben hat *i* den Wert 5, daher werden *x* und *y* auf null gesetzt. *Default* wirkt als Einsprungmarke, falls *i* zu keinem *case* passt. In der Programmiersprache C ist die Formatierung frei wählbar. Daher kann das gleiche Programm auch, wie im Beispiel unten gezeigt, übersichtlicher geschrieben werden.

Beispiel 2:

```
switch (i)
{
  case 1:  x =  10; y = 20; break;
  case 2:  x = 123; y = 50; break;
  case 3:  x =   1; y =  2; break;
  default: x =   0; y =  0;
}
```

Beispiel 3:

```
char z;
z = getchar(); //liest Zeichen von einer Eingabe ein.
switch (z)
{
  case 'A':
  case 'a': i = 100; break;
  case 'B':
  case 'b': i = 200;
}
```

Falls das eingelesene Zeichen ein A oder a ist, wird an *i* 100 zugewiesen. Falls das eingelesene Zeichen ein B oder b ist, wird an *i* 200 zugewiesen. In allen anderen Fällen wird *i* nicht verändert.

Wird mit der Funktion *getchar()* ein Zeichen eingelesen, enthält das Zeichen z den ASCII-Wert. Im Switch wird mit 'a', 'A', 'b' oder 'B' verglichen. Die einfachen Anführungszeichen ermitteln den ASCII-Wert des jeweiligen Buchstabens.

4.3 Modulooperator

Unter Modulo versteht man den Rest einer Division mit einer ganzen Zahl, z. B. 13 % 5 ist 3. Wird 13 durch 5 dividiert, ergibt das 2 mit dem Rest 3. Der Modulo-Operator liefert den Rest der Division und wird in C mit einem %-Zeichen ausgedrückt.

4.3.1 Zerlegen einer Zahl in Einer- und Zehnerstelle

```
z = 56;
zehner = z / 10; //Division im ganzzahlig. Der Rest entfällt
einer  = z % 10; //Der Rest ist 6
```

4.3.2 Umwandlung einer dreistelligen Zahl in einen String

```
char fe[4];    //Definieren eines Arrays mit 4 Elementen. Der frei wählbare
               //Name fe deutet auf ein Feld hin
int z = 157; //157 soll in einen String umgewandelt werden
fe[0] = z / 100 + '0';    //Hunderter-Stelle in Zeichen umwandeln
fe[1] = (z / 10) % 10 + '0'; //Zehner-Stelle in Zeichen umwandeln
fe[2] = z % 10 + '0';     //Einer-Stelle in Zeichen umwandeln
fe[3] = '\0';             //String-Abschlusszeichen
```

In der ASCII-Tabelle sind die Werte für die Zahlen in der Tabelle fortlaufend festgelegt. So ist der ASCII-Wert von 0 0x30, der ASCII-Wert von 1 ist 0x31 usw. Die in einfachen Anführungszeichen geschriebene *'0'* liefert den ASCII-Wert der Ziffer 0. Daher kann von jeder Ziffer (0 bis 9) durch Addition mit `0` der ASCII-Wert berechnet werden.

4.3.3   Modulo in einer Schleife mit dem Schleifenindex

Der Modulo-Operator kann dazu verwendet werden, dass in einer Schleife jeder n-te Schleifendurchlauf gesondert behandelt wird.

Beispiel 1:
Eine Schleife wird 100-mal ausgeführt, bei jedem zehnten Durchlauf soll eine Aktion ausgelöst werden. Dafür setzt man am besten den Modulo-Operator in einer Abfrage (*if*) ein.

```
for (i = 0; i < 100; i++) //100 Schleifendurchläufe
{
  if (i % 10 == 0) //ist bei i = 0, 10, 20 ... 80, 90 erfüllt
  {
    //Aktion
  }
}
```

Beispiel 2:
In einer Interruptroutine soll nur bei jedem 16. Schleifendurchlauf ein Programm ausgeführt werden.

```
timer_interrupt() //wird laufend aufgerufen
{
  static int z;      //static initialisiert z auf 0
  z++;
  if (z % 16 == 0)
    {
    //Dieser Block wird nur bei jedem 16. Aufruf
    //des Timers aufgerufen
    }
}
```

Für eine statische Variable wird ein eigener Speicherplatz angelegt. Wird das Unterprogramm verlassen und danach wieder aufgerufen, hat die statische Variable den Wert vom letzten Schleifendurchlauf. Zusätzlich werden statische Variablen initialisiert. Das heißt, die Variable wird vor der ersten Verwendung auf null gesetzt.

4.4   Bitweiser Zugriff auf ein Byte

Bei der Programmierung eines Mikrocontrollers besteht oft der Bedarf, einzelne Bits zu setzen, zu löschen oder zu invertieren. Die nicht betroffenen Bits sollen dabei nicht verändert werden. Es gibt in C folgende Bit-Operationen:

\>> Rechts-Shift

<< Links-Shift

| binäres Oder (bitweises Oder)

& binäres Und

^ binäres Exklusiv Oder

~ binäre Inversion (alle Bits einer Zahl werden invertiert)

4.4.1 Setzen von Bits mit dem Oder-Operator

Der Oder-Operator | verknüpft zwei Zahlen (ganze Zahlen also z. B. Integer) bitweise; z. B.: 0b10100110 | 0b00001111 ergibt 0b10101111. In C kann das auf folgende Weise formuliert werden:

1. Möglichkeit: Setzen von Bits in einem Byte mit einem Oder-Operator:

```
PORTB |= 0b00001111; //Setzt die unteren 4 Bits des PORTB auf 1
```

2. Möglichkeit: Setzen einzelner Bits in einem Byte mit mehreren Oder-Operatoren:

```
PORTB = PORTB | (1 << 3) | (1 << 2) | (1 << 1) | (1 << 0);
```

Die Klammern sind in der Anweisung nicht nötig, verbessern aber die Lesbarkeit des Programms. Zusätzliche Klammern verändern die Ausführungszeit des Programms bei einem guten C-Compiler nicht. Mitunter gibt man einzelnen Bits einen Namen. Dadurch kann man das Programm auch ohne Kommentierung besser lesen.

```
// PORTB
#define PB7 7
#define PB6 6
#define PB5 5
#define PB4 4
#define PB3 3
#define PB2 2
#define PB1 1
#define PB0 0
```

Die Bit-Definitionen finden Sie beim Atmel Studio 6 in der Datei *C:\Program Files\ Atmel\Atmel Studio 6.0\extensions\Atmel\AVRGCC\3.4.0.65\AVRToolchain\avr\include\ avr\iom8.h*, in der alle Bits und Bytes für den Atmega8 Prozessor definiert sind. (Aktuelle Versionsnummern beachten!)

Mit *#define* wird auf Basis eines Textaustauschs gearbeitet. Schreibt man im Programm z. B. im C-Programm *PB3*, wird beim ersten Durchlauf des Übersetzens (mit dem Präprozessors des C-Compilers) PB3 durch 3 ersetzt. Auf dieser Basis kann auch ein algebraischer Ausdruck eingesetzt werden. Der Ausdruck *#define AAA 1000/50* bewirkt, dass an Stellen mit *AAA* der Wert 20 eingesetzt wird. Die Division wird nicht vom Prozessor (AVR) ausgeführt, sondern vom Präprozessor. Das erfolgt beim ersten Schritt bei der Programmübersetzung.

3. Möglichkeit: Setzen einzelner Bits, wobei die Bits mit Namen definiert sind:

```
PORTB = PORTB | (1 << PB3) | (1 << PB2) | (1 << PB1) |
        (1 << PB0);
```

Damit werden die unteren vier Bits von *PORTB* gesetzt.

4.4.2 Löschen von Bits mit dem Und-Operator

Bei einer Und-Verknüpfung ist ein Wert 0 dominant. Das gilt auch für die bitweise Und-Verknüpfung, wie das Beispiel unten zeigt, z. B. 0b10100110 & 0b11110000 ergibt 0b10100000. In C kann das auf folgende Weise formuliert werden. Es wird angenommen, an PortB liegt 0b10100110 an.

```
PORTB &= 0b11110000; //setzt die unteren 4 Bits auf 0,
                     //die oberen 4 Bits bleiben unverändert
PORTB &= 0xf0;       //Wirkung wie oben nur mit Hexadezimalzahl.
```

4.4.3 Toggeln von Bits mit dem Exklusiv-Oder-Operator

Unter *Toggeln* eines Bits versteht man das Ändern eines Bits in den anderen Zustand. Ist das Bit 0, wird es 1, und falls das Bit 1 ist, wird es durch den Toggel-Vorgang 0. Von einem Exklusiv-Oder-Gatter ist bekannt, dass es auch als Buffer oder Inverter betrachtet werden kann. An einem Eingang wird entschieden, ob das Exklusiv-Oder als Inverter oder Buffer arbeitet. Am zweiten Eingang liegt das Signal an, das entweder unverändert ausgegeben oder komplementiert wird.

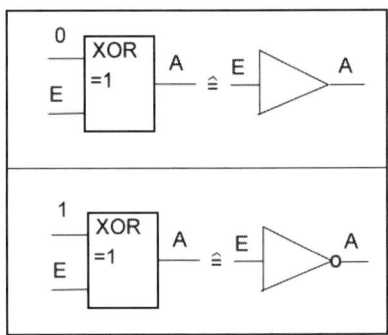

Abb. 4.1: Das Exclusiv-Oder-Gatter wirkt als Buffer oder als Inverter.

Für Zahlen, die durch mehrere Bits dargestellt werden, gilt bei der bitweisen Exklusiv-Oder-Operation das Gleiche:

```
z = z ^ 0b00001111; //Ändert die unteren 4 Bits von z, die
                     //oberen 4 Bits bleiben unverändert
z ^= 0b00001111;     //Kurzschreibweise des vorherigen Ausdrucks
z ^= (1 << 3) | (1 << 2) | (1 << 1) | (1 << 0);
```

Alle drei Befehle haben die gleiche Wirkung.

4.5 Unterprogramme

Ein Unterprogramm ist die stärkste Waffe, um einen Code übersichtlich zu gestalten. Es gibt sogar ein Software-Design-Konzept, bei dem man zuerst das unterste Unterprogramm (das kein Unterprogramm mehr aufruft) entwickelt, um darauf das Programm aufzubauen. Dieses Software-Design-Konzept heißt Bottom-up. An ein Unterprogramm kann man entweder Werte oder Adressen übergeben. Man bezeichnet die Methode der Übergabe als *call-by-value* oder *call-by-reference*. In diesem Kapitel wird nur der Aufruf mit der Methode *call-by-value* besprochen, *call-by-reference* finden Sie im Kapitel über Zeiger.

Beispiel 1:
Es soll in einem Unterprogramm a + b + 100 berechnet und das Ergebnis an das Hauptprogramm zurückgegeben werden.

```c
#include <stdio.h>

//Ein Integer wird zurückgegeben. Das Unterprogramm heißt up.
int up(int a, int b)
{
  return a + b + 100;
}

void main(void)
{
  int z = 5;
  int erg;
  erg = up(z, 10); //erwartetes Ergebnis: 115
  printf("Das Ergebnis ist %d\r\n", erg);
}
```

Das *return* im Unterpogramm hat nicht die gleiche Funktion wie im Assembler. Auch ohne *return* würde das Programm an der richtigen Stelle im Hauptprogramm fortgesetzt werden. In C bewirkt ein *return*, dass ein Wert ins Hauptprogramm zurückgeliefert wird. In unserem Fall wird das Ergebnis mit dem Datentyp *int* zurückgeliefert.

4.5.1　Definition, Deklaration und externe Vereinbarung

Jedes Objekt (Variable oder Funktion, nicht zu verwechseln mit einem Objekt in einer *objektorientierten Programmiersprache*) muss zumindest definiert werden. Bei der Definition wird für eine Variable im Speicher ein Platz reserviert, für eine Funktion wird diese als Programmcode in den Speicher geschrieben. Die Deklaration kontrolliert danach, ob das Objekt richtig verwendet wird.

Beispiel 1:
Im folgenden Beispiel befindet sich das Unterprogramm nach dem Hauptprogramm und muss daher vor Verwendung deklariert werden.

```c
#include <xxx.h>
int up(int);        //Deklaration (diese ist unbedingt notwendig)
void main(void)
{
  int z;
  z = up(10);       //Aufruf ok, da up() bereits deklariert ist
```

```
}
int up(int x);        //Definition
{
  return x * x;
}
```

Beispiel 2:

Definition und Deklaration erfolgen im Beispiel unten in einem Schritt.

```
#include <xxx.h>
int up(int x)         //Definition und Dekaration
{
  return x * x;
}

void main(void)
{
  int z;
  z = up(10);         //Aufruf Ok, da up() bereits deklariert ist
}
```

Beispiel 3:

In diesem Beispiel sind zwei Unterprogramme vor dem Hauptprogramm definiert und gleichzeitig deklariert. Im ersten Unterprogramm *up1()* wird das zweite Unterprogramm *read_adc()* aufgerufen. An dieser Stelle ist aber das zweite Unterprogramm noch nicht deklariert. Daher tritt bei der Übersetzung ein Fehler auf.

```
#include <xxx.h>
int up1(int x)        //Definition und Dekaration
{
  return read_adc(); //Fehler, da die aufzurufende Funktion im
                      //vorhergehenden Programmcode noch nicht
                      //deklariert wurde.
                      //Lösung: up1() und read_adc() vertauschen
}

int read_adc(void)    //Definition und Deklaration
{
  return 1234;        //Dummy-Wert
}

void main(void)
{
  int z;
}
```

Beispiel 4:

In diesem Beispiel ist das Problem, dass ein Unterprogramm vor der Deklaration verwendet wird, sauber gelöst. Definition und Deklaration sind getrennt und die Deklaration erfolgt ganz am Anfang des Programms.

```
#include <xxx.h>
int up1(int x); //Dekaration
int read_adc(); //Dekaration

void main(void)
{
  int y;
}

int up1(int x) //Definition
{
  z = read_adc(); //OK, da die Funktion schon oben
                  //deklariert wurde.
}

int read_adc(void) //Definition
{
  return 1234; //Dummy-Wert
}
```

Werden die Unterprogramme nach dem Hauptprogramm definiert und im Programm oben deklariert, ist die Reihenfolge des Aufrufs beliebig. Sind Definition und Verwendung von Funktionen oder Variablen in verschiedenen Dateien, ist die Deklaration mit *extern* zu vereinbaren. Ist z. B. in einem Treiberprogramm LCD.C die Funktion *init_lcd();* programmiert, ist im Hauptprogramm die Deklaration mit *extern int init_lcd();* durchzuführen.

4.6 Zeiger

Zeiger werden in der englischen Literatur als *Pointer* bezeichnet. Sie sind Adressen von Objekten, und es besteht die Möglichkeit, auf die Inhalte der Speicherstellen zuzugreifen. Mit einem Zeiger kann man auf der Speicherstelle, auf die der Zeiger zeigt, sowohl Daten auslesen als auch speichern. Zusätzlich kann man sogar von der Speicherstelle, auf die der Zeiger zeigt, ein Programm starten.

4.6.1 Zeiger auf Integer

Wird mit *int i;* eine Variable angelegt, erhält man mit *&i* die Speicheradresse der Variablen *i*. Der Operator * hat (neben der Multiplikation) bei Zeigeroperationen zwei verschiedene Bedeutungen. Bei der Definition und Deklaration wird damit ein Zeiger erzeugt oder geprüft, ob es sich um einen Zeiger handelt. Im Programm kann mit dem Operator * auf das Objekt selbst zugegriffen werden.

Beispiel 1:
Zuerst folgt eine Zuweisung mit nicht-initialisiertem Zeiger. Dieser Fehler kommt so häufig vor, dass ausnahmsweise mit einem fehlerhaften, nicht funktionierenden Pro-

gramm begonnen wird. Der Fehler im Programm ist der nichtinitialisierte Zeiger. Dieser Fehler wird in der Regel vom Compiler als Warnung angezeigt.

```
int i = 5; // (1)
int* pt;   // (2)
*pt = 10;  // (3)
```

1. Es wird eine Variable festgelegt und ihr der Wert 5 zugewiesen.

2. Es wird ein Zeiger auf einen Integer erzeugt. Den Wert des Zeigers, also die Adresse, auf die der Zeiger hinzeigt, ist nicht festgelegt.

3. Jetzt wird an die Stelle, die der Zeiger hat, der Wert 10 geschrieben.

Man weiß im Programm oben nicht, wohin der Wert 10 geschrieben wird. Das kann durchaus in einem Bereich sein, in dem sich wichtige Daten befinden, die jetzt zerstört würden. Es wurden Daten mit einem nicht initialisierten Zeiger gespeichert.

Beispiel 2:

Wie man es richtig macht.

```
int i = 5; // (1)
int* pt;   // (2)
pt = &i;   // (3)
*pt = 10;  // (4)
```

1. Es wird eine Variable festgelegt und ihr der Wert 5 zugewiesen.

2. Es wird ein Zeiger auf einen Integer erzeugt. Den Wert des Zeigers, also wohin der Zeiger zeigt, ist nicht festgelegt.

3. Die Adresse der Variablen i wird ermittelt und dem Zeiger zugewiesen.

4. Jetzt wird an die Stelle, die der Zeiger hat, der Wert 10 geschrieben. Der Zeiger zeigt wegen der vorherigen Zuweisung auf *i*.

Nach dieser Programmsequenz hat i den Wert 10. Es wurde auf die Variable *i* mit einem Zeiger zugegriffen. Im nächsten Beispiel wird gezeigt, wie man von einem Unterprogramm drei Werte in das Hauptprogramm zurückgibt. Mit dem Befehl *return* kann nur ein Wert zurückgegeben werden, daher sind Zeigeroperationen notwendig.

Beispiel 3:

Es soll ein Unterprogramm geschrieben werden, an das drei Integer übergeben werden. Nach Aufruf des Unterprogramms sollen im Hauptprogramm die drei Integer den doppelten Wert haben.

```
#include <stdio.h>
void unterpro(int* x, int* y, int* z)
{
  *x = *x * 2; // (1)
  *y = *y * 2;
  *z = *z * 2;
}
```

```
void main(void)
{
  int i = 10, j = 20, k = 30;
  unterpro(&i, &j, &k); // (2)
}
```

1. Im Unterprogramm liefert *x das Objekt, also den Wert von i. Dieser wird verdoppelt und wieder abgespeichert.

2. Dem Unterprogramm wurden nicht die Werte von *i*, *j* und *k*, sondern die Speicherstellen übergeben, an denen sich *i*, *j* und *k* befinden. Da die übergebenen Werte Adressen (Speicherstellen) sind, kann man die Methode der Parameterübergabe als call-by-reference bezeichnen.

Beispiel 4:
Bei diesem Beispiel sollen die Werte von zwei Variablen, die im Hauptprogramm definiert wurden, in einem Unterprogramm vertauscht werden.

```
#include <stdio.h>
void swap(int* x, int* y)
{
  int temp;
  temp = *x; //Zwischenspeicher zum Vertauschen
  *x = *y;
  *y = temp;
}

void main(void)
{
  int i = 10, j = 20;
  swap(&i, &j);  //Adressen von i und j übergeben
  //hier hat i den Wert 20 und j den Wert 10
}
```

Dadurch, dass nicht die Werte der Variablen an das Unterprogramm übergeben wurden, sondern deren Speicherplätze, konnte *x* und *y* vertauscht werden.

Weitere Beispiele, bei denen Zeiger verwendet werden, finden Sie in Kapitel 4.8 über Strings.

4.7   Schleifen

Schleifen werden verwendet, wenn Programmteile mehrmals durchlaufen werden. In C sind drei Schleifen bekannt. Die *for*-Schleife wird vor allem dann eingesetzt, wenn man schon genau weiß, wie oft die Schleife durchlaufen werden soll. Man kann zwar den Schleifenabbruch bei der *for*-Schleife von Ergebnissen abhängig machen und die Schleife jederzeit verlassen, aber dann verwendet man vorzugsweise die *while*-Schleife.

Bei einer *while*-Schleife wird am Anfang ein Ausdruck abgefragt. Ist dieser Ausdruck *wahr,* wird der Schleifenkörper (ein Block, der von geschwungenen Klammern begrenzt wird, oder ein einzelner Befehl) durchlaufen. Als dritte Schleife steht die *do-while*-Schleife zur Verfügung. Diese Schleife wird mindestens einmal durchlaufen. Am Ende steht eine Abfrage, die bestimmt, ob das Programm wieder am Schleifenanfang beim *do* fortgesetzt wird. Diese Schleife wird häufig bei einer Menüabfrage verwendet.

4.7.1 For-Schleife

Die *for*-Schleife beginnt mit dem Schlüsselwort *for* und hat in der Klammer drei mit Semikolon getrennte Ausdrücke. Danach folgt der Schleifenkörper.

```
for (expr1; expr2; expr3)
{
}
```

Diese Schleife wird in folgender Reihenfolge abgearbeitet:

1. *expr1* wird ausgeführt.

2. Es wird geprüft, ob *expr2* wahr ist. Ist *expr2* wahr, wird der Schleifenkörper durchlaufen, andernfalls wird die Schleife beendet.

3. Nachdem die Schleife durchlaufen ist, wird das Programm wieder oben beim *for* fortgesetzt. Dabei wird der Ausdruck *expr3* ausgeführt und danach *expr2* geprüft. Falls *expr2* wahr ist, wird die Schleife nochmals durchlaufen, andernfalls wird die Schleife abgebrochen. Danach folgt wieder Punkt 3.

Beispiel 1:

```
for (i = 0; i < 10; i++)
{
   //dieser Bereich (oder Block) wird 10-mal durchlaufen
   //dabei hat i die Werte 0 bis 9
}
```

Nachdem die Schleife verlassen wird, hat *i* den Wert 10.

Beispiel 2:

```
for (i = 30000; i; i--)
   ;
```

Die Schleife zählt von 30.000 herunter. Der zweite Ausdruck in der Schleife ist *i*. Das bedeutet: Falls *i* ungleich null ist, ist *expr2* wahr und die Schleife wird durchlaufen. Falls *i* null ist, wird die Schleife abgebrochen. Als Schleifenkörper wirkt nur das Semikolon. Das Semikolon könnte auch sofort nach der schließenden Klammer der *for*-Schleife geschrieben werden. Nur zur Verdeutlichung, dass kein Schleifenkörper beabsichtigt war, ist im C-Buch von Kernighan Ritchi empfohlen, das Semikolon in die nächste Zeile zu schreiben.

Beispiel 3:

```
for (;;)
{
  // Dieser Bereich ist in einer Endlosschleife
}
```

4.7.2 While-Schleife

Die *while*-Schleife hat die Abfrage am Anfang der Schleife. Ist die Abfrage *wahr*, wird die Schleife durchlaufen. Falls die Abfrage *falsch* ergibt, wird die Schleife abgebrochen. Sollte bei der *while*-Schleife schon beim Aufruf die Abfrage falsch sein, wird die Schleife übersprungen. Daher wird die *while*-Schleife auch als abweisende Schleife bezeichnet.

Beispiel 1:

```
i = 0;
while (i < 5)
{
  //Dieser Bereich wird 5-mal durchlaufen
  i++;
}
```

Beispiel 2:

```
i = 0;
while (1) //Jede Zahl ungleich null ist wahr, daher ist das
          //eine Endlosschleife
{
  PORTB++; //Ausgabe bei einem AVR-Mikrocontroller
}
```

An PortB wird dadurch laufend eine größer werdende Zahl ausgegeben.

Beispiel 3:

```
i = 1;
while (i <= 128)
{
  PORTB = i;
  i *= 2; //Kurzform für i = i * 2;
  //_delay_ms(100);  //Verzögerungszeit je nach C-Compiler
}
```

Es wird 1,2,4,8,16,32,64,128 an PortB ausgegeben. Mit LEDs an PortB ist das ein Lauflicht.

Beispiel 4:

```
i = 2;
while (i <= 256)
{
  PORTB = i -1;
```

```
  i *= 2;
  //  _delay_ms(100);  //Verzögerungszeit in Atmel Studio
  //   delay_ms(100);  //Verzögerungszeit in CodeVisionAVR
}
```

Mit LEDs an PortB ist damit ein Laufbalken realisiert.

4.7.3   Do-while-Schleife

Bei der do-while-Schleife ist die Abbruchbedingung am Ende der Schleife. Daher wird diese Schleife mindestens einmal durchlaufen. Es gibt zwar kein Problem, das zwingend eine *do-while*-Schleife erfordert und nicht mit einer *while-* oder *for*-Schleife realisiert werden könnte, aber manche Aufgaben können mit dieser Schleife bequemer formuliert werden. Ein typisches Beispiel ist eine Menüauswahl, die im folgenden Programm gezeigt wird. Mit dem Programm soll über die Standardeingabe ein Motor gesteuert werden. In den meisten Fällen arbeitet man mit der RS-232-Schnittstelle, sodass die Standardein- und -ausgabe mit einem Terminal-Programm erfolgt. In diesem Fall schreibt *printf()* an die RS-232-Schnittstelle. Das wird danach in einem Terminal-Programm angezeigt. Eine Eingabe an der Tastatur bewirkt, dass das Terminal-Programm ein Zeichen an der RS-232-Schnittstelle abgibt und der Mikroprozessor sendet. Die Funktion *getchar()* liefert den ASCII-Wert des empfangenen Zeichens. An den beiden untersten Leitungen wird ein Motor (mit Leistungsendstufe) angeschlossen.

```
char c;
do
{
  printf("Auswahl Motor (1, 2, 3, 4 eingeben) ");
  printf("1. Motor stop\r\n");
  printf("2. Motor links\r\n");
  printf("3. Motor rechts\r\n");
  printf("4. Menü verlassen\r\n");
  c = getchar();
  switch (c)
  {
    //An den unteren beiden Pins von PORTB ist ein
    //Gleichstrommotor (mit Leistungsendstufe) angeschlossen
    case '1': PORTB = 0b00000000; break;
    case '2': PORTB = 0b00000001; break;
    case '3': PORTB = 0b00000010; break;
    case '4': break;
    default:  printf("\r\n ****  Falsche Eingabe ****\r\n");
  }
}
while (c != '4');
```

4.7.4   Schleifen aussetzen

For- und *while*-Schleifen fragen immer eine Bedingung ab. Ist diese Bedingung wahr, wird die Schleife ausgeführt, andernfalls wird die Schleife abgebrochen. Es gibt aber noch drei Möglichkeiten, einen Schleifendurchlauf auszusetzen oder sogar die Schleife an einer beliebigen Stelle zu verlassen. Der erste Befehl, der besprochen wird, ist der *break*-Befehl, der zum sofortigen Abbruch führt. Beim zweiten Befehl, dem *continue*, wird der Rest des Schleifenkörpers nicht mehr durchlaufen und es wird sofort zum Anfang gesprungen. Schließlich kann mit dem Befehl *goto* aus der Schleife herausgesprungen werden. Das widerspricht aber den Regeln der strukturierten Programmierung und ist bei professionellen Programmierern verpönt. Kernighan und Ritchi, die Erfinder der Programmiersprache C, empfehlen *goto* nur beim Ausstieg aus mehrfach verschachtelten Schleifen. Der Grund dafür ist, dass mit einem *break* nur eine Schleife verlassen werden kann.

Beispiel 1:

```
i = 0;
while (1) // Jede Zahl ungleich 0 ist wahr.
          // Daher ist das eine Endlosschleife
{
  printf("%d", i);
  if (i == 5)
    break; //break => Endlosschleife wird verlassen
  i++;
}
```

Es wird *012345* ausgegeben.

Beispiel 2:

```
for (i = 0; i < 5; i++)
{
  if (i == 3)
    continue; //Bei i == 3 wird zum for gesprungen
  printf("%d", i);
}
```

Es wird *0124* ausgegeben.

4.8   String

4.8.1   Aufbau von Strings

Als String bezeichnet man in der englischen Literatur eine Zeichenkette. Beide Begriffe, String und Zeichenkette, werden synonym verwendet. Eine Besonderheit des Strings ist, dass er in C kein eigener Datentyp ist, sondern aus einem Array von *Character* (einzelnen Zeichen) gebildet wird. Die Werte im Array sind die ASCII-Werte der einzelnen Zeichen, wobei ein String mit einer zusätzlichen numerischen Null abgeschlossen ist.

Befinden sich in einem Array Daten vom Typ Character, wie in der Tabelle unten angegeben, kann das in C als String verwendet werden. In einer ASCII-Tabelle steht für 65 das Zeichen A, 110 für n, 116 für t, 111 für o und 110 für n. Der Wert 0 ist das Abschlusszeichen eines Strings. Der String enthält also die Zeichenkette »Anton«.

65	110	116	111	110	0

Speicherinhalt des Arrays in Dezimaldarstellung

Strings können auch nicht druckbare Zeichen (z. B. Tabulator oder Carriage Return) enthalten.

Wie kommen nun die Zeichen in das Array von Charactern?

In einem C-Programm wird das unten angegebene Array auf vier verschiedene Weisen erstellt.

120	120	10	121	121	0

Beispiel 1:

Die Strings werden schon beim Anlegen des Arrays erzeugt. Wir nennen diese Zuweisung bei der Definition, also beim Anlegen der Daten, *Initialisierung*.

```
char fe[] = {"xx\nyy"};
```

Bemerkenswert ist, dass '\n' ein einzelnes Zeichen ist und so viel wie *New Line* bedeutet.

Beispiel 2:

```
char fe[6]; // (1)
fe[0] = 120; fe[1] = 120; fe[2] = 10; // (2)
fe[3] = 121; fe[4] = 121; fe[5] = 0;  // (2)
```

1. Für den Text wird ein Array mit Character der Länge 6 benötigt. Die Länge ergibt sich aus den 5 Zeichen und einem zusätzlich Abschlusszeichen.

2. Hier werden den Array-Elementen die ASCII-Werte des jeweiligen Zeichens zugewiesen.

Beispiel 3:

```
char fe[6];
fe[0] = 'x'; fe[1] = 'x'; fe[2] = '\n'; // (1)
fe[3] = 'y'; fe[4] = 'y'; fe[5] = '\0'; // (1)
```

Hier werden den Array-Elementen die Zeichen zugewiesen.

(Die doppelten Anführungszeichen sind in 4.11.4 besprochen.)

Beispiel 4:

```
char fe[6];
strcpy(fe, "xxx\nyy"); //kopiert den String "xxx\nyy" nach fe
```

Wichtig für das Verständnis von Strings ist, dass bei der Übergabe eines Strings an eine Funktion (z. B. an *strcpy()*) oder an ein selbst erstelltes Unterprogramm die Speicheradresse des ersten Zeichens des Strings übergeben wird.

Dabei wird auf die Daten zugegriffen, die an der Adresse stehen. Das erfolgt bis zu einer Speicherstelle, die als String-Ende markiert ist. Als Markierung für das Ende des Strings ist eine numerische Null festgelegt. Um den Umgang mit Strings zu lernen, ist das Studium von String-Funktionen empfehlenswert. Obwohl die String-Funktionen in der Bibliothek von C zur Verfügung stehen, ist das Studium dieser Funktionen instruktiv und bietet zusätzlich die Möglichkeit, die String-Funktionen zu erweitern.

Beispiel 1:
Ermittelt die Stringlänge.

```
int strlen(char fe[])
{
  int i = 0;
  while (fe[i] != '\0') //Abbruch bei String-Ende
    ++i;
  return i;
}
```

Beispiel 2:
Es soll an einen String ein weiterer String angehängt werden. Voraussetzung ist, dass für den neuen String ausreichend großer Speicherplatz reserviert wurde.

```
char fe[20];
strcpy (fe, "Hallo"); //zuerst ein Wort in fe kopieren
```

Der String *fe* kann bis zu 19 Zeichen und zusätzlich ein Abschlusszeichen speichern. Für »Hallo« benötigt man nur sechs Speicherplätze. Daher kann man an *fe* noch einen String anhängen. Die Funktion *strcat* steht zwar im C-Compiler zu Verfügung, wird aber im Detail betrachtet.

```
strcat(fe, " Max"); //strcat(s, t) => t ans Ende von s anhängen
                    //s muss ausreichend groß sein
void strcat(char s[], char t[])
{
  int i, j;
  i = j = 0;
  while (s[i] != '\0')  //Ende von s finden
    i++;
  while ((s[i++] = t[j++]) != '\0') //t kopieren
    ;
}
```

Nachdem ein Zeichen von *t* nach *s* kopiert wurde, wird nachträglich *s* und *t* um eins erhöht. Bemerkenswert ist die Zuweisung *s[i++] = t[j++]*. Diese Zuweisung steht in Klammern und wird mit einem Wert verglichen. Daher erkennt man, dass eine Zuweisung einen Wert besitzt. Das Programm oben ist aus »Kernighan und Ritchi, Programmieren in C«, die nachfolgenden String-Funktionen sind in diesem Programmierstil (kurz und kompakt) geschrieben.

Beispiel 3:

Mit der Funktion *puts()* soll ein String an die Ausgabe geschrieben werden. Bei einem PC erfolgt die Ausgabe an die Konsole (DOS-Modus), bei einem Mikrocontroller an die serielle Schnittstelle.

```
void puts(char* s) //char s[] ist auch möglich
{
  int c;
  while (c = *s++) //Anmerkung siehe unten
    putc(c);
}
```

In den runden Klammern der *while*-Schleife steht ein Ausdruck. Ist dieser Ausdruck *wahr*, wird die Schleife ausgeführt. Im Programm oben ist aber in den runden Klammern eine Zuweisung und kein Vergleich. Es gilt aber die Regel, dass der Wert einer Zuweisung der zugewiesene Wert ist. Im Programm ist s ein Zeiger auf einen String, und *s sind die Daten im String, also ein einzelnes Zeichen. Mit *s++ wird ein einzelnes Zeichen aus dem String geholt, und danach wird der Zeiger um eins erhöht. Dadurch bewirkt die folgende Zuweisung c = *s++ , dass das nächste Zeichen des Strings an c zugewiesen wird. Auch die String-Ende-Marke wird an c zugewiesen, aber da sie null ist, wird die Schleife danach abgebrochen und putc(c) nicht mehr ausgeführt. Diese Programmiermethode (mit *s++) ist sehr kompakt, und Sie sollten diesen Programmierstil übernehmen.

Beispiel 4:

Umwandlung einer Zeichenkette, die eine Zahl darstellt, in einen Integer.

```
int atoi(char s[])      //atoi steht für ASCII to Integer
{
  int i, n = 0;
  for (i = 0; s[i] >= '0' && s[i] <= '9'; i++)
    n = 10 * n + (s[i] - '0');
  return n;
}
```

Mit dem Ausdruck *s[i] >= '0' && s[i] <= '9'* werden nur Ziffern berücksichtigt; Tabulatoren und Leerzeichen werden überlesen. Beachtenswert ist der Ausdruck *(s[i] − '0')*, der aus einer Ziffer den numerischen Zahlenwert ermittelt. Das Programm nutzt aus, dass die Ziffern in der ASCII-Tabelle fortlaufend angeordnet sind. Enthält z. B. *s[i]* das Zeichen *'3'*, wird durch die Subtraktion von *'0'* der Zahlenwert 3 ermittelt, da dieses Zeichen in der Tabelle um drei Positionen von *'0'* versetzt ist. Bei dieser Programmiermethode ist es nicht notwendig, den ASCII-Wert eines Zeichens in einer Tabelle zu kennen.

Die Funktionen *strlen()*, *strcpy()*, *strcut()* und *atoi()*sind in C schon in der Bibliothek vorhanden. Die Programmierung der String-Funktionen zu studieren ist aber empfohlen.

4.8.2   String-Funktionen mit Format-String

Ein Format-String ist ein spezieller String, der die String-Verarbeitung steuern kann. Die wichtigsten Format-Strings sind in der folgenden Tabelle angegeben.

d, i   int, dezimale Zahl

o   int, oktale Zahl

x, X   int,
      x hexadezimale Zahl, Kleinbuchstaben z. B. 15af,
      X hexadezimale Zahl, für Großbuchstaben z. B. 15AF

u   int, dezimale Zahl ohne Vorzeichen

c   int, einzelnes ASCII-Zeichen

s   char*, Zeichenketten, die mit '\0' abgeschlossen sind

f   float, Zahl mit Komma, z. B. 123.5

e, E   double, Zahl bei der Exponentialdarstellung erlaubt ist, z. B. 16e6

p   void*, als Zeiger, ist aber nicht bei jedem C-Compiler vorhanden

Format-String (z. B. für printf und scanf)

Das folgende Programm zeigt die Verwendung von *printf()*. Die Ausgabe, die dieses Programm bewirkt, ist nach dem C-Programm angegeben.

Es kann aber sein, dass Sie auf Ihrem Bildschirm ein anderes Ergebnis sehen. Manche Konsolen interpretieren das Zeichen '\n' als neue Zeile. Das bewirkt, dass von einer Schreibposition in der Zeile um eine Zeile nach unten gesprungen wird. In anderen Konsolen wird ein '\n' als Sprung in eine neue Zeile mit der Schreibposition am Anfang (ganz links) interpretiert. Einige Terminal-Programme können auf beide Darstellungsformen konfiguriert werden. Falls Sie im C-Programm die Zeichen »…\r\n« verwenden, wird bei jeder Darstellungsform das angegebene Ergebnis angezeigt werden. Im ungünstigsten Fall haben Sie bei der Ausgabe zwei Zeilen Abstand.

4.9   Ausgabe mit Formatangabe

Beispiel 5:
Der Printbefehl mit verschiedenen Formatanweisungen

```
#include <stdio.h>
#include <conio.h>
void main(void)
{
  int i;
  printf("%d %i\r\n", 123, 123);
  printf("%o\r\n", 12);          // (1)
```

```
  printf("%x %X\r\n", 26, 26);      // (2)
  printf("%u\r\n", 2011);
  printf("%c %d\r\n", 'a', 'a');    // (3)
  printf("%s\r\n", "Hallo");
  printf("%f\r\n", 123.5);
  printf("%e %E\n", 16e6, 16e6);    // (4)
  printf("%p\r\n", &i);             // (5)
}
```

1. Ausgabe einer Oktalzahl, 12 dezimal ist 8 + 4, also 14 oktal

2. Ausgabe einer Hexzahl, 26 dezimal ist 16 + 10, also 1a hex

3. *%c* gibt Zeichen und *%d* den ASCII-Wert aus

4. Exponentialdarstellung

5. Gibt die Adresse von *i* aus; das ist nicht bei jedem Compiler möglich.

Das Programm oben führt zu folgender Ausgabe:

```
123 123
14
1a 1A
2011
a 97
Hallo
123.500000
1.600000e+07 1.600000E+07
FFF4
```

Die wichtigsten String-Funktionen, die mit Formatierung arbeiten, sind:

`printf()`	Formatierte Ausgabe auf die Standardausgabe
`scanf()`	Formatiertes Einlesen von der Standardeingabe
`sprintf()`	Formatierte Ausgabe auf einen String
`sscanf()`	Formatiertes Einlesen von einem String

Für den Printbefehl gilt:

Zusätzlich kann zwischen dem %-Zeichen und dem Formatierungszeichen eine Angabe über Platzreservierung und Präzision gemacht werden. Eine einzelne Zahl bedeutet eine Mindestplatzangabe. Benötigt die Ausgabe mehr Platz, ist diese Angabe ohne Auswirkung. Sollte der angegebene Bereich größer sein als die Ausgabe, wird in diesem Bereich rechtsbündig geschrieben. Will man in einen Bereich linksbündig schreiben, muss man vor der Bereichsangabe ein Minus setzen (z. B. %-15s).

Eine Angabe der Präzision erfolgt mit einer Zahl nach einem Punkt. Bei einem String wird damit die Anzahl der Buchstaben festgelegt, die ausgegeben werden. Bei einer float- oder double-Zahl werden damit Stellen nach dem Komma bestimmt.

Beispiel 6:

Beim CodeVisonAVR Compiler erfolgt mit einem *printf()* eine Ausgabe auf der seriellen Schnittstelle. Beim Atmel Studio ist eine entsprechende Library zu aktivieren. Sie finden die entsprechende Anleitung für das Atmel Studio in Kapitel 6.3.

Falls man die *printf()*-Funktion für die Ausgabe an die serielle Schnittstelle nicht zur Verfügung hat, kann man mit *sprintf()* in einen String schreiben und ihn mit *puts()* ausgeben (siehe Bsp. 7).

```
#include <stdio.h>
void main(void)
{
  char x[] = {"Programm"};
  printf("###%s###\r\n", x);       // (1)
  printf("###%15s###\r\n", x);     // (2)
  printf("###%.5s###\r\n", x);     // (3)
  printf("###%10.5s###\r\n", x);   // (4)
  printf("###%-10.5s###\r\n", x);  // (5)
}
```

1. Normale Ausgabe

2. 15 Plätze für Ausgabe; rechtsbündig

3. 5 Zeichen vom String werden ausgegeben

4. 10 Plätze und 5 Zeichen; rechtsbündig

5. 10 Plätze und 5 Zeichen; linksbündig

Das Programm gibt Folgendes aus:

```
###Programm###
###        Programm###
###Progr###
###     Progr###
###Progr     ###
```

Schreiben in einen String und anschließende Ausgabe in die »Standardausgabe« mit *puts()*

Beispiel 7:

```
#include <stdio.h>
void main(void)
{
  int i;
  double z;
  char fe[20];
  z = 1492.1789;
  sprintf(fe, "Wert %lf\r\n", z);
  puts(fe);
}
```

Das Programm gibt Folgendes aus:

```
Wert 1492.178900
```

4.10 Eingabe mit Formatangabe

Bei einem Rechner erfolgt die Standardeingabe mit einer Tastatur, bei einem Mikrocontroller ist auch als Eingabekanal die serielle Schnittstelle denkbar. Mit dem Befehl *scanf()* können Zeichen eingelesen werden und gleichzeitig mit der Formatanweisung zerlegt werden. Das kann man sich so vorstellen, dass man z. B. mit der Formatanweisung entscheidet, wie die eingelesenen Daten bezüglich des Datentyps interpretiert werden.

Robuster gegen fehlerhafte Eingaben ist aber das Einlesen einer ganzen Zeile (bis '\r') und das anschließende Zerlegen des Strings mit *sscanf()*.

Beispiel 8a:

Mögliche, aber nicht robuste Methode, zwei Zahlen einzulesen

```
#include <stdio.h>
void main(void)
{
  int x, y;
  scanf("%d%d", &x, &y); // (1)
  printf("Kontrolle Methode 1: %d  %d\n", x, y);
}
```

1. Mit & wird die Speicherstelle von *x* und *y* bekannt gegeben. Der Operator & ist an dieser Stelle zwingend erforderlich.

Beispiel 8b:

Bessere Methode, zwei Zahlen einzulesen: Einlesen einer Zeile und nachfolgendem Zerlegen des Strings

```
#include <stdio.h>
void main(void)
{
  char fe[20];
  int x, y;
  gets(fe); // (1)
  sscanf(fe,"%d%d", &x, &y);
  printf("Kontrolle Methode 2: %d %d\n", x, y);
}
```

• `fgets(fe, 19, stdin);`

Lange Eingaben verursachen keine Probleme. Daher ist *fgets()* noch besser als *gets()*.

4.11   Arrays und Zeiger

4.11.1 Zeiger und Adressen

Ein Zeiger ist die Adresse eines Objekts. Nachfolgend wird der Unterschied zwischen Zeiger und Arrays klar dargestellt. Ein Zeiger ist nichts anderes als die Adresse im Speicher, an der das Objekt angelegt ist. Wird z. B. eine Variable mit *int z;* angelegt, muss sie irgendwo im Speicher abgelegt werden. Die Adresse, an der die Variable z gespeichert ist, ermittelt man mit &z. Bildet man einen Zeiger mit *int* ptr;*, kann man ihm mit *ptr = &z;* den Speicherort oder die Adresse von z zuweisen. Zeiger können nicht nur auf Variablen, sondern auch auf Arrays, Zeiger, Funktionen oder Strukturen zeigen. Ist die Speicherstelle einer Variablen bekannt, kann man von jeder Stelle in einem Programm (oder Unterprogramm) darauf zugreifen. Das eröffnet viele Möglichkeiten, kann aber auch zu schwer zu lokalisierenden Fehlern führen. Ein Array besteht aus einem oder mehreren Objekten vom gleichen Datentyp, auf die per Index zugegriffen werden kann.

Beispiel 1:
Array mit drei Integern und Zuweisung

```
int feld[3];   //Das gebildete Array hat 3 Elemente

feld[0] = 100; //Wertzuweisung OK
feld[1] = 200; //Wertzuweisung OK
feld[2] = 300; //Wertzuweisung OK
feld[3] = 400; //Fehler!!!
```

Das Array hat drei Elemente, die mit 0, 1, 2 indiziert (über Index auswählbar) sind.

Beispiel 2:
Array mit drei Elementen und Initialisierung (Wertzuweisung erfolgt vor der ersten Verwendung).

```
int feld[] = {100, 200, 300};
```

Diese Initialisierung bewirkt das Gleiche wie das Programm davor (Beispiel 1).

Beispiel 3:
Ein Array mit sechs Integern soll gebildet werden, und auf dieses Array soll ein Zeiger zeigen.

```
int v[6];
int* ptr;
ptr = &v[0];
```

Jetzt zeigt der Zeiger auf das erste Element des Arrays. Von gleicher Wirkung sind *ptr = v* und *ptr = &v[0]*. Dieses Beispiel wird nun genau analysiert. Das Anlegen des Arrays reserviert sechs Speicherstellen.

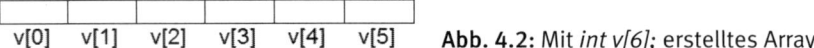

v[0]   v[1]   v[2]   v[3]   v[4]   v[5]   **Abb. 4.2:** Mit *int v[6];* erstelltes Array

Mit *int v[6];* werden sechs Speicherplätze für Integer reserviert. Die Speicherplätze des Arrays sind zusammenhängend und mit dem Index monoton steigend. Bei einem kleinen 8-Bit-Mikrocontroller werden pro Integer 2 Byte benötigt. Das bedeutet, dass 12 Bytes für das Array reserviert werden.

Nun kommt im Programm oben *int* ptr;* vor. Das bedeutet, dass ein zusätzlicher Speicherplatz reserviert wird. In diesem Speicherplatz wird mit *ptr = &v[0];* die Adresse eingetragen, an der *v[0]* abgelegt ist.

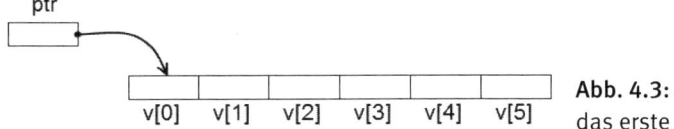

Abb. 4.3: Array mit einem Zeiger auf das erste Element

Jetzt kann man mit **ptr* auf das erste Element des Arrays zugreifen. Der Operator *** hat an dieser Stelle die Bedeutung »Objekt von«. Damit ist **ptr* gleichwertig mit *v[0]*. Will man auf das nächste Element im Array zugreifen, kann man **(ptr + 1)* schreiben. Verallgemeinert ist **(ptr +i)* gleich *v[i]*.

Oberflächlich betrachtet ist außer einer neuen Schreibweise für den Zugriff auf ein Array-Element kein Vorteil sichtbar. Aus der Möglichkeit, den Zeiger auf eine andere Stelle im Array, z. B. *ptr = ptr + 2;*, oder auf ein anderes Array zu setzen, ergeben sich aber neue Möglichkeiten.

Beispiel 4:

```
int strlen(char* s)
{
  int i;
  for (i = 0; *s != '\0'; s++)
    i++;
  return i;
}
```

In der Funktion *strlen()* ist *s* eine lokale Kopie des übergebenen Zeigers. Dieser Zeiger ist eine Variable und kann mit *s++* inkrementiert werden.

4.11.2 Funktion String-Länge mit Zeiger

Die Funktion *strlen()* kann auf verschiedene Weise aufgerufen werden:

```
strlen("Hallo"); //mit konstantem String
strlen(&v[0]);   //mit der Adresse eines Strings
strlen(ptr);     //mit einem Zeiger, der auf einen String zeigt
```

Noch kompakter kann man die Funktion *strlen()* schreiben, wenn man eine Subtraktion mit Zeigern durchführt.

Beispiel 5:

```
int strlen(char* s)
{
  char* h = s;  //h ist ein Hilfszeiger,
                //der die Anfangsposition speichert
  while (*s != '\0')
    s++; // bei jedem einzelnen Zeichen wird s erhöht (Pointerarithmetik)
  return s - h;
}
```

4.11.3 Funktion strlen() mit Zeigerarithmetik

Im Programm oben wird mir *s++* ein Zeiger erhöht. Die Erhöhung bezieht sich immer auf die Größe des Datentyps. Bei einem kleinen Mikrocontroller wird ein Character ein Byte haben und ein Integer zwei Bytes. Also wird bei *s++* der *char*-Zeiger um eins und der *int*-Zeiger um zwei erhöht werden. Um bei einem C-Compiler die Größe (Anzahl der Bytes) eines Datentyps zu ermitteln, verwendet man die Funktion *sizeof(Datentyp)* z. B. *sizeof(int)*.

4.11.4 Zeichenketten und Character-Zeiger

Eine Zeichenkette wird in C durch einen Text dargestellt, der mit zwei Anführungszeichen begrenzt wird. Die Zeichenkette *"Anton"* kann als konstante Zeichenkette betrachtet werden. Im Speicher werden dafür fünf Buchstaben und ein zusätzliches Zeichen für das Ende der Zeichenkette gespeichert. Bei einem Unterprogrammaufruf übergibt man nur die Adresse des ersten Zeichens.

```
printf("Anton");
```

Mit einer Arithmetik, die sich auf Adressen bezieht, kann man den Anfang der Ausgabe beeinflussen. Daher ergibt *printf("Anton" + 2);* die Ausgabe *ton*. Die Zeichenkette wird um zwei Zeichen versetzt ausgegeben. Arbeitet man mit einem Zeiger, kann man die Startadresse im Zeiger speichern.

```
char* ptr;
ptr = "Anton";
ptr += 2;
printf(ptr);
```

Mit dem Befehl *printf(ptr)* wird die Zeichenkette *ton* ausgegeben. Schreibt man zusätzlich *ptr++*, wird der Zeiger um eine Position nach hinten versetzt, und es wird *on* ausgegeben. Wie bei der Funktion *strlen()* kann auch hier mit Zeigerarithmetik gearbeitet werden. Das bedeutet, dass auf Daten (schreibend oder lesend) mit **ptr++* zugegriffen wird. Nach dem Zugriff auf die Daten wird der Zeiger um eins erhöht, und bei einem erneuten Zugriff mit dieser Methode erhält man das nächste Element. In dieser Schreibweise kann die Bibliotheksfunktion *strcpy()* kurz und prägnant formuliert werden. Ob diese Methode bei einem Compiler tatsächlich zum schnellsten oder kürzesten Code führt, soll den Programmierer in der Regel nicht kümmern. Verantwortlich für ein übersichtliches Programm ist der Programmierer, für Codegröße und Geschwindigkeit ist der Compiler zuständig.

Beispiel 6:

```
strcpy(char* s, char* t)
{
  while((*s++ = *t++) != '\0')
    ;
}
```

4.11.5 Array von Zeigern

Ein Array kann auch Zeiger als Elemente enthalten. Falls diese Zeiger auf Zeichenketten (die mit `'\0'` abgeschlossen sind) zeigen, kann man damit eine sehr effiziente Textausgabe realisieren. Das folgende Beispiel zeigt, wie man mit einem zweidimensionalen Array einen Text indiziert ausgibt. Die effizientere Methode mit einem Array von Zeigern ist im Beispiel 8 angegeben.

Beispiel 7:

```
#include <stdio.h>
#include <conio.h>
void main(void)
{
  int i;
  //Längster String hat 7 Zeichen, daher werden mit '\0'
  //8 Plaetze reserviert
  char fe[4][8] = {"Illegal", "Jan", "Feb", "Mae"};
  for (i = 0; i < 4; i++)
    printf("%s\r\n", fe[i]);
}
```

Ausgabe von Text, der mit einem Index ausgewählt werden kann. Text ist in einem zweidimensionalen Array gespeichert.

Beispiel 8:

```
#include <stdio.h>
#include <conio.h>
void main(void)
{
  int i;
  char* fe[] = {"Illegal", "Jan", "Feb", "Mae"};
  for (i = 0; i < 4; i++)
    printf("%s\r\n", fe[i]);
}
```

Ausgabe von Text, der mit einem Index ausgewählt werden kann. Auf den Text wird mit einem Zeiger zugegriffen. Die beiden Programme oben (Beispiel 7 und Beispiel 8) werden bezüglich der Speicherung vom Text genauer betrachtet. Für das zweidimensionale Array

```
char fe[4][8] = {"Januar", "Februar", "Maerz", "April"};
```

werden 4 * 8 = 32 Speicherplätze reserviert. Das kann man sich wie eine Tabelle vorstellen, auch wenn letztendlich die Speicherstellen eindimensional angeordnet sind.

Wir stellen uns das so vor, dass sie in der nachfolgenden Tabelle einfach hintereinander angeordnet sind.

I	l	l	e	g	a	l	\0
J	a	n	\0				
F	e	b	\0				
M	a	e	\0				

Zweidimensionale Speicherbelegung, die mit

```
char fe[4][8] = {"Illegal", "Jan", "Feb", "Mae"}
```

entsteht

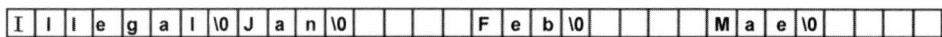

Abb. 4.4: Speicherbelegung in linearer Abbildung

Etwas anders verhält es sich bei einem Array von Zeigern wie in Beispiel 8.

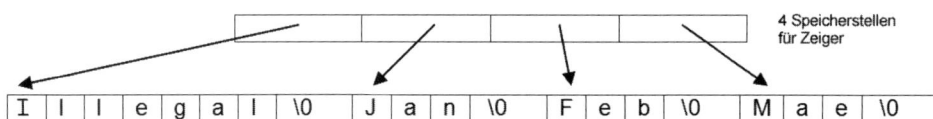

Abb. 4.5: Vier Zeiger, die jeweils auf den Anfang einer Zeichenkette zeigen

Diese Speicherbelegung oben entsteht durch:

```
char* fe[] = {"Illegal", "Jan", "Feb", "Mae"};
```

Es ist ersichtlich, dass mit der Methode Array von Zeigern auf Zeichenketten Speicherplatz gespart werden kann. Es wird für die einzelnen Wörter nur so viel Speicher verwendet, wie unbedingt nötig ist. Zusätzlich wird aber ein Array von vier Zeigern angelegt, die auf die Anfänge der Strings zeigen. Sollte der Wunsch bestehen, bei der Anzeige zwei Elemente auszutauschen, sind nur die Adressen im Array für die Zeiger auszutauschen. Ein Umspeichern der Strings ist nicht notwendig. Im Beispiel oben *Jan* und *Feb* erfolgt ein Tausch auf folgende Weise:

```
char* help;
char* fe[] = {"Illegal", "Jan", "Feb", "Mae"};
help = fe[2];
fe[2] = fe[1];
fe[1] = help;
```

5 Die serielle Schnittstelle

5.1 Die serielle Schnittstelle am PC

Eine Verbindung zwischen dem Mikrocontroller und dem PC bietet sehr viele Möglichkeiten. Der PC hat einen großen Speicher (Harddisk), eine Netzwerkanbindung und ein großes Display. Zusätzlich laufen am PC viele Programme wie Excel, C#, Visual Basic oder LabVIEW, mit denen man Daten komfortabel auswerten kann. Der Mikrocontroller stellt viele Ein- und Ausgänge zur Verfügung, hat PWM und Analogwandler und kann Signale auf weniger als 1 µs genau abgeben oder erkennen. Mit einem Datenaustausch zwischen PC und Mikrocontroller kann man mit den jeweils besseren Eigenschaften von beiden Geräten (PC oder Mikrocontroller) arbeiten.

Derzeit sind PCs und Laptops kaum noch mit seriellen Schnittstellen ausgestattet. Eine einfache Möglichkeit, zu einer solchen zu kommen, sind USB/RS-232-Adapter. Meistens verwendet man einen Umsetzer von FTDI. Die Treiber für das entsprechende Betriebssystem findet man unter *http://www.ftdichip.com/Drivers/VCP.htm*.

Eine serielle Schnittstelle, die mit einem USB/RS-232 Adapter realisiert wird, bezeichnet auch als virtuelle serielle Schnittstelle. Bei neueren Versionen vom Arduino Uno wird auch der Prozessor ATmega8U2 als Schnittstellenwandler benutzt.

5.2 Elektrisches Signal der seriellen Schnittstelle

Das Signal der seriellen Schnittstelle ist unterschiedlich zu betrachten. Kommt das Signal von einem Prozessor, hat es TTL-Pegel. Wird das Signal auf einer Leitung übertragen, arbeitet man mit höheren Spannungen. Die Spannungspegel für die RS-232-Schnittstelle an einem Prozessor sind 0–5 Volt (oder 0–3,3 V) oder an einer Leitung -12 V bis +12 V. Das ist besonders zu beachten, wenn Module wie Ultraschallsensoren, GPS-Geräte oder LC-Displays angeschlossen werden. Eine wichtige Rolle spielt auch die Zuordnung der Spannungspegel zu den logischen Werten. Eine logische »0« ist bei einem TTL-Pegel 0 V, auf einer Leitung aber +12 V. Die logische »1« ist bei TTL 5 V und auf einer Leitung −12 V. Diese Zuordnung von logischen Werten zu Spannungen (»1« entspricht −12 V) wird auch als *negative Logik* bezeichnet.

Die hohe Spannung eines RS-232-Signals auf einer Leitung vermindert die Empfindlichkeit gegen Störungen. In der Praxis genügt statt 12 V auch eine Spannung > 3 V oder statt −12 V < −3 V. Umsetzer von TTL auf Leitungspegel sind in Form von Chips von vielen Herstellern verfügbar. Der bekannteste Umsetzer ist der MAX 232, der für 5 V ausgelegt ist. Wird auf der Prozessorseite mit 3,3 V gearbeitet, ist der MAX 3232 zu verwenden. Dieser Pegelumsetzer ist auch am STK500 vorhanden.

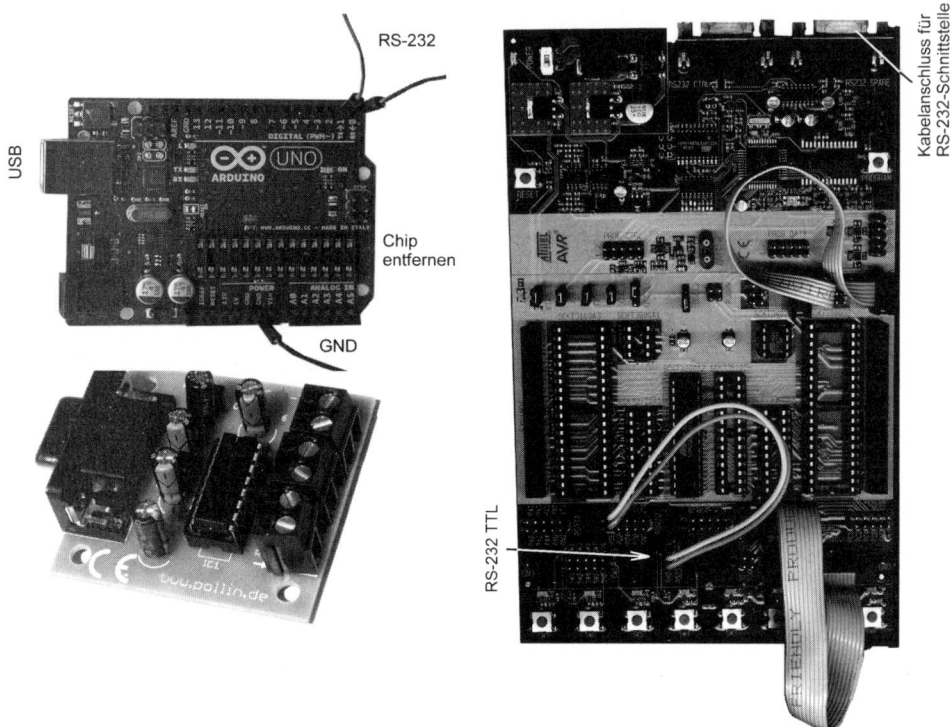

Abb. 5.1: Links oben: Arduino Uno als USB/RS-232-TTL-Wandler; links unten: RS-232-TTL-Wandler-Bausatz von *www.pollin.de* (Bestellnummer 810 036); rechts: STK500 als Pegelwandler für RS-232

Bei einer seriellen Datenübertragung ist die Übertragungsgeschwindigkeit zwischen Sender und Empfänger zu vereinbaren. Die Übertragungsgeschwindigkeit wird in Bit pro Sekunden oder Baud festgelegt. Ab häufigsten verwendet man in der Praxis 9.600 Baud. Somit ergibt sich zur Übertragung eines Bits die Zeit von 1/9.600 = 0,104 ms.

Es ist empfehlenswert, die elektrischen Signale der seriellen Schnittstelle zu kennen, da man bei einem Anschluss eines Geräts an den Prozessor häufig einen Fehler suchen muss. Dabei ist ein Oszilloskop hilfreich.

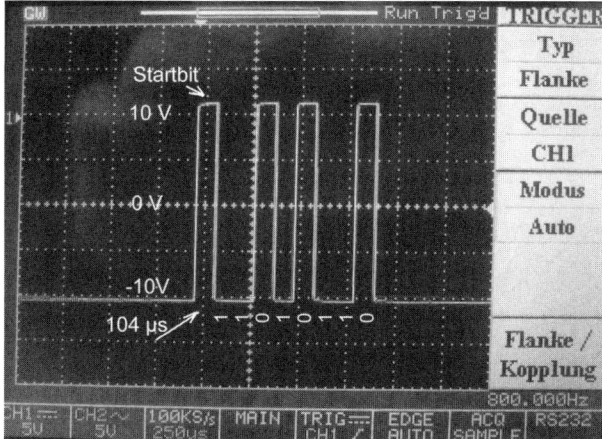

Abb. 5.2: RS-232-Signal auf einer Leitung

Die Schnittstelle hat in der Ruhestellung einen Pegel von −12 V. Jede Übertragung beginnt mit einem Start-Bit von 12 V. Im Bild oben wird der Wert $6B_H$ übertragen, das entspricht 01101011_B. Zuerst wird das niedrigwertigste Bit übertragen. Das niedrigwertigste Bit ist 1, und somit werden nach dem Start-Bit −12 V ausgegeben. Die Datenübertragung für ein Bit dauert 0,104 ms. Somit ist die Übertragungsgeschwindigkeit 1 / 0,104 ms = 9.600 Baud.

Das Stopp-Bit kann man im Oszilloskop-Bild oben nicht erkennen. Ein Stopp-Bit bedeutet, dass der frühestmögliche Zeitpunkt für einen Start zur Übertragung eines weiteren Zeichens nach 0,104 ms ist.

Betrachtet man die Datenübertragung der RS-232-Schnittstelle auf einem Oszilloskop und pendeln die Werte zwischen -12 V und 0 V, sind zwei Ausgänge verbunden. In diesem Fall soll man Sende- und Empfangsleitung überkreuzen.

5.3 Verdrahtung der RS-232-Schnittstelle

Verbindet man zwei Geräte mit Stecker und Buchse, sind durchgehend verbundene Kabel zu verwenden. Bei diesen Kabeln ist der Pin1 der Buchse mit dem Pin1 des Steckers verbunden. Für alle übrigen Pins gilt die gleiche Regel (2 auf 2; 3 auf 3 …).

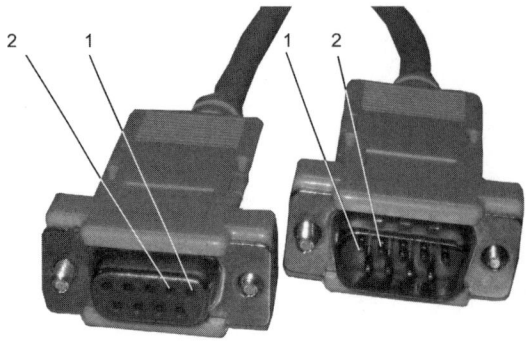

Abb. 5.3: D-Sub-Verlängerung mit Stecker und Buchse

Schließt man das STK500 an einen Rechner an, sind Stecker-Buchsen-Kabel erforderlich (am Stk500 sind ein Kabel zum Programmieren und eines für die Kommunikation anzuschließen).

Kabel mit zwei Buchsen werden als *Nullmodemkabel* bezeichnet.

Abb. 5.4: Nullmodemkabel;
2 = RXD, 3 = TXD, 5 = GND;
verbunden sind 2-3, 3-2, 5-5.

Die ausgegebenen Signale werden mit TXD (transmit data) bezeichnet. Eingänge, die Daten aufnehmen, haben die Bezeichnung RXD (receive data). Verbindet man zwei Geräte, sind die Leitungen RXD und TXD zu kreuzen. Im Bild unten wird die Verbindung von zwei Computern mit einer RS-232-Schnittstelle dargestellt. Jeder Computer hat eine RS-232-Schnittstelle, und diese wird mit einem Nullmodemkabel verbunden. In diesem Kabel sind die notwendigen Überkreuzungen von RXD und TXD realisiert. Für RXD ist auch die Bezeichnung RX, für TXD auch TX gebräuchlich.

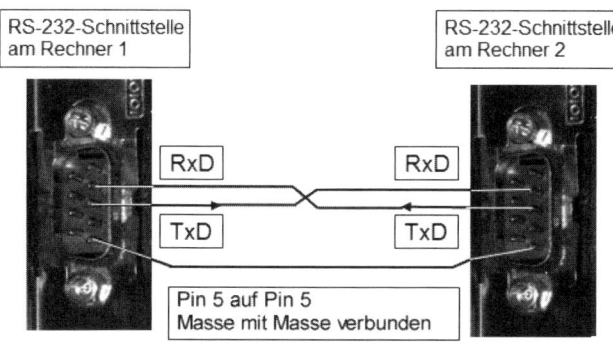

Abb. 5.5: Verdrahtung von zwei über die RS-232-Schnittstelle verbundenen Computern aus [1]

5.4 Verfügbares Terminal-Programm

Ein Terminal-Programm sendet bei Tastendruck den entsprechenden ASCII-Wert an die RS-232-Schnittstelle. Daten, die auf der RS-232-Schnittstelle empfangen werden, schreibt ein Terminal-Programm auf den Bildschirm. Vorgestellt werden in der Folge drei Terminal-Programme, und zusätzlich wird gezeigt, wie man mit LabVIEW und C# auf die serielle Schnittstelle zugreift. Verwendet man eine Programmiersprache zur Kommunikation, besteht die Möglichkeit, die Daten am PC weiterzuverarbeiten. Damit sind Berechnungen, grafische Ausgaben oder Datenspeicherung einfach möglich.

5.4.1 Hyperterminal

In der Vergangenheit war das Hyperterminal sehr verbreitet. Sollte eine Installation des Hyperterminals nicht mehr funktionieren, sind vier Dateien zu kontrollieren:

hypertrm.exe, bei XP zu finden unter *C:\Programme\Windows NT*.

htrn_jis.dll, bei XP zu finden unter *C:\Programme\Windows NT*.

hypertrm.dll, bei XP zu finden unter *C:\Windows\System32*.

hticons.dll, bei XP zu finden unter *C:\Windows\System32*.

Befinden sich diese Dateien in einem Ordner, kann das Hyperterminal in jeder Version von Windows gestartet werden. Die lizenzrechtlichen Bestimmungen müssen aber beachtet werden.

Nach dem Start des Hyperterminals sind einige Einstellungen vorzunehmen. Diese Einstellungen werden in den folgenden Bildern gezeigt.

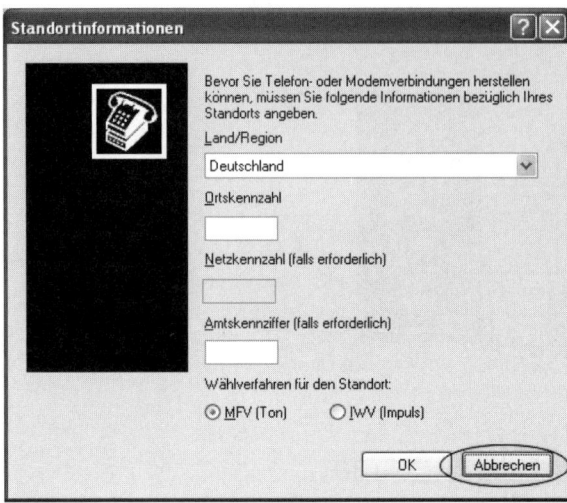

Abb. 5.6: Nach dem Start des Hyperterminals

Abb. 5.6 zeigt ein Menü, in dem die Verbindungsdaten für ein Modem einzugeben sind. Eine Einwahl in ein Telefonsystem ist aber nicht vorgesehen. Daher kann der Abbruch erfolgen.

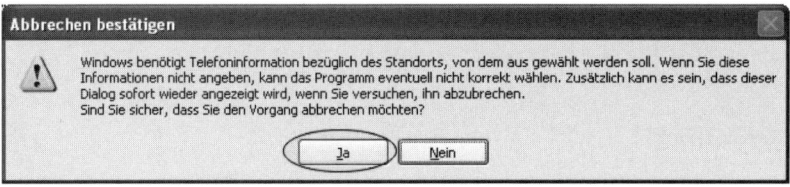

Abb. 5.7: Abbruch der Telefoneinwahl

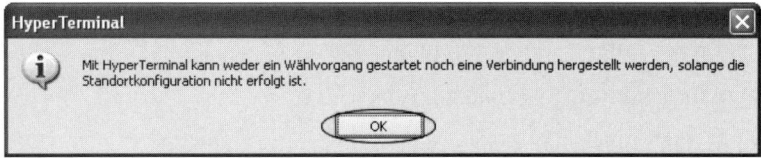

Abb. 5.8: OK ohne Alternative; ist aber für Abbruch der Einwahl nötig

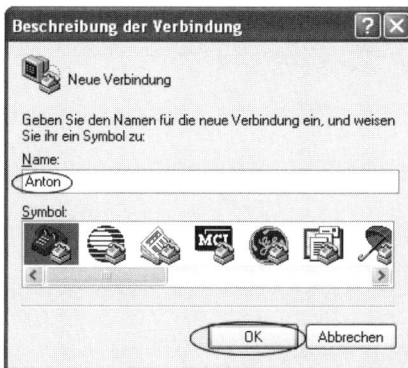

Abb. 5.9: Verbindungsbezeichnung

Mit der Verbindungsbezeichnung »Anton« können die Konfigurationsdaten gespeichert werden. Dann entfallen bei einer neuerlichen Verwendung des Hyperterminals die Konfigurationseinstellungen.

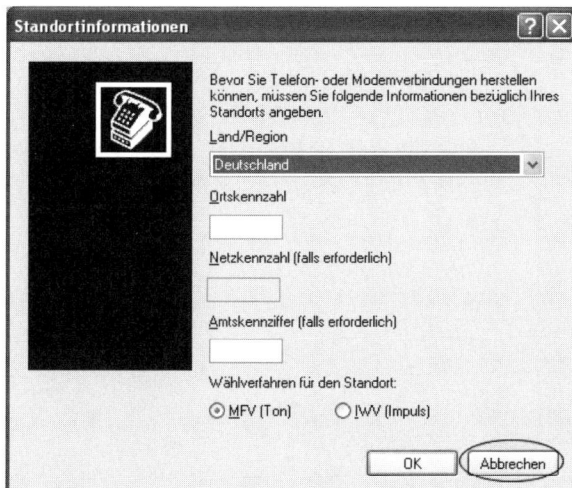

Abb. 5.10: Da keine Einwahl erwünscht ist: Abbruch

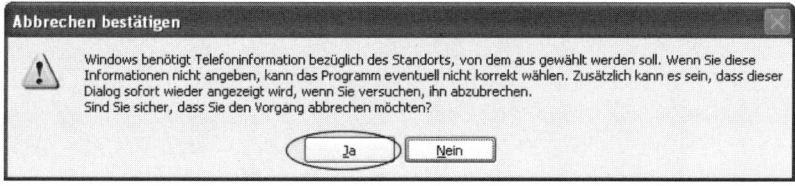

Abb. 5.11: Endgültiger Abbruch der Einwahl

Abb. 5.12: Konfiguration der Schnittstelle

Abb. 5.13: Einstellung der Schnittstelle nach Bedarf

Die Einstellung oben wird sehr häufig verwendet. Keine Flusssteuerung bedeutet, dass Daten unabhängig von Steuerleitungen gesendet werden.

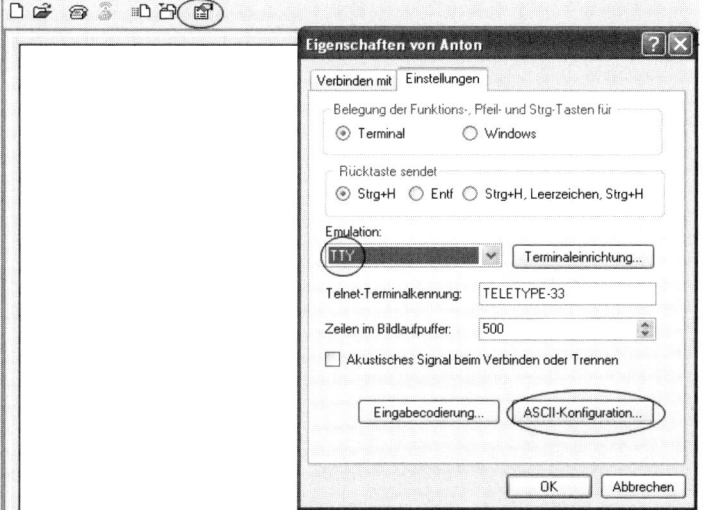

Abb. 5.14: Emulation TTY bewirkt, dass reiner Text gesendet wird. Empfangene Zeichen werden direkt ausgegeben.

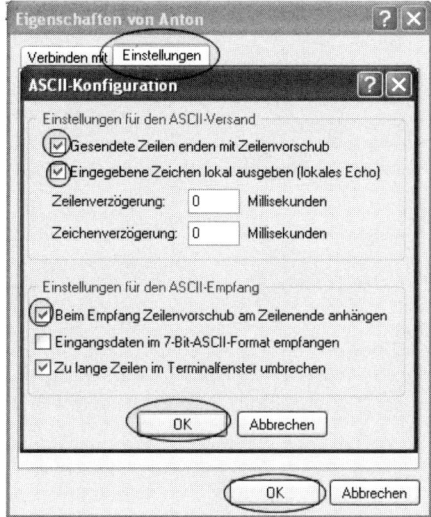

Abb. 5.15: ASCII-Einstellungen

Dabei bedeutet lokales Echo, dass beim Drücken einer Taste der Buchstabe am Bildschirm erscheint und gleichzeitig der ASCII-Wert an die RS-232-Schnittstelle abgegeben wird.

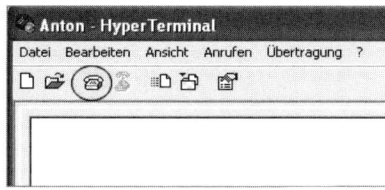

Abb. 5.16: Verbinden ist für die Zeichenein- und -ausgabe notwendig

Im Menüpunkt *Übertragung* kann eine Datei als RS-232-Signal ausgegeben werden. Auch eine Aufzeichnung der ankommenden RS-232-Signale durch Speichern in eine Datei ist möglich.

5.4.2 HTerm

Das HTerm ist von Tobias Hammer entwickelt worden. Das Programm kann von *http://www.der-hammer.info/terminal* heruntergeladen werden. Es ist sehr einfach zu bedienen, da nahezu alles von einer Bildschirmseite aus konfiguriert und bedient werden kann. Zwei weitere Vorteile des Programms sind die Ein- und Ausgabe von HEX-Zahlen (dadurch können auch nicht druckbare Zeichen gelesen werden) und die portable Übersetzung. Dadurch kann HTerm ohne Installation verwendet werden.

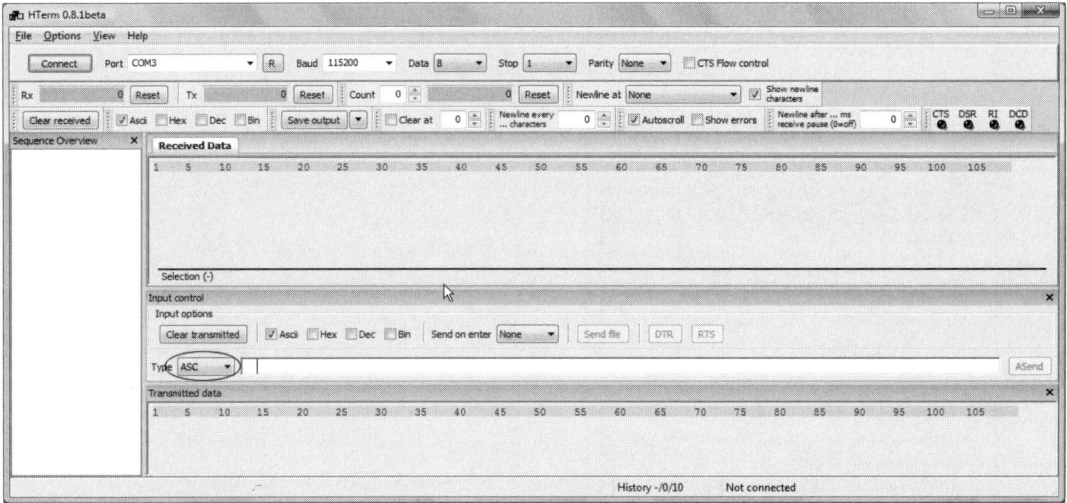

Abb. 5.17: Oberfläche von HTerm; an der gekennzeichneten Stelle kann auf HEX-Ausgabe umgeschaltet werden.

5.4.3 Terminal der Entwicklungsumgebung CodeVisionAVR

Die bereits vorgestellte Entwicklungsumgebung CodeVisionAVR hat ein Terminal-Programm integriert. Das Programm ist in der Evaluation-Version kostenlos und kann von *http://www.hpinfotech.ro/html/cvavr.htm* heruntergeladen werden.

Die Konfiguration des Terminals:

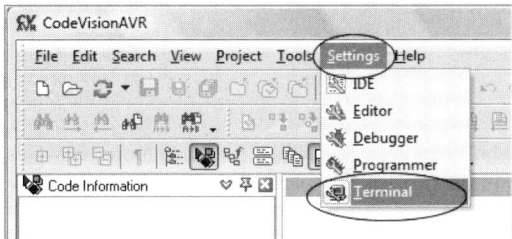

Abb. 5.18: Einstellen der Schnittstellenparameter

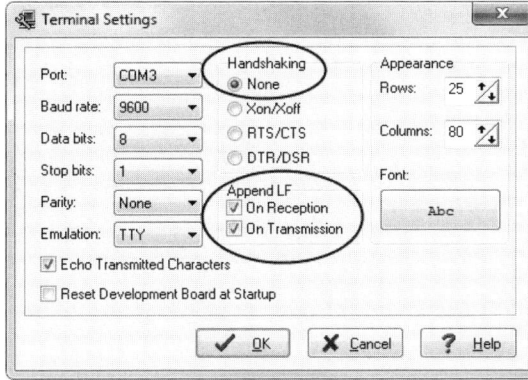

Abb. 5.19: Schnittstelle konfigurieren; *Append LF* hängt ein LF an eine Zeichenkette.

Ein LF-Zeichen am Ende einer Zeichenkette bewirkt, dass die Funktion *scanf()* das Ende der Zeichenkette erkennt.

Abb. 5.20: Start des Terminals

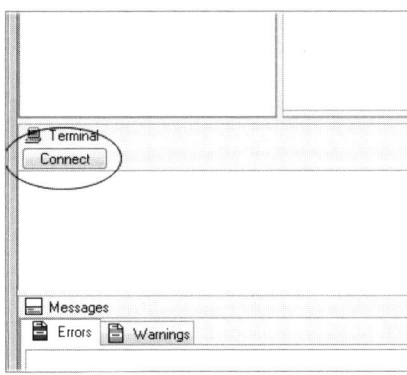

Abb. 5.21: Im neu geöffneten Fenster ist mit Connect die Verbindung zu öffnen.

Bei der Konfiguration ist zu beachten, dass der Programmer und das Terminal-Programm nicht denselben COM-Port verwenden.

5.5 Terminal-Programme im Sourcecode

5.5.1 Terminal-Programm mit LabVIEW

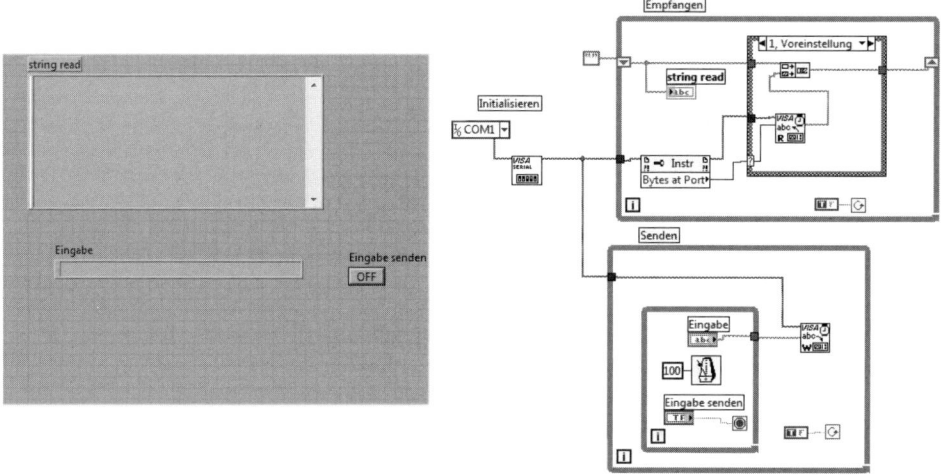

Abb. 5.22: Terminal-Programm in LabVIEW; wenn dieses Terminal-Programm beendet wird, bleibt die serielle Schnittstelle noch offen.

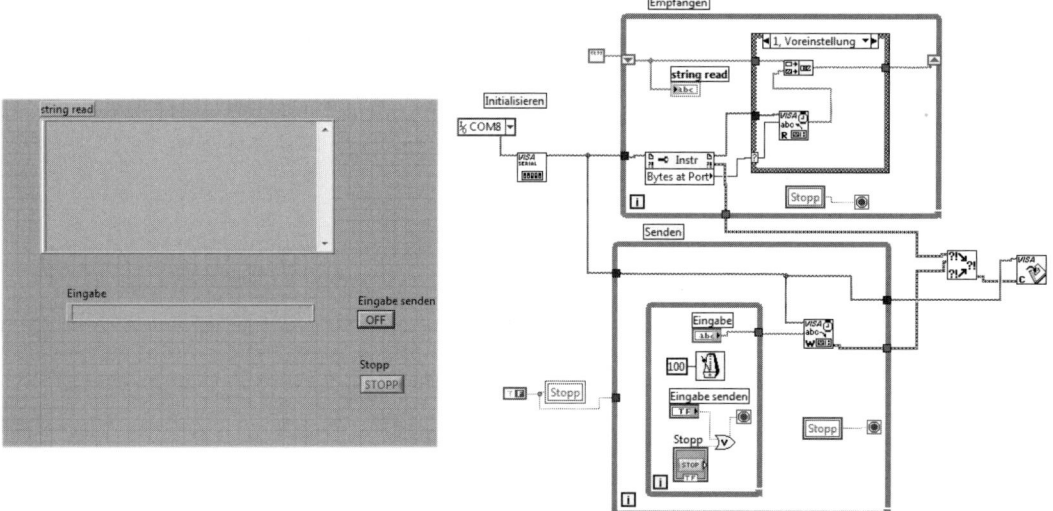

Abb. 5.23: Verbesserte Version eines Terminal-Programms in LabVIEW; mit der Stopptaste wird das Programm beendet und die Schnittstelle geschlossen.

LabVIEW ist eine grafische Programmiersprache. Rechts im Bild ist der vollständige Source-Code des Terminal-Programms in LabVIEW zu sehen. Das Programm ist ausschließlich grafisch erstellt. Es muss keine Programmzeile geschrieben werden. Die zwei großen Rechtecke sind While-Schleifen, die parallel ausgeführt werden (zwei Threads). In der oberen Schleife werden die ankommenden Zeichen gesammelt und als String ausgegeben. Unten wird in einer Warteschleife auf die Eingabe gewartet und bei Betätigung der Taste eine Zeichenkette an die serielle Schnittstelle übergeben,

Das Buch »Praxiseinstieg LabVIEW« aus dem Franzis Verlag ist für alle interessant, die sich stärker für LabVIEW interessieren.

5.5.2 Terminal-Programm mit C#

Die Standardbibliothek in C# bietet bereits eine Möglichkeit, die serielle Schnittstelle anzusprechen. Zusammen mit dem grafischen Designer der Entwicklungsumgebung von *Visual Studio* kann mit nur wenigen selbst geschriebenen Programmzeilen ein Terminal-Programm erstellt werden. Mit geringem Aufwand kann dieses Terminal-Programm modifiziert und an eine spezielle Anwendung angepasst werden. Ein weiterer Vorteil von C# ist die Verfügbarkeit mehrerer kostenloser Entwicklungsumgebungen. Zu empfehlen ist Microsoft Visual C# Express, das unter *http://www.microsoft.com/ germany/express/download/* heruntergeladen werden kann.

Schritt für Schritt zum Terminal-Programm unter C#

Das folgende Programm wurde in Visual Studio 2010 erzeugt. Die beschriebenen Schritte sind allerdings für ältere Versionen sehr ähnlich.

1. Öffnen Sie Visual Studio und erstellen Sie über das Menü *Datei*, wie in Abb. 5.24 gekennzeichnet, ein neues Projekt.

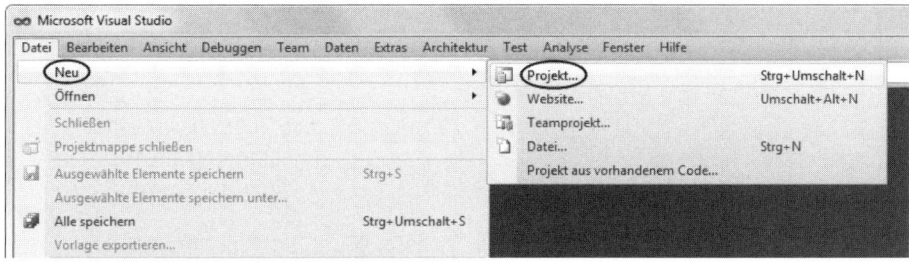

Abb. 5.24: Anlegen eines neuen Projekts

2. Wählen Sie unter Visual C# die Kategorie *Windows* und zusätzlich den Projekttyp *Windows Forms-Anwendung* aus. Sie können einen beliebigen Namen, Projektmappennamen und Speicherort auswählen. Als Name des Projekts und als Projektmappenname wurde hier jeweils »Terminal« gewählt. Bei der Auswahl des Speicherorts ist darauf zu achten, dass man die erforderlichen Schreibrechte besitzt.

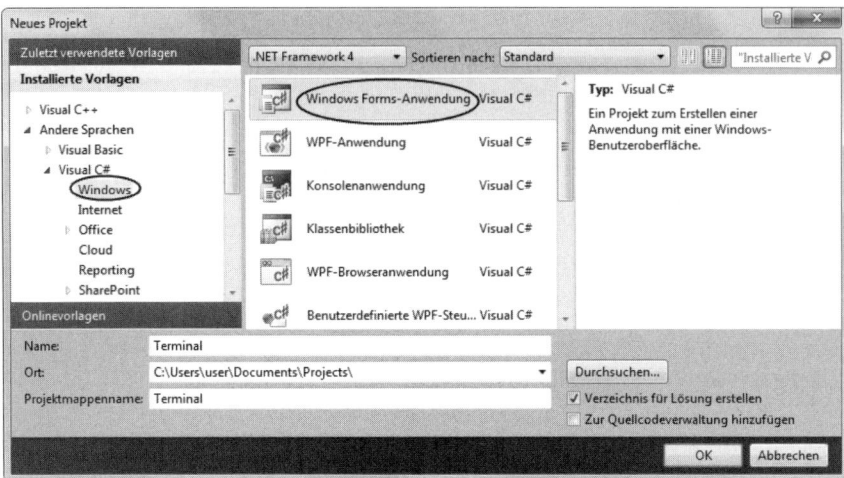

Abb. 5.25: Projektauswahl; Windows Forms-Anwendung mit C#

3. Für die weiteren Schritte benötigt man die Toolbox (Werkzeugkiste). Diese kann durch einen Klick auf den Menüeintrag *Toolbox* im Menü *Ansicht Toolbox* angezeigt werden.

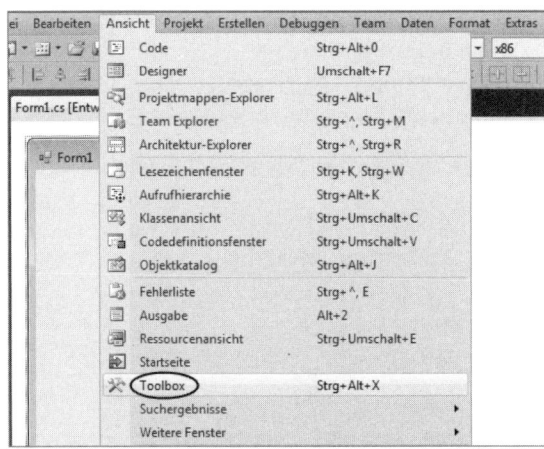

Abb. 5.26: Das Menü *Ansicht* beinhaltet den Eintrag *Toolbox* zur Anzeige derselben.

4. Durch Drag and Drop des Elements *SerialPort* von der Toolbox zum Formular wird dem Formular eine neue Instanz vom Typ SerialPort hinzugefügt. Diese Instanz erhält automatisch den Namen *serialPort1* und ermöglicht den Zugriff auf die serielle Schnittstelle.

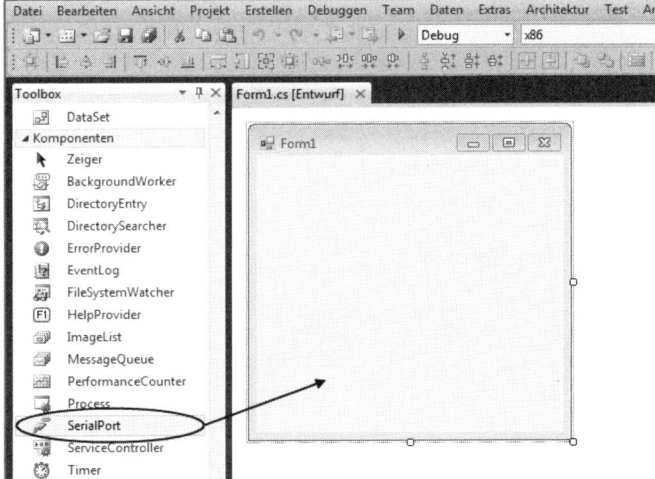

Abb. 5.27: Instanz vom Typ SerialPort dem Formular hinzufügen

5. Zur Änderung des COM-Ports markieren Sie zunächst den im vorherigen Schritt erzeugten *serialPort1* (Abb. 5.28 links unten) und stellen im Fenster *Eigenschaften PortName* auf den gewünschten Wert ein. Wichtig ist, dass ein entsprechender COM-Port vorhanden ist und nicht bereits von einem anderen Programm benutzt wird.

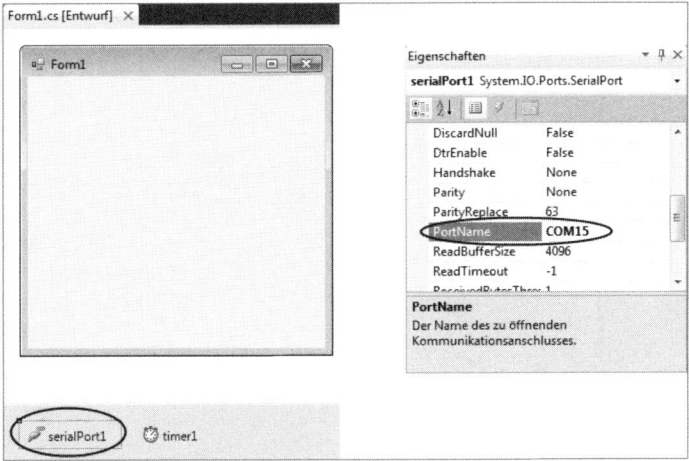

Abb. 5.28: *SerialPort1* markieren und im Fenster *Eigenschaften* den *PortName* ändern

6. Der Timer ist genauso wie der SerialPort via Drag and drop hinzuzufügen. Der grafische Designer benennt die Instanz automatisch als *timer1*.

7. Als Nächstes wird ein Button hinzugefügt. Dies erfolgt analog zum Timer. Mit einem Klick auf diesen Button durch den Benutzer soll später das RS-232-Signal gesendet werden.

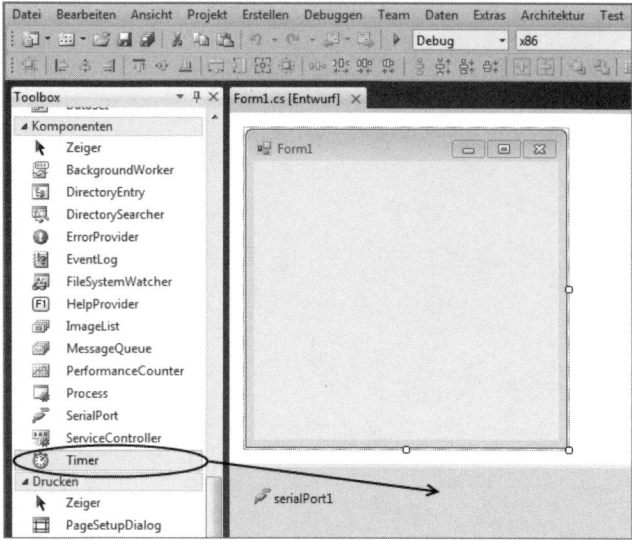

Abb. 5.29: Einsatz des Timers, vergleichbar mit einem Timerinterrupt beim AVR

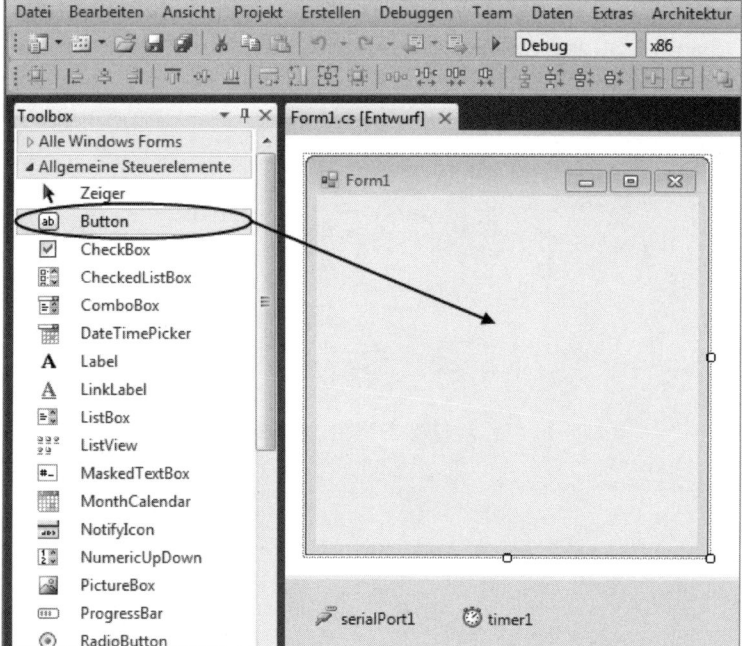

Abb. 5.30: Von der Toolbox ist ein Button auf das Formular zu ziehen.

8. Markieren Sie den Button und verschieben Sie ihn auf die in Abb. 5.31 eingezeichnete Position. Im Anschluss setzen Sie im Fenster *Eigenschaften* den *Text* auf den Wert *Senden*. Dieser Schritt ist als optional anzusehen, da er keine zusätzliche Funktionalität hinzufügt, sondern lediglich der Benutzerfreundlichkeit dient.

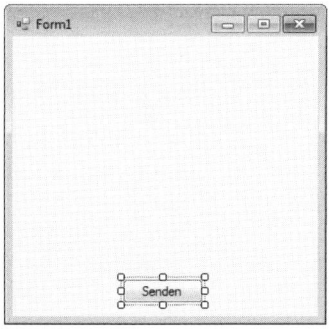
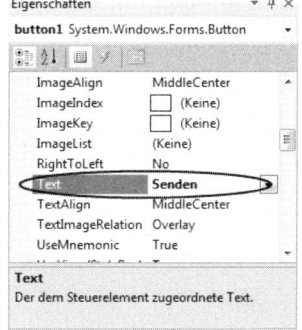

Abb. 5.31: Button positionieren und Text ändern

9. Nun wird dem Formular eine TextBox hinzugefügt. Dieser wird automatisch der Name *textBox1* gegeben.

   Sie soll vom Benutzer dazu verwendet werden, den Text zu bestimmen, der über die RS-232-Schnittstelle gesendet werden soll.

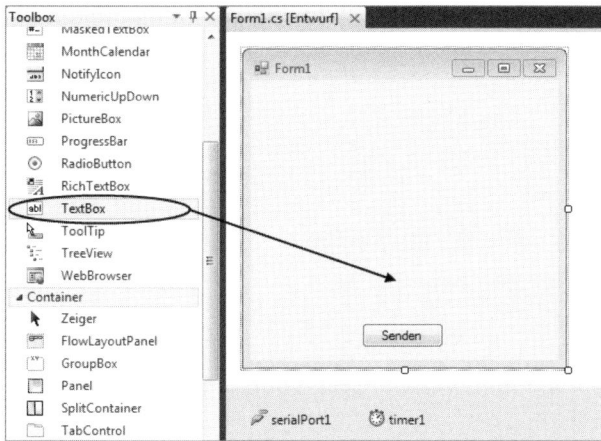

Abb. 5.32: TextBox auf das Formular ziehen.

10. Markieren Sie die soeben erstellte TextBox und klicken Sie auf das Kästchen rechts darüber. Hier können Sie die *MultiLine*-Eigenschaft aktivieren, die es ermöglicht, mehrere Zeilen auf einmal darzustellen. Optional kann die *ScrollBars*-Eigenschaft im Fenster *Eigenschaften* auf *Both* gesetzt werden.

11. Markieren Sie die TextBox und ändern Sie die Größe und Position ähnlich wie in Abb. 5.34 dargestellt. Die Größe der TextBox können Sie durch Ziehen mit der Maus an den weißen Kügelchen erreichen. Alternativ kann die Größe auch im Fenster *Eigenschaften* geändert werden.

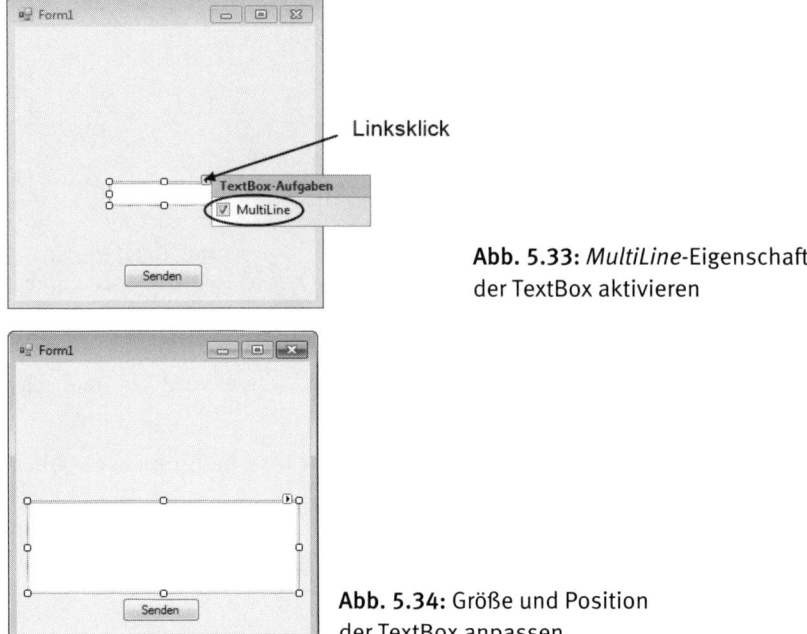

Abb. 5.33: *MultiLine*-Eigenschaft der TextBox aktivieren

Abb. 5.34: Größe und Position der TextBox anpassen

12. Eine zweite TextBox zur Anzeige der empfangenen Daten von der RS-232-Schnittstelle ist einzufügen.

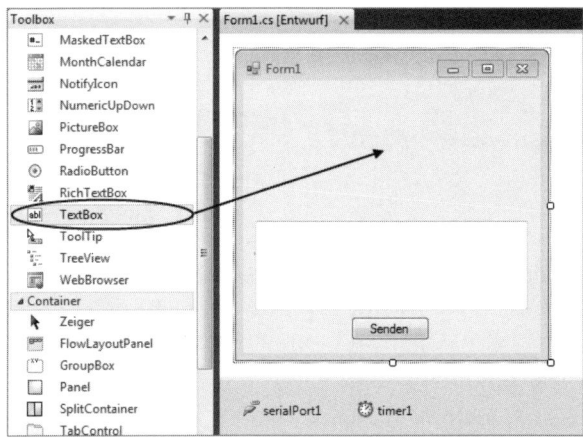

Abb. 5.35: Weitere TextBox einfügen

13. Durch Anklicken kann die obere TextBox im Fenster *Eigenschaften* konfiguriert werden. Will man ein Anzeigeelement mit mehreren Zeilen, ist *MultiLine* hier auf *True* zu setzen. Um sicherzustellen, dass der Benutzer des Terminals nichts an den empfangenen Daten ändern kann, wird die Eigenschaft *ReadOnly* auf *True* gesetzt. Durch die Festlegung der Eigenschaft *ReadOnly* ist auch klarer ersichtlich, welche TextBox den zu empfangenden und welche den zu sendenden Text enthält. Wichtig

ist, die Eigenschaft *ScrollBars* auf den Wert *Both* zu ändern. Andernfalls werden die Zeilen, die nicht mehr in die TextBox passen, nicht mehr dargestellt.

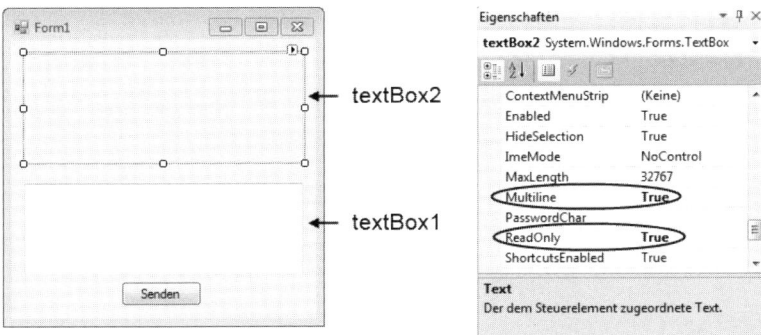

Abb. 5.36: Die Eigenschaften *MultiLine* und *ReadOnly* für *textBox2* auf *True* setzen

14. Durch einen Doppelklick auf einen freien Bereich im Formular wird ein Ereignis-Handler (Methode, die beim Eintreten des Events aufgerufen wird) erstellt und auf das Event *Load* des Formulars registriert. Anders gesagt: Es wird eine Methode *Form1_Load* erstellt, die aufgerufen wird, wenn das Formular erstmals angezeigt wird. Nach dem Doppelklick gelangen Sie zur Codeansicht der Datei Form1.c.

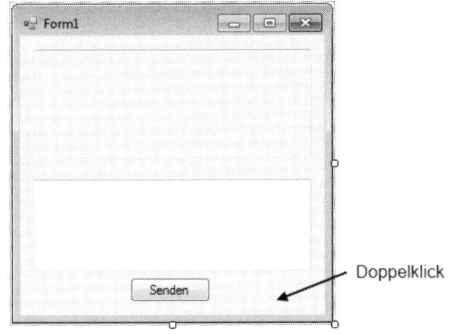

Doppelklick

Abb. 5.37: Ereignis-Handler *Form1_Load* erstellen und auf das Event *Load* registrieren

Die erzeugte Methode muss wie folgt erweitert werden:

```
private void Form1_Load(object sender, EventArgs e)
{
  try
  {
    serialPort1.Open();
    timer1.Start();
  }
  catch (Exception ex)
  {
    MessageBox.Show(ex.Message);
    Close();
  }
}
```

Im neu hinzugefügten Code wird zunächst versucht, eine Verbindung zu öffnen. Schlägt dies aufgrund einer Exception fehl, wird eine Nachricht angezeigt und das Formular geschlossen. Andernfalls wird der Zeitgeber mit *timer1.Start();* gestartet.

15. Wählen Sie mit einem Linksklick das Formular aus und drücken Sie im Eigenschaftsfenster auf das Blitzsymbol, um eine Liste der Events für das Formular zu erhalten. Durch einen Doppelklick auf *FormClosing* erstellen Sie einen Ereignis-Handler und registrieren ihn auf das Ereignis *FormClosing*.

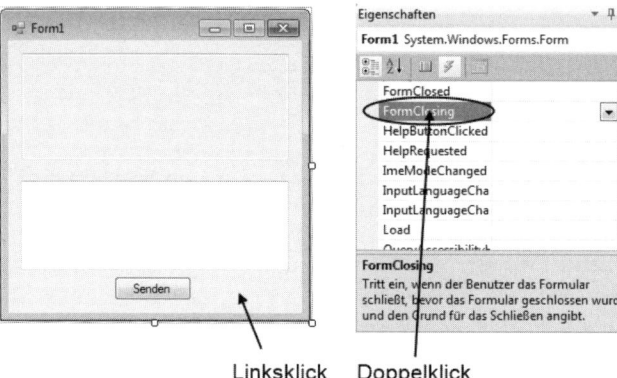

Linksklick   Doppelklick

Abb. 5.38:
Ereignishändler
Form1_FormClosing
erstellen und auf
FormClosing
registrieren.

Der soeben erzeugte Ereignis-Handler *Form1_FormClosing* ist wie folgt zu ändern:

```
private void Form1_FormClosing(object sender,
  FormClosingEventArgs e)
{
  if (serialPort1.IsOpen)
  {
    serialPort1.Close();
  }
}
```

Form1_FormClosing wird aufgerufen, wenn das Formular geschlossen wird. Es wird die serielle Verbindung geschlossen, falls der serielle Port noch offen ist.

16. Durch einen Doppelklick auf den Button wird ein Ereignis-Handler erzeugt und auf das Event *Click* registriert. Das Event *Click* wird ausgelöst, wenn der Benutzer den Button mit der Maustaste drückt.

Der Ereignishändler ist mit einer einzigen Zeile zu erweitern.

```
private void button1_Click(object sender, EventArgs e)
{
  serialPort1.Write(textBox1.Text);
}
```

Damit wird der in der *textBox1* eingegebene Text an die RS-232-Schnittstelle ausgegeben. Mit der Methode *serialPort1.Write* wird exakt jedes eingegebene Zeichen auf die serielle Schnittstelle geschrieben.

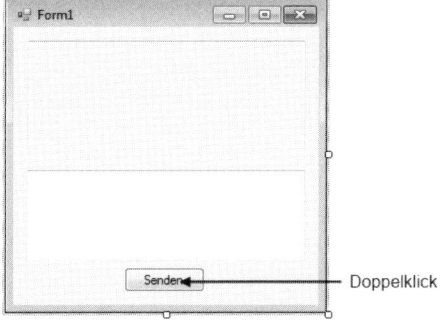

Abb. 5.39: Ereignis-Handler erstellen
und auf das Event *Click* des Buttons registrieren

Wollen Sie im Mikrokontroller zeilenweise einlesen (z. B. mit *scanf*), verwenden Sie den Befehl *serialPort1.WriteLine(textBox1.Text);*.

17. Führen Sie einen Doppelklick auf *timer1* aus. Es wird ein Ereignis-Handler *timer1_ Tick* erzeugt und auf das Event *Tick* von *timer1* registriert. Der Ereignis-Handler wird dabei in Zeitintervallen (bei diesem Beispiel 100 ms) aufgerufen.

Die Methode *timer1_Tick* ist wie folgt zu erweitern:

```
private void timer1_Tick(object sender, EventArgs e)
{
  if (serialPort1.IsOpen)
  {
    textBox2.AppendText(serialPort1.ReadExisting());
  }
}
```

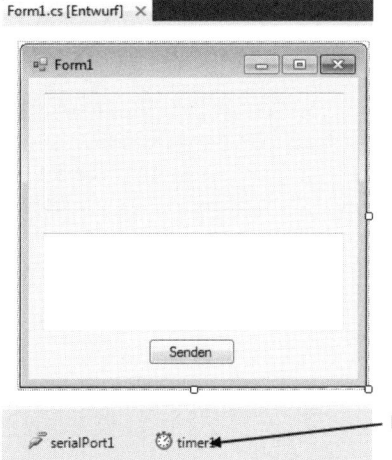

Form1.cs [Entwurf] ✕

Abb. 5.40: Ein Doppelklick auf den Timer
zeigt den Programmcode bei Aufruf des
Timers

Falls der serielle Port offen ist, werden damit alle 100 ms die im Empfangs-Buffer der RS-232-Schnittstelle empfangenen Zeichen in der *textBox2* ausgegeben. Es ist wichtig, dass abgefragt wird, ob der serielle Port noch offen ist, da es sein kann, dass nach dem Aufruf von *Form1_FormClosing* der Eventhandler *timer1_Tick* aufgerufen wird. Ohne Abfrage würde die Methode *ReadExisting()* eine Exception werfen.

18. Wählen Sie die Release-Konfiguration aus. Dann findet eine Code-Optimierung statt, und es werden der ausführbaren Datei keine symbolischen Debug-Informationen hinzugefügt. Die ausführbare Datei eignet sich daher zur Weitergabe.

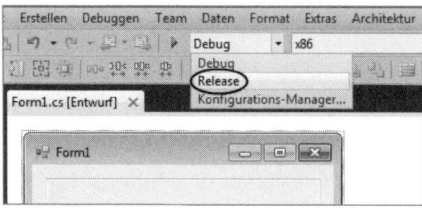

Abb. 5.41: Auswahl der Release-Konfiguration

19. Das Programm kann mit F5 gestartet werden. Die erstellte EXE-Datei finden Sie unter *<Speicherort>\<Projektmappenname>\<Projektname>\bin\Release\<Projektname>.exe.* Sie können diese Datei auch mit dem Explorer starten.

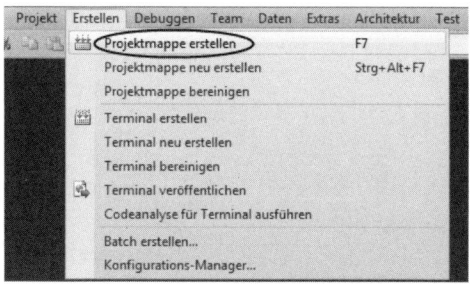

Abb. 5.42: Mit *Projektmappe erstellen* oder mit F7 ist das Programm zu übersetzen

5.6 Terminal-Programm testen

Eine Möglichkeit, ein Terminal-Programm zu testen, ist mit einem Nullmodemkabel auf einen zweiten Rechner zu gehen und an diesem ebenfalls ein Terminal-Programm zu starten. Dadurch sollte es möglich sein, miteinander zu chatten. Sollten Sie keine zweite RS-232-Schnittstelle zur Verfügung haben, können Sie sich mit einer Rückführung des RS-232-Signals helfen. Sie müssen nur an einem Nullmodemkabel Buchse 2 mit Buchse 3 verbinden. Am einfachsten verbinden Sie diese Buchsen mit einer Büroklammer, die einen geeigneten Durchmesser für das Nullmodemkabel hat.

Abb. 5.43: Schaltung zur Erzeugung eines Echos an der seriellen Schnittstelle; eine Büroklammer verbindet die Buchse 2 und 3.

6 Programmierung der seriellen Schnittstelle des AVR

In diesem Kapitel werden vier Methoden gezeigt, nach denen man die serielle Schnittstelle programmiert. Zuerst wird die Programmierung mit der Entwicklungsumgebung von CodeVisionAVR gezeigt. Der Vorteil besteht darin, dass man sich weder bei der Initialisierung noch bei der Ein- und Ausgabe um Register kümmern muss. Man kann sogar die serielle Schnittstelle mit *printf()* und *scanf()* ansprechen, ohne das Datenblatt zu lesen.

Bei der nächsten Methode wird die serielle Schnittstelle im Prozessor auf einfache Weise angesprochen. Die notwendigen Programmteile sind in der Datei *serial1.h* gespeichert. Mithilfe von *#include* kann das Programm *serial1.h* leicht in ein eigenes Programm eingebaut werden. Eine weitere Methode, die im Wesentlichen in der Datei *serial2.h* programmiert ist, erlaubt es, im AVR Studio die Befehle *printf()* und *scanf()* zu verwenden. Die Standardeingabe wird damit auf die serielle Schnittstelle umgelenkt, wodurch eine formatierte Ein- und Ausgabe möglich ist.

Bei der vierten Methode geht es um die verbreitete Bibliothek von Peter Fleury. Mit dieser Bibliothek kann man auch im Interrupt, also im Hintergrund, kommunizieren. Der Link ist angegeben.

6.1 Programmierung mit CodeVisionAVR

Mit dem CodeVisionAVR Compiler ist die Programmierung der seriellen Schnittstelle besonders einfach. Der besondere Vorteil kommt vom Wizzard, der die Konfiguration erleichtert, und der Bibliothek zum Lesen und Schreiben auf die RS-232-Schnittstelle. Mit der Bibliothek stehen Funktionen wie *printf()*, *scanf()*, *getchar()* … zur Verfügung, die elegant auf die serielle Schnittstelle zugreifen.

Das folgende Programm wurde für Arduino Uno mit ATmega8 erstellt. Es wurde mit ISP in den Flash des Prozessors übertragen und erfolgreich getestet. Sollten Sie mit einem Arduino Uno arbeiten, ist nur im Wizzard der Prozessor ATmega328P anzugeben. Die Hex-Datei kann dann in den Prozessor geladen werden.

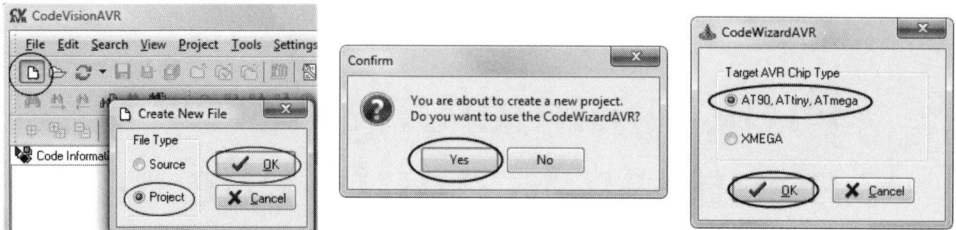

Abb. 6.1: Neues Projekt anlegen

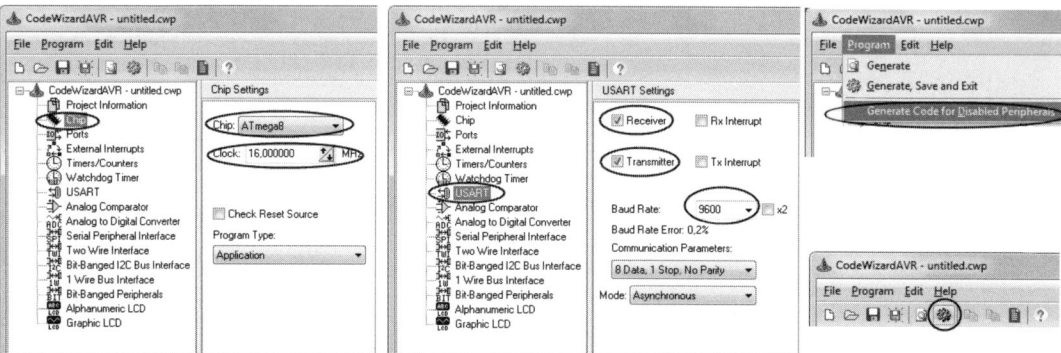

Abb. 6.2: Auswahl des Prozessors und der Clock-Frequenz; Konfiguration der seriellen Schnittstelle; danach erfolgen die Konfiguration des Wizzards und das Erstellen der C-Datei (rechtes Bild, Symbolleiste, markierter Stern).

Durch die Konfiguration des Wizzards mit *Generate Code for Disabled Peripherals* wird vom Wizzard ein kürzerer Code erzeugt.

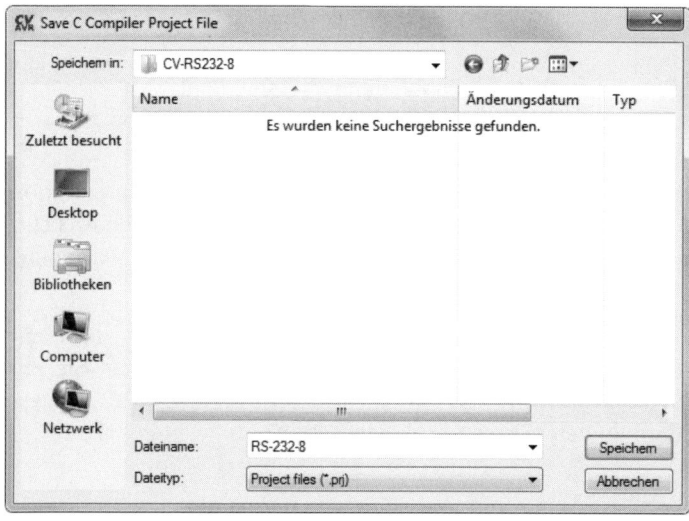

Abb. 6.3: Speichern der Projektdateien in einen Ordner; es sind drei Dateinamen zu vergeben.

Danach erscheint ein C-Programm, das alle Initialisierungen für die serielle Schnittstelle enthält. In dieses Programm sind folgende sechs Zeilen einzufügen:

```
char z; //einfuegen

z = getchar();          //einfuegen
if(z == 'a')            //einfuegen
  printf(" Anton\r\n"); //einfuegen
else if(z == 'b')       //einfuegen
  printf(" Berta\r\n"); //einfuegen
```

Dabei wird mit *char z;* ein Speicherplatz für ein Zeichen angelegt. Mit *z = getchar();* wird ein Zeichen von der seriellen Schnittstelle eingelesen und *printf(" Anton\r\n");* schreibt auf die serielle Schnittstelle.

```
/********************************************************
This program was created by the
CodeWizardAVR V2.60 Evaluation
Automatic Program Generator
© Copyright 1998-2012 Pavel Haiduc, HP InfoTech s.r.l.
http://www.hpinfotech.com

Project :
Version :
Date    : 28.08.2012
Author  :
Company :
Comments:

Chip type              : ATmega8
Program type           : Application
AVR Core Clock frequency: 16,000000 MHz
Memory model           : Small
External RAM size       : 0
Data Stack size         : 256
********************************************************/

#include <mega8.h>

// Declare your global variables here

// Standard Input/Output functions
#include <stdio.h>

void main(void)
{
// Declare your local variables here
char z;                                        //einfuegen
// Input/Output Ports initialization
// Port B initialization
// Function: Bit7=In Bit6=In Bit5=In Bit4=In Bit3=In Bit2=In Bit1=In Bit0=In
DDRB=(0<<DDB7) | (0<<DDB6) | (0<<DDB5) | (0<<DDB4) | (0<<DDB3) | (0<<DDB2) |
(0<<DDB1) | (0<<DDB0);
// State: Bit7=T Bit6=T Bit5=T Bit4=T Bit3=T Bit2=T Bit1=T Bit0=T
```

```
PORTB=(0<<PORTB7) | (0<<PORTB6) | (0<<PORTB5) | (0<<PORTB4) | (0<<PORTB3) |
(0<<PORTB2) | (0<<PORTB1) | (0<<PORTB0);

// Port C initialization
// Function: Bit6=In Bit5=In Bit4=In Bit3=In Bit2=In Bit1=In Bit0=In
DDRC=(0<<DDC6) | (0<<DDC5) | (0<<DDC4) | (0<<DDC3) | (0<<DDC2) | (0<<DDC1) |
(0<<DDC0);
// State: Bit6=T Bit5=T Bit4=T Bit3=T Bit2=T Bit1=T Bit0=T
PORTC=(0<<PORTC6) | (0<<PORTC5) | (0<<PORTC4) | (0<<PORTC3) | (0<<PORTC2) |
(0<<PORTC1) | (0<<PORTC0);

// Port D initialization
// Function: Bit7=In Bit6=In Bit5=In Bit4=In Bit3=In Bit2=In Bit1=In Bit0=In
DDRD=(0<<DDD7) | (0<<DDD6) | (0<<DDD5) | (0<<DDD4) | (0<<DDD3) | (0<<DDD2) |
(0<<DDD1) | (0<<DDD0);
// State: Bit7=T Bit6=T Bit5=T Bit4=T Bit3=T Bit2=T Bit1=T Bit0=T
PORTD=(0<<PORTD7) | (0<<PORTD6) | (0<<PORTD5) | (0<<PORTD4) | (0<<PORTD3) |
(0<<PORTD2) | (0<<PORTD1) | (0<<PORTD0);

// USART initialization
// Communication Parameters: 8 Data, 1 Stop, No Parity
// USART Receiver: On
// USART Transmitter: On
// USART Mode: Asynchronous
// USART Baud Rate: 9600
UCSRA=(0<<RXC) | (0<<TXC) | (0<<UDRE) | (0<<FE) | (0<<DOR) | (0<<UPE) |
(0<<U2X) | (0<<MPCM);
UCSRB=(0<<RXCIE) | (0<<TXCIE) | (0<<UDRIE) | (1<<RXEN) | (1<<TXEN) | (0<<UCSZ2)
| (0<<RXB8) | (0<<TXB8);
UCSRC=(1<<URSEL) | (0<<UMSEL) | (0<<UPM1) | (0<<UPM0) | (0<<USBS) | (1<<UCSZ1)
| (1<<UCSZ0) | (0<<UCPOL);
UBRRH=0x00;
UBRRL=0x67;

while (1)
    {   z = getchar();      //einfuegen
    if(z == 'a')            //einfuegen
      printf(" Anton\r\n"); //einfuegen
    else if(z == 'b')       //einfuegen
      printf(" Berta\r\n"); //einfuegen
    }
}
```

Das Programm wurde mit Arduino-Hardware und ATmega8/ISP funktionell geprüft. Bei Verwendung des ATmega328P ist dieser lediglich im Wizzard auszuwählen.

Mit diesem Programm kann man über ein Terminal per Tastendruck den Buchstaben a oder b senden, um danach Anton oder Berta zu empfangen, das vom Arduino abgegeben wird. Welches Terminal-Programm man verwendet, ist bei dieser Anwendung unbedeutend. Im Beispiel wird mit dem Terminal-Programm der IDE von CodeVisionAVR gearbeitet. Dafür muss der COM-Port für das Programmiergerät und die virtuelle serielle Schnittstelle gewählt werden. (Falls nicht bekannt ist, an welchem

Port das Programmiergerät und der Arduino angeschlossen sind, ist das in *Systemsteuerung/Gerätemanager/Anschlüsse* zu sehen.)

Beim Senden eines Zeichens vom Terminal ist es nicht erforderlich, ein zusätzliches LF an das zu sendende Zeichen zu hängen (Settings/Terminal; nicht *Append LF on Transmission* setzen). Das ist für die einwandfreie Funktion von *getchar()* notwendig.

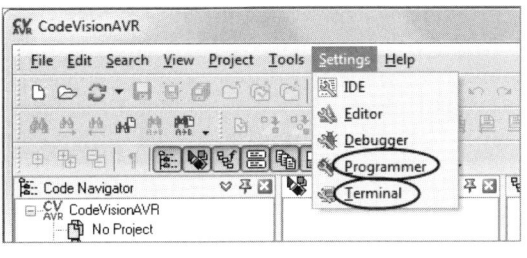

Abb. 6.4: Auswahl der COM-Schnittstellen; bei *Terminal* ist die Baudrate einzustellen. Die Einstellung Settings • Programmer ist nur nötig, wenn man den ATmega8 verwendet und ihn mit einem ISP von CodeVison programmieren will.

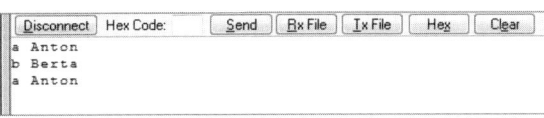

Abb. 6.5: Nach Start des Terminals in der Symbolleiste und Verbinden (Connect) kann man mit dem Mikroprozessor kommunizieren.

Der CodeWizzard hat bei der Initialisierung der seriellen Schnittstelle fünf Register beschrieben. Das sind:

```
UCSRA=(0<<RXC) | (0<<TXC) | (0<<UDRE) | (0<<FE) | (0<<DOR) |
      (0<<UPE) | (0<<U2X) | (0<<MPCM);
UCSRB=(0<<RXCIE) | (0<<TXCIE) | (0<<UDRIE) |
      (1<<RXEN) | (1<<TXEN) | (0<<UCSZ2) | (0<<RXB8) | (0<<TXB8);
UCSRC=(1<<URSEL) | (0<<UMSEL) | (0<<UPM1) | (0<<UPM0) |
      (0<<USBS) | (1<<UCSZ1) | (1<<UCSZ0) | (0<<UCPOL);
UBRRH=0x00;
UBRRL=0x67;
```

Falls Sie in Zukunft nur noch den CodeVisionAVR Compiler verwenden, können Sie Initialisierungswerte, die vom Wizzard kommen, als gegeben hinnehmen. Sollten Sie aber mit dem Atmel Studio arbeiten, ist es notwendig, die Initialisierungswerte explizit anzugeben. Daher werden die Initialisierungen in den Registern UCSRA, UCSRB, UCSRC, UBRRH, UBRRL besprochen.

Zuerst wird für die Baudrate das Teilungsverhältnis berechnet. Gegeben: Oszillatorfrequenz = 16 MHz, Baudrate = 9.600 Bit/sec. Das Teilungsverhältnis, mit dem die Register UBRRH und UBRRL zu laden sind, berechnet sich mit der in Abb. 6.6 gezeigten Formel.

$$\text{Teilungsverhältnis} = \frac{\text{Oszillatorfrequenz}}{\text{Baudrate} \cdot 16} - 1 = \frac{16000000}{9600 \cdot 16} - 1$$

Abb. 6.6: Berechnung des Teilungsverhältnisses für die serielle Schnittstelle

Als Zahlenwert für das Teilungsverhältnis erhält man 103,166 oder ganzzahlig und in hexadezimal 67_H.

Der ganzzahlige Wert weicht nur 0,16 % vom berechneten Wert ab. Damit ist die tatsächliche Baudrate 9.615 Baud, statt der gewünschten 9.600 Baud. Es fragt sich, ob die Abweichung der Baudrate von 0,16 % akzeptabel ist. Dazu stellen wir eine einfache Überlegung an: Ein Byte, das auf der Schnittstelle übertragen wird, hat zusätzlich ein Start-Bit und ein Stopp-Bit und damit 10 Bits. Synchronisiert wird auf die steigende Flanke des Start-Bits und danach wird, zeitlich betrachtet, in der Mitte eines Bits abgetastet. Eine zeitliche Abweichung von einem halben Bit in der Abtastung führt zu einem Fehler. Ein halbes Bit Verschiebung bei 10 Bits bedeutet 5 % Fehler. Billigt man nun Sender und Empfänger den gleichen Fehler zu und rechnet 1 % Sicherheit dazu, kann man einen Baudratenfehler von 2 % tolerieren.

$$\frac{16000000}{9600 \cdot 16} - 1 = 67_H$$

Abb. 6.7: Teilungsverhältnis bei 16 MHz Quarz und 9.600 Baud

Der Faktor 16 im Nenner der Formel ist durch den Aufbau des UART begründet. Der Wert −1 wird anhand eines Beispiels erläutert. Falls das Teilungsverhältnis auf 2 gestellt wird, zählt der Teiler 0, 1, 2, 0, 1, 2, 0 …, also mit einer Periodizität von 3. Daher ist als Teilungsverhältnis um eins weniger einzustellen, als das gewünschte Frequenzteilungsverhältnis ist.

Daraus folgt, dass bei der Initialisierung der seriellen Schnittstelle UBRRH=0x00 und UBRRL=0x67 zu setzen ist.

$$\text{Baudrate} = \frac{\text{Quarzfrequenz}}{(\text{Teilungsverhältnis} + 1) \cdot 16}$$

Abb. 6.8: Berechnung der Baudrate aus Teilungsverhältnis und Quarzfrequenz

Tabelle 6.1: UCSRA im Programm oben mit 0x0 initialisiert; dieses Byte wird bei der Initialisierung auf 0 gesetzt und muss nicht verändert werden.

Bit 7	Bit 6	Bit 5	Bit 4	Bit 3	Bit 2	Bit 1	Bit 0
RXC	TXC	UDRE	FE	DOR	PE	U2X	MPCM

RXC (Receive Complete) und TXC (Transmit Complete)

RCX zeigt an, dass ein Byte empfangen worden ist und von UDR ausgelesen werden kann. TCX gibt an, dass ein Zeichen vollständig übertragen wurde.

Der Status der Ausgabe an der RS-232-Schnittstelle kann an zwei Bits erkannt werden. Die entsprechenden Bits sind im *UCSRA Data Register Empty* (UDRE) und *Transmit Complete* (TXC). Das UDRE zeigt an, dass der Sendepuffer neue Daten übernehmen kann. Ist das UDRE Bit 1, bedeutet das, dass der Sendepuffer leer ist. Mit einer Zuweisung *UDR = (char)data;* kann man in diesem Fall ein Zeichen an die RS-232 ausgeben.

Bis das Zeichen vollständig ausgegeben ist, wird das UDRE auf 0 gesetzt. Nachdem das Zeichen vollständig ausgegeben ist, setzt der UART im Controller das UDRE auf 1.

Tabelle 6.2: UCSRB im Programm oben mit 0x18 initialisiert

Bit 7	Bit 6	Bit 5	Bit 4	Bit 3	Bit 2	Bit 1	Bit 0
RXCIE	TXCIE	UDRIE	RXEN	TXEN	UCSZ2	RXB8	TXB8

RXEN und TXEN stehen für Receive Enable und Transmit enable. Diese Bits sind auf 1 zu setzen, um die serielle Schnittstelle zu aktivieren.

Tabelle 6.3: UCSRC im Programm oben mit 0x86 initialisiert

Bit 7	Bit 6	Bit 5	Bit 4	Bit 3	Bit 2	Bit 1	Bit 0
URSEL	UMSEL	UPM1	UPM0	USBS	UCSZ1	UCSZ0	UCPOL

Das Bit URSEL (USART Register Select) muss beim Beschreiben des Registers URSRC immer gesetzt werden. Der Grund dafür ist, dass das UCSRC und das UBRRH dieselbe Adresse haben. Das oberste Bit entscheidet, ob in das URSRC oder UBRRH geschrieben wird.

Die Bits UCSZ0 und UCSZ1 muss man im Zusammenhang mit dem UCSZ2 im UCSRB sehen. Die drei Bits sind auf 011_B gesetzt und ergeben die Zahl 3_D. Um die Anzahl der Datenbits bei der Übertragung der seriellen Schnittstelle zu konfigurieren, erfolgt folgende Berechnung: UCSZ2, UCSZ1, und UCSZ0 + 5_D = 8_D. Es wird dadurch mit acht Daten-Bits bei der Übertragung gearbeitet.

6.2   Programmierung im Atmel Studio

In diesem Beispiel wird mit dem ATmega8 oder dem ATmega328P (der Prozessor des Arduino UNO) über die serielle Schnittstelle kommuniziert. Bei den Prozessoren ATmega8 und ATmega328P sind die Register, die für die serielle Schnittstelle relevant sind, auf unterschiedlichen Adressen. Damit ist auch erklärt, warum ein Programm, das für den ATmega8 geschrieben worden ist, nicht auf den ATmega328P läuft. Die Register, die für die serielle Schnittstelle relevant sind, haben nicht nur verschiedene Register-adressen, sondern werden auch unterschiedlich bezeichnet.

Tabelle 6.4: Register zur Initialisierung der seriellen Schnittstelle beim ATmega8 und ATmega328P

Register ATmega8	*Register ATmega328P*
UCSRA	UCSR0A
UCSRB	UCSR0B
UCSRC	UCSR0C
UBRRH	UBRR0H
UBRRL	UBRR0L

Zusätzlich sind auch einzelne Bits unterschiedlich bezeichnet (siehe *iom386p.h, iom8.h*).

Tabelle 6.5: Bezeichnung der Bits zur Konfiguration der seriellen Schnittstelle beim ATmega8 und ATmega328P

Bits ATmega8	Bits ATmega328P
TXEN	TXEN0
RCEN	RXEN0
UCSZ0	UCSZ00
UCSZ1	UCSZ01
UMSEL1	UMSEL01
RXC	RXC0

Der nächste Schritt ist, ein Programm zu schreiben, das für verschiedene Prozessoren die richtigen Register verwendet. Das erfolgt mit einer bedingten Übersetzung, die der Präprozessor durchführt. Der Präprozessor ist das erste Programm, das die Übersetzung des Quellcodes durchführt. Eine Aufgabe des Präprozessors ist die bedingte Übersetzung, die an einem Beispiel erläutert wird. Im Programm unten wird abgefragt, ob UCSR0A schon definiert ist. Falls das der Fall ist, wird Code1 eingesetzt, andernfalls Code2. Das darf nicht mit einem *if-else* in einem Programm verwechselt werden. Bei einem *if* im Programm führt der Prozessor (AVR) die Entscheidung aus. Ein *#if* hingegen ist eine Information an den Compiler, der damit gesteuert wird, nur einen bestimmten Code zu berücksichtigen.

```
#ifdef UCSR0A
// Code1
#else
//Code2
#endif
```

Dafür werden die notwendigen Funktionen in die Datei *serial1.h* geschrieben und in das Hauptprogramm eingefügt. Das Einfügen ins Hauptprogramm erfolgt in drei Schritten:

1. Das Programm *serial1.h* ist in den Projektordner zu kopieren, in dem das Hauptprogramm ist (*serial1-test.c*).

2. Im Hauptprogramm ist vor *main()* mit der Zeile *#include "serial1.h"* die Datei *serial1.h* einzufügen.

3. Im Projektordner ist *serial1.h* aufzunehmen (siehe Abb.).

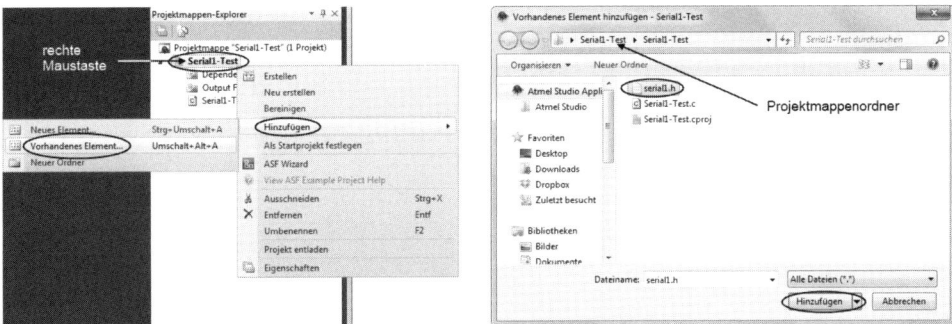

Abb. 6.9: Include-Datei *serial1.h* in das Projekt aufnehmen

Alternativ könnte an dieser Stelle auch der Inhalt von *serial1.h* in Textform ins Hauptprogramm eingefügt werden.

Das folgende Programm *serial2.h* besteht aus zwei Teilen. Die erste Hälfte des Programms ist beim Einsatz des ATmega328P relevant, die zweite Hälfte kommt beim Einsatz des ATmega8 zum Zug. Die Entscheidung könnte man von der gewählten CPU ableiten. Im Programm unten wird aber die Entscheidung vom Register UCSR0A abgeleitet, wodurch auch Prozessoren mit gleichen Registeradressen mit diesem Programm arbeiten können.

```
/*
 * serial1.h  fuer Atmel Studio
 *
 * Created: 01.08.2012 12:00:00
 *  Author: Friedrich Ploetzeneder
 */

#ifdef UCSR0A

//Initialisiert UART gegebener Oszillatorfrequenz und Baudrate
void uart_init(long Oszi, long Baud)
{
  UBRR0L = (unsigned char)(Oszi / 16L / Baud -1);
  UBRR0H = (unsigned char)((Oszi / 16L / Baud -1) >> 8);
  UCSR0A = 0x00;
  UCSR0B = UCSR0B | (1 << TXEN0) | (1 << RXEN0);
  UCSR0C = UCSR0C | (1 << UMSEL01) | (1 << UCSZ01) |
          (1 << UCSZ00);
}

//Empfaengt 1 Byte vom UART
unsigned char getchar2(void)
{
  while (!(UCSR0A & (1 << RXC0)));
  return UDR0;
}

//Sendet 1 Byte an UART
void putchar2(unsigned char data)
```

```
{
  while (!(UCSROA & (1 << UDREO)));
  UDRO = (char)data;
}

//Sendet String an UART
void puts2(char *str)
{
  unsigned char c;
  while ((c = *str++) != '\0')
    putchar2(c);
}

#else

//Initialisiert UART gegebener Oszillatorfrequenz und Baudrate
void uart_init(long Oszi, long Baud)
{
  UBRRL = (unsigned char)(Oszi / 16L / Baud -1);
  UBRRH = (unsigned char)((Oszi / 16L / Baud -1) >> 8);
  UCSRA = 0x00;
  UCSRB = UCSRB | (1 << TXEN) | (1 << RXEN); //RX TX Enable
  //Bit Mode
  UCSRC = UCSRC | (1 << URSEL) | (1 << UCSZ1) | (1 << UCSZO);
}

//Empfaengt 8 Daten Bits vom UART
unsigned char getchar2(void)
{
  while (!(UCSRA & (1 < <RXC)));
  return UDR;
}

//Sendet 8 Daten Bits an UART
void putchar2(unsigned char data)
{
  while (!(UCSRA & (1 << UDRE)));
  UDR = (char)data;
}

//Sendet String an UART
void puts2(char *str)
{
  unsigned char c;
  while ((c = *str++) != '\0')
    putchar2(c);
}

#endif
```

Die Include-Datei *serial1.h.* enthält elementare Kommunikationsroutinen für die serielle Schnittstelle.

Im Hauptprogramm unten steht nur das Wesentliche zur Ein- und Ausgabe. Mit *#include "serial1.h"* wird der Inhalt der Datei *serial1.h* in das Hauptprogramm *serial1-test.c* eingesetzt und *serial1.h* in das Projekt aufgenommen. Danach erfolgt die Übersetzung des C-Programms mit dem Compiler. Jedenfalls wird durch die Verwendung von *#include* das Hauptprogramm übersichtlicher.

(Auch wenn es üblich ist, Zusatzpakete in Form von c- und h-Dateien aufzuspalten, ist die Lösung, dass nur eine Datei zusätzlich verwendet wird, einfacher und wird daher angewandt.) Eine Besonderheit ist, dass der Dateiname in Anführungszeichen geschrieben wird. Das bewirkt, dass die Include-Datei (*serial1.h*) im selben Ordner gesucht wird, in dem das Hautprogramm *serial1-test.c* steht.

```
/*
 * serial1-test.c

 *  fuer Atmel Studio

 * Created: 01.08.2012 12:00:00
 *  Author: Friedrich Ploetzeneder
 */

#define F_CPU 16000000UL
#define BAUD  9600UL

#include <avr/io.h>
#include "serial1.h"

int main(void)
{
  char z;

  //UART mit Clock-Frequenz und Baudrate initialisieren
  uart_init(F_CPU, BAUD);

  while (1)
  {
    z = getchar2();          //ein Zeichen einlesen
    if (z == 'a')
      puts2(" Anton\r\n"); //Zeichenkette ausgeben
    else if (z == 'b')
      puts2(" Berta\r\n");
  }
}
```

Hauptprogramm zur Ausgabe von Zeichen an die serielle Schnittstelle

Das Programm wurde mit Arduino-Hardware und ATmega8 (ISP) als auch mit ATmega328P (Bootloader) überprüft.

Auswahl der Prozessoren ATmega328P oder ATmega8 im Atmel Studio:

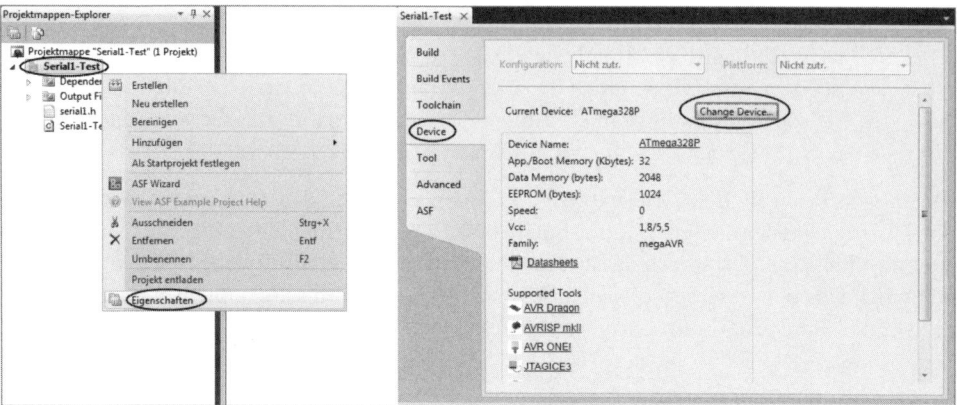

Abb. 6.10: Auswahl des Prozessors mit Projektmenü/Properties, Auswahl des Devices/Change Device

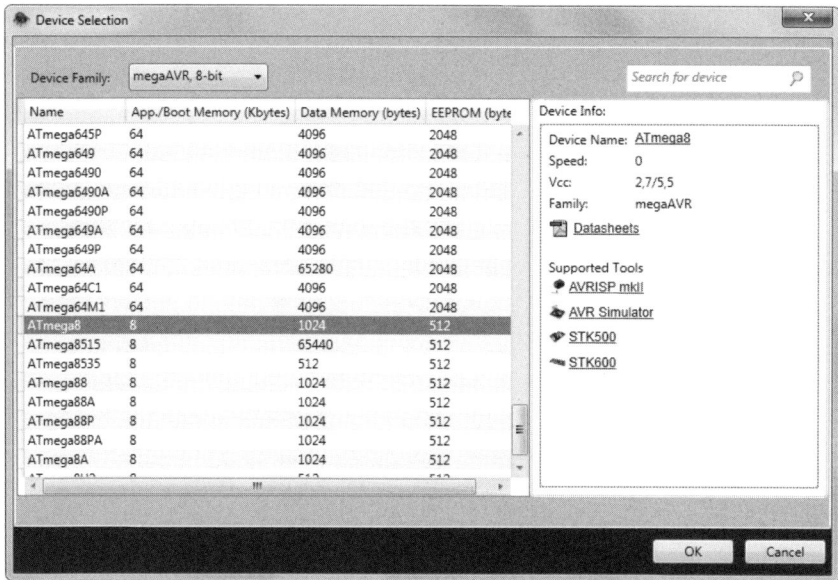

Abb. 6.11: Angabe des neuen Prozessors

Die Prozessorauswahl bewirkt, dass die richtigen Adressen für die Funktionsregister verwendet werden. Daher können bei einem Wechsel des Prozessors unterschiedliche HEX-Dateien erzeugt werden. Bei einfachen Aufgaben kann mit den Funktionen in *seriel1.h* gearbeitet werden. Manchmal wünscht man sich aber einen eleganteren Zugriff auf die serielle Schnittstelle, und das wird in der Folge vorgestellt.

6.3 Programmierung der seriellen Schnittstelle mit formatierter Ein- und Ausgabe

Im folgenden Beispiel wird gezeigt, wie man die serielle Schnittstelle zur Standardein- und -ausgabe macht. Dadurch besteht die Möglichkeit, mit *printf()* und *scanf()* die serielle Schnittstelle anzusprechen. Die für die RS-232-Schnittstelle wichtigen Funktionen sind der Datei *serial2.h* zusammengefasst und über *#include* ins Hauptprogramm eingefügt. Wie im letzten Beispiel wird die zusätzliche Datei *serial2.h* dem Projekt hinzugefügt.

Die Datei *serial2.h* ist für jeden Prozessor entsprechend der Registerstruktur erstellt und kann mindestens für ATmega8 und ATmega328P, aber auch noch für Prozessoren mit übereinstimmender Registerstruktur verwendet werden. Bei der Initialisierung tritt bei hohen Baudraten (115.200) bei der Frequenzteilung eine Ungenauigkeit auf. In der Initialisierungsroutine ist daher bei der Berechnung des Frequenzteilers die Abfrage *if ((Oszi / 16L / Baud -1) >30)*. Falls kleinere Teilerzahlen berechnet werden, wird die RS-232-Schnittstelle mit doppelter Baudrate betrieben. Das bedeutet, dass Rundungsfehler bei der Frequenzteilung weniger ins Gewicht fallen. Das wird an einem Beispiel gezeigt.

Methode 1:

Es wird mit dem Normalmodus der Schnittstelle gearbeitet.

Gegeben: Quarz 16 MHz, Baudrate 115.200.

Das Teilungsverhältnis berechnet sich mit:

16.000.000 / 16 / 115.200 − 1 = 7,68.

Gewählt wird ein Teilungsverhältnis von 8, das zu einer Frequenzabweichung von 4,2 % führt. Diese Frequenzabweichung ist bei einer RS-232-Schnittstelle nicht akzeptabel.

Methode 2:

Gegeben: Quarz 16 MHz, Baudrate 115.200.

Es wird mit der doppelten Baudrate gearbeitet. Das erfolgt mit dem Befehl *UCSR0A = (1<<U2X0);*. Das Teilungsverhältnis berechnet sich mit:

16.000.000 / 8 / 115.200 − 1 =16,36.

Gewählt wird ein Teilungsverhältnis von 16, das zu einer Frequenzabweichung von 2,2 % führt. Mit dieser Frequenzabweichung kann gerade noch gearbeitet werden.

```
/*
 * serial2.h
 *   fuer Atmel Studio
 * Created: 01.08.2012 12:00:00
 *   Author: Friedrich Ploetzeneder
 */

#ifdef UCSR0A

//Initialisiert UART gegebener Oszillatorfrequenz und Baudrate
```

```c
void uart_init(long Oszi, long Baud)
{
  if ((Oszi / 16L / Baud -1) > 30)
  {
    UBRR0L = (unsigned char)(Oszi /16L / Baud -1);
    UBRR0H = (unsigned char)((Oszi / 16L / Baud -1) >> 8);
    UCSR0A = 0;
  }
  else
  {
    //Falls Teilerwert zu klein => Rundungsfehler
    //Daher doppelte Rate waehlen
    UBRR0L = (unsigned char)(Oszi / 8L / Baud -1);
    UBRR0H = (unsigned char)((Oszi / 8L / Baud -1) >> 8);
    UCSR0A = (1 << U2X0);
  }

  UCSR0B = UCSR0B | (1 << TXEN0) | (1 << RXEN0);
  UCSR0C = UCSR0C | (1 << UMSEL01) | (1 << UCSZ01) |
          (1 << UCSZ00);
}

//Sendet 1 Byte an UART
int uart_putchar(char data, FILE* stream)
{
  while (!(UCSR0A & (1 << UDRE0)));
  UDR0 = (char)data;
  return 0;
}

//Empfaengt 1 Byte vom UART
static int uart_getchar(FILE *STREAM)
{
  while (!(UCSR0A & (1 << RXC0)));
  return (UDR0);
}

#else

//Initialisiert UART mit gegebener Oszillatorfrequenz und Baudrate
void uart_init(long Oszi, long Baud)
{
  if ((Oszi / 16L / Baud -1) > 30)
  {
    UBRRL = (unsigned char)(Oszi / 16L / Baud -1);
    UBRRH = (unsigned char)((Oszi / 16L / Baud -1) >> 8);
    UCSRA = 0x00;
  }
  else
  {
    //Falls Teilerwert zu klein => Rundungsfehler
    //Daher doppelte Rate waehlen
```

```
    UBRRL = (unsigned char)(Oszi / 8L / Baud -1);
    UBRRH = (unsigned char)((Oszi /8L / Baud -1) >> 8);
    UCSRA = (1 << U2X);
  }

  UCSRB = UCSRB | (1 << TXEN) | (1 << RXEN); //RX TX Enable
  //Bit Mode
  CSRC = UCSRC | (1 << URSEL) | (1 << UCSZ1) | (1 << UCSZ0);
}

//Sendet 1 Byte an UART
int uart_putchar(char data, FILE* stream)
{
  while (!(UCSRA & (1 << UDRE)));
  UDR = (char)data;
  return 0;
}

//Empfaengt 1 Byte vom UART
int uart_getchar(FILE* stream)
{
  while (!(UCSRA & (1 << RXC)));
  return (UDR);
}

#endif
```

Verwendet man das Programm oben, sind im Hauptprogramm nach *#include* noch folgende Zeilen einzufügen:

```
//Initialisierung und die Funktionen uart_putchar und art_getchar
#include "serial2.h"

//Eintrag von uart_putchar und uart_getchar als
//Standard IO
```

Nach *main()* und der Variablendeklaration ist die Initialisierung und Festlegung von *stdout* durchzuführen. Dafür müssen im Hauptprogramm die folgenden Zeilen eingefügt werden:

```
//Initialisierung (aus serial2.h) aufrufen
uart_init(F_CPU, BAUD);

//Elementare IO-Funktionen als Standard IO eintragen
stdout = stdin = &mystdout;
```

Damit werden *uart_putchar()* und *uart_getchar()* zu den Standardfunktionen für die Ein- und Ausgabe. Das vollständige Hauptprogramm:

```
/*
 * Serial2-Test.c
 *  fuer Atmel Studio
 * Created: 01.08.2012 12:00:00
 *  Author: Friedrich Ploetzeneder
 */
```

```c
#define F_CPU 16000000UL
#define BAUD  9600UL


#include <string.h>
#include <stdlib.h>
#include <stdio.h>
#include <ctype.h>
#include <avr/io.h>

//Initialisierung und die Funktionen uart_putchar und art_getchar
#include "serial2.h"

//Eintrag von uart_putchar und uart_getchar als
//Standard IO
FILE mystdout = FDEV_SETUP_STREAM(uart_putchar, uart_getchar, _FDEV_SETUP_RW);

int main(void)
{
  int i;

  //Initialisierung (aus serial2.h) aufrufen
  uart_init(F_CPU, BAUD);

  //Elementare IO-Funktionen als Standard IO eintragen
  stdout = stdin = &mystdout;

  while (1)
  {
    printf("\r\nGeben Sie eine Zahl ein:    ");
    scanf("%d", &i); //&i ist die Adresse von i
    printf("\r\nDer halbe Wert ist %d", i / 2);
  }
}
```

Im Hauptprogramm kann man nicht nur sehr elegant mit *printf()* oder *scanf()* arbeiten, sondern man könnte in ähnlicher Weise auch ein *printf()* für ein LC-Display schreiben.

6.4 Interruptgesteuerte Programmierung mit verfügbarer Bibliothek

Beliebt zur Programmierung der seriellen Schnittstelle ist die Bibliothek von Peter Fleury. Sie finden die Seite im Web unter *http://jump.to/fleury*. Diese Bibliothek verwendet Empfangs- und Sende-Buffer, die interruptgesteuert sind. Ist z. B. ein Programm wie bei einer Delay-Funktion in einer Warteschleife, kann der Prozessor im Hintergrund Daten von der seriellen Schnittstelle entgegennehmen. Die Bibliothek ist derzeit noch nicht für den ATmega328P geeignet. Die verschiedenen Projekte in diesem Buch erledigen die zeitkritischen Vorgänge im Interrupt des Timers und die Kommunikation im Hauptprogramm. Bei diesem Programmaufbau ist eine Kommunikation im Hintergrund nicht nötig. Deshalb wurde diese Bibliothek in den folgenden Projekten nicht eingesetzt.

7 Grundfunktionen der Timer

In den folgenden Programmen im Buch wird immer wieder ein Timer eingesetzt. Daher werden an dieser Stelle seine Grundfunktionen erläutert. Dieses Kapitel ist aber weit davon entfernt, einen vollständigen Überblick über die Timer-Funktionen zu geben, sondern es werden anhand von Beispielen der Timerinterrupt, der CTC-Modus und die Erzeugung eines PWM erläutert.

Ein Timerinterrupt bewirkt, dass das Programm periodisch unterbrochen und an einer bestimmten Stelle, der Interrupt Service Routine, fortgesetzt wird. Danach wird zum Programm zurückgesprungen und es wird fortgesetzt.

Der CTC(*Clear Timer on Compare Match*)-Modus bedeutet, dass der Timer, nachdem er den Wert des Compare Registers erreicht hat, auf null gesetzt wird. Zusätzlich kann dabei ein Interrupt ausgelöst und/oder ein Ausgang invertiert werden (toggeln). Häufig wird der CTC-Modus zu einer Frequenzteilung eingesetzt.

Der PWM(Pulsweitenmodulation)-Modus bedeutet, dass ein Ausgang eine bestimmte Zeit ein- oder ausgeschaltet wird. Bildet man von diesem Signal einen Mittelwert, erhält man eine Spannung, die vom Tastverhältnis abhängig ist. Eine Mittelwertbildung erfolgt im einfachsten Fall mit einem RC-Tiefpass. Über einen weiteren Einsatz des PWM finden Sie Beispiele in den Kapiteln über Schrittmotor, Ultraschall, Transistor und Kugel. Die Erzeugung der PWM-Signale läuft nach Konfiguration im Hintergrund und erfordert keine Rechenleistung. Soll das Tastverhältnis geändert werden, ist nur ein Register neu zu beschreiben. Der ATmega8 kann drei PWM-Signale erzeugen, der ATmega328P fünf.

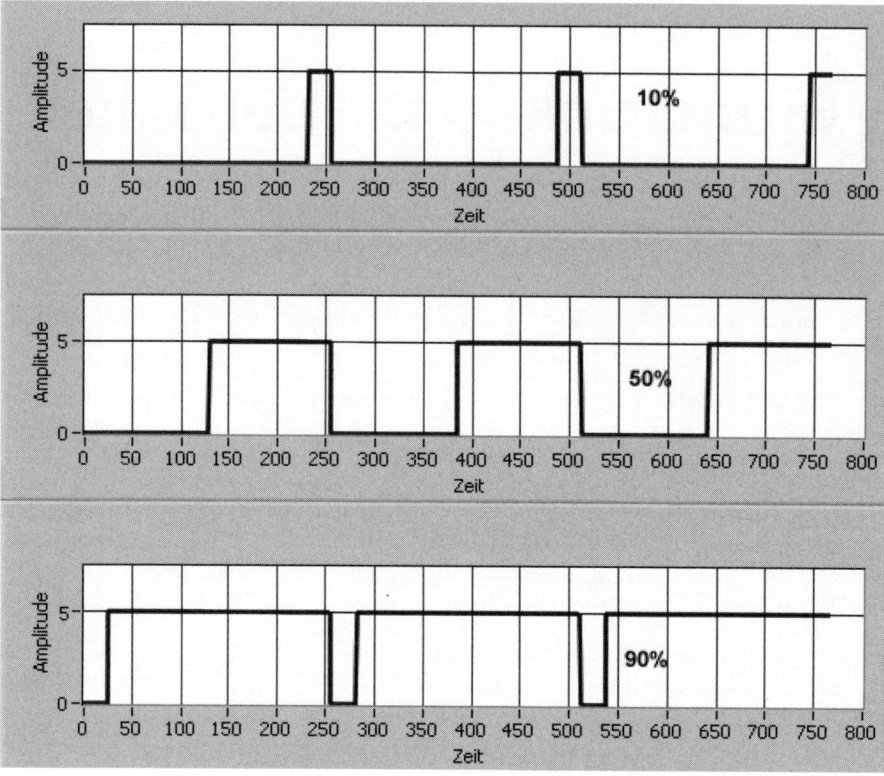

Abb. 7.1: PWM-Signal mit einem Tastverhältnis von 10 %, 50 % und 90 %

7.1 Timerinterrupt mit CodeVisionAVR

Ein einfacher Einstieg in die Verwendung der Timer kann über den Wizzard der Entwicklungsumgebung von CodeVisionAVR erfolgen. Im folgenden Programm soll periodisch ein Timerinterrupt ausgelöst werden. In der Interrupt Service Routine, die ca. 30-mal in der Sekunde aufgerufen wird, soll PortB inkrementiert werden. Diejenigen, die das STK500 verwenden, können an PortB die LEDs anschließen und einen binären Zählvorgang beobachten (niederwertige Bits zählen rascher als die höherwertigen). Verwenden Sie den Arduino Uno, ist an PortB Pin 5 eine LED, die mit diesem Programm blinken sollte.

Mit dem Wizzard von CodeVisionAVR kann man die Initialisierung des Timers durchführen. Dazu muss man die im Bild angegeben Einstellungen vornehmen.

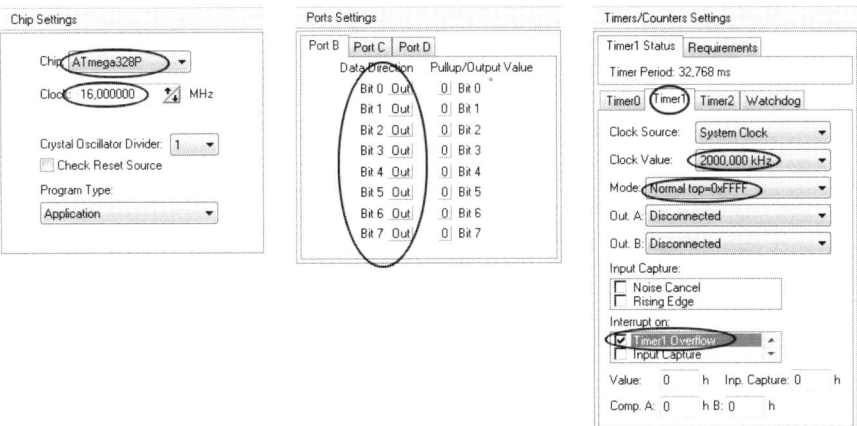

Abb. 7.2: Konfiguration von Timer 1 und von PortB beim ATmega328P mit dem CodeWizzard von CodeVisionAVR

Danach erstellt man eine C-Datei, die alle Initialisierungsroutinen enthält. Das erfolgt mit *Generate program, save and exit*, wie im Bild unten gezeigt.

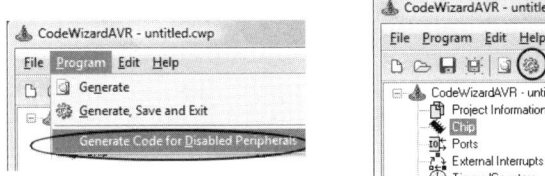

Abb. 7.3: Erstellen eines C-Programms mit allen Initialisierungen mithilfe des Wizzards von CodeVisionAVR

Am einfachsten ist es, mit dem CodeVisonAVR weiterzuarbeiten. Nachdem mit dem Wizzard das Grundgerüst einer C-Datei erstellt wurde, kann das Programm weiter entwickelt werden. Das ist einfach, weil nur eine Programmzeile in die Interrupt Service Routine geschrieben werden muss:

```
PORTB++; //einfuegen
```

Im Programm unten ist das mit dem Wizzard erstellte Programmgerüst mit der eingefügten Programmzeile. Es wurden allerdings Kommentare und einige unnötige Initialisierungen entfernt.

```
/*********************************************************
This program was created by the
CodeWizardAVR V2.60 Evaluation
Automatic Program Generator
© Copyright 1998-2012 Pavel Haiduc, HP InfoTech s.r.l.
http://www.hpinfotech.com

Project : Normaler-Interrupt-328p
```

```
Version :
Date    : 30.08.2012
Author  :
Company :
Comments:

Chip type              : ATmega328P
Program type           : Application
AVR Core Clock frequency: 16,000000 MHz
Memory model           : Small
External RAM size       : 0
Data Stack size         : 512
*********************************************************/

#include <mega328p.h>

// Declare your global variables here

// Timer1 overflow interrupt service routine
interrupt [TIM1_OVF] void timer1_ovf_isr(void)
{
PORTB++ ;  //einfuegen
}

void main(void)
{
// Crystal Oscillator division factor: 1
#pragma optsize-
CLKPR=(1<<CLKPCE);
CLKPR=(0<<CLKPCE) | (0<<CLKPS3) | (0<<CLKPS2) | (0<<CLKPS1) | (0<<CLKPS0);
#ifdef _OPTIMIZE_SIZE_
#pragma optsize+
#endif

// Input/Output Ports initialization
// Port B initialization
// Function: Bit7=Out Bit6=Out Bit5=Out Bit4=Out Bit3=Out Bit2=Out Bit1=Out
Bit0=Out
DDRB=(1<<DDB7) | (1<<DDB6) | (1<<DDB5) | (1<<DDB4) | (1<<DDB3) | (1<<DDB2) |
(1<<DDB1) | (1<<DDB0);

// Timer/Counter 1 initialization
// Clock source: System Clock
// Clock value: 2000,000 kHz
// Mode: Normal top=0xFFFF
// OC1A output: Disconnected
// OC1B output: Disconnected
// Noise Canceler: Off
// Input Capture on Falling Edge
// Timer Period: 32,768 ms
// Timer1 Overflow Interrupt: On
// Input Capture Interrupt: Off
// Compare A Match Interrupt: Off
```

```
// Compare B Match Interrupt: Off
TCCR1A=(0<<COM1A1) | (0<<COM1A0) | (0<<COM1B1) | (0<<COM1B0) | (0<<WGM11) |
(0<<WGM10);
TCCR1B=(0<<ICNC1) | (0<<ICES1) | (0<<WGM13) | (0<<WGM12) | (0<<CS12) |
(1<<CS11) | (0<<CS10);

// Timer/Counter 1 Interrupt(s) initialization
TIMSK1=(0<<ICIE1) | (0<<OCIE1B) | (0<<OCIE1A) | (1<<TOIE1);

// Global enable interrupts
#asm("sei")

while (1)
    {
    }
}
```

Im Programm oben wird periodisch ein Interrupt ausgelöst. Der Timer1 arbeitet aufgrund des Vorteilers mit 2 MHz. Da der 16 Bit-Timer hochzählt, erreicht er den Wert von 65535. Bei diesem Wert führt der nächste Clock zu einem Timer-Wert (*TCNT1H*, *TCNT1L*) von 0. Diesen Übergang nennt man Timer-Überlauf, und dieser löst einen Interrupt aus. Die Interruptfrequenz ist f = 2 MHz / 65.536 = 30,5 Hz (T = 32,8 ms). Bei einem Interrupt wird *PB0* von 0 auf 1 geschaltet und beim nächsten von 1 auf 0, sodass zwei Interrupts für eine Periode erforderlich sind. Am Oszilloskop wird an *PB0* ein Rechtecksignal mit einer Periodedauer des Rechtecksignals von 65,6 ms zu messen sein.

Das Programm wurde für den ATmega328P entwickelt und am Arduino getestet. Soll das Programm auf einem ATmega8 laufen, ist bei der Programmentwicklung nur im Wizzard in der Registerkarte *Chip* dieser Prozessor auszuwählen. Eine für den ATmega386P erstellte Hex-Datei ist aber am ATmega8 nicht lauffähig. Das liegt daran, dass die Register zur Aktivierung des Interrupts unterschiedlich sind.

ATmega328P und ATmega8 unterscheiden sich bei der Initialisierung des Interrupts beim Timer 1.

Beim ATmega328P wird der Interrupt von Timer 1 auf folgende Weise aktiviert:

```
TIMSK1 = 0x01;
```

Beim ATmega8:

```
TIMSK = 0x04;
```

In der Bit-Schreibweise:

ATmega328:

```
TIMSK1=(1<<TOIE1);
```

ATmega8:

```
TIMSK=(1<<TOIE1); // Dieses Bit hat je nach Prozessor einen unterschiedlichen
Wert!
```

Das Beispiel oben zeigt, dass man bei den meisten Anwendungen mit dem Wizzard die Initialisierungen findet und nur in sehr komplexen Fällen das Datenblatt benötigt. Der Wizzard von CodeVisonAVR ist eine sehr große Hilfe, und man kann die erstellten Initialisierungen (von Timer, USART, Interrupt ...) auch in das Atmel Studio kopieren.

7.2   Timerinterrupt mit Atmel Studio

Mit dem Atmel Studio wird ein Interrupt-Programm geschrieben (Eigenschaften wie oben). Der Timer 1 soll vom Clock des Mikroprozessors versorgt werden, wobei über den Vorteiler des Timers die Frequenz durch 8 geteilt werden soll. Der Timer 1 soll bei jedem Überlauf (von 65535 auf 0) einen Interrupt auslösen. Das Programm soll ohne Änderung für den ATmega8 und auch den ATmega328P im Atmel Studio übersetzt werden können. Die beiden Prozessoren unterscheiden sich in der Aktivierung der Interrupts vom Timer 1.

Dieses Problem wird mit einer bedingten Kompilierung gelöst. Der richtige C-Code (für Atmega8 und ATmega328P) wird nicht von der gewählten Prozessortype bestimmt, sondern davon, ob *TIMSK1* oder *TIMSK* definiert ist. Dadurch können nicht nur Atmega8 und ATmega328 verwendet werden, sondern alle Prozessoren, die mit den Registern *TIMSK1* oder *TIMSK* arbeiten.

Das nachfolgende Programm führt zu einem periodischen Aufruf der Interrupt Service Routine (ISR).

```
/*
 * Normal-Interrupt.c
 *  fuer Atmel Studio
 * Created: 01.08.2012 12:00:00
 *  Author: Friedrich Ploetzeneder
 */
#define F_CPU 16000000UL
#include <avr/io.h>
#include <avr/interrupt.h>

ISR(TIMER1_OVF_vect)
{
  PORTB++;
}

int main(void)
{
  //Die Initialisierung der Register ist vom CodeVisionAVR-Programm
  //Normal-Interrupt-328P.c aus Kapitel 7.1 übernommen.
  //Die Kommentare zur Initialisierung der Register siehe 7.1.

  //PORTB als Ausgang verwenden
  DDRB = (1 << DDB7) | (1 << DDB6) | (1 << DDB5) | (1 << DDB4) |
         (1 << DDB3) | (1 << DDB2) | (1 << DDB1) | (1 << DDB0);
```

```
//Startwert für PORTB festlegen
PORTB = 0;

//Timer1 konfigurieren
TCCR1A = (0 << COM1A1) | (0 << COM1A0) |
         (0 << COM1B1) | (0 << COM1B0) |
         (0 << WGM11) | (0 << WGM10);
TCCR1B = (0 << ICNC1) | (0 << ICES1) |
         (0 << WGM13) | (0 << WGM12) |
         (0 << CS12) | (1 << CS11) | (0 << CS10);

//Zwei Methoden, den Interrupt zu initialisieren
//(je nach Prozessor bzw. Register)
#ifdef TIMSK1  //fuer ATmega328
TIMSK1=(0<<ICIE1) | (0<<OCIE1B) | (0<<OCIE1A) | (1<<TOIE1);
#endif
#ifdef TIMSK //fuer ATmega8
TIMSK=(0<<OCIE2) | (0<<TOIE2) | (0<<TICIE1) |
      (0<<OCIE1A) | (0<<OCIE1B) | (1<<TOIE1) | (0<<TOIE0);
#endif

sei(); //Allgemeine Freigabe von Interrupts

while (1)
{
}
}
```

Periodischer Aufruf der *Interrupt Service Routine* bei Überlauf des Timer 1

Eine HEX-Datei, die gleichzeitig für den ATmega8 und den ATmega328P funktioniert, kann nicht erstellt werden. Es muss im Atmel Studio der entsprechende Porzessor ausgewählt und dafür die entsprechende HEX-Datei generiert werden.

Eine Erweiterung des Programms oben wird häufig so gewünscht, dass das Hauptprogramm mit der *Interrupt Service Routine* kommuniziert. Es sollten einerseits Werte von der *Interrupt Service* an das Hauptprogramm übergeben werden und andererseits auch ein Datentransfer vom Hauptprogramm an die ISR möglich sein. Für die Kommunikation zwischen Hauptprogramm und ISR bietet sich eine globale Variable an. Leider treten dabei zwei Probleme auf.

Problem 1: Es kann in einem Programm vorkommen, dass im Hauptprogramm die globale Variable nie verändert wird. Stellt man bei der Übersetzung auf eine hohe Optimierungsstufe, denkt der Compiler, die *globale Variable* sei konstant und ersetzt sie durch eine angenommene Konstante. Die Veränderung der globalen Variablen in der ISR kann vom Compiler übersehen werden. Gelöst wird das Problem mit einem *volatile* vor der Variablendeklaration.

Lösung:

```
volatile unsigned int z;
```

Problem 2: Zusätzlich tritt das Problem des atomaren Zugriffs auf. Das Problem wird anhand eines Beispiels erläutert. In der *Interrupt Service Routine* wird eine globale Variable vom Typ Integer gesetzt, die im Hauptprogramm gelesen werden soll. Beim AVR handelt es sich um einen 8-Bit-Prozessor. Daher wird die Integer Variable in zwei Bytes gespeichert. Wird im Hauptprogramm die Integer-Variable gelesen, wird nacheinander auf die beiden Bytes der Variablen zugegriffen. Falls genau zwischen den Zugriffen ein Interrupt ausgelöst wird, bei dem die globale Variable aktualisiert wird, steht dem Hauptprogramm eine Variable zur Verfügung, die nicht konsistent ist. Die Variable hat ein Byte, das vom ersten Aufruf der *Interrupt Service Routine* stammt, das zweite Byte kommt aber vom nachfolgenden Aufruf der *Interrupt Service Routine*. Dadurch besteht die *globale Variable* aus einem alten und einem neuen Byte. Selbst bei Operationen, die nur ein Byte betreffen, können Fehler auftreten. Das ist bei Operationen der Fall, bei denen mehrfach auf ein Byte zugegriffen wird. Die Lösung des Problems mit dem atomaren Zugriff erfolgt durch kurzzeitige Sperrung des Interrupts.

Im Hauptprogramm kann der Interrupt sowohl gesperrt als auch wieder freigegeben werden:

```
cli(); //Interrupt sperren (im Atmel Studio)
       //kritische Weg
sei(); //Interrupt freigeben
```

Als kritischen Weg bezeichnet man einen Programmabschnitt, der nicht unterbrochen werden darf.

Das Programm kann im Atmel Studio für ATmega8 und ATmega328P übersetzt werden.

```
/*
 * Volatile.c
 *  fuer Atmel Studio
 * Created: 01.08.2012 12:00:00
 *  Author: Friedrich Ploetzeneder
 */

#define F_CPU 16000000UL

#include <avr/io.h>
#include <avr/interrupt.h>

//wird automatisch mit 0 initialisiert
volatile unsigned int z;

ISR(TIMER1_OVF_vect)
{
  z++;
}
```

```
int main(void)
{
  //Kommentare zur Initialisierung siehe Programm in Kapitel 7.1.

  //PORTB als Ausgang verwenden
  DDRB = 0xff;
  //Startwert für PORTB festlegen
  PORTB = 0;


  //Timer1 konfigurieren
  TCCR1A = (0 << COM1A1) | (0 << COM1A0) |
           (0 << COM1B1) | (0 << COM1B0) |
           (0 << WGM11) | (0 << WGM10);
  TCCR1B = (0 << ICNC1) | (0 << ICES1) |
           (0 << WGM13) | (0 << WGM12) |
           (0 << CS12) | (1 << CS11) | (0 << CS10);


  //Zwei Methoden, den Interrupt zu initialisieren
  //(je nach Prozessor)
  #ifdef TIMSK1  //fuer ATmega328
  TIMSK1=(0<<ICIE1) | (0<<OCIE1B) | (0<<OCIE1A) | (1<<TOIE1);
  #endif

  #ifdef TIMSK //fuer ATmega8
  TIMSK=(0<<OCIE2) | (0<<TOIE2) | (0<<TICIE1) |
        (0<<OCIE1A) | (0<<OCIE1B) | (1<<TOIE1) | (0<<TOIE0);
  #endif

  sei(); //Allgemeine Freigabe von Interrupts

  while (1)
  {   cli();              // Interrupt sperren
      PORTB = z >> 1;     //PORTB benötigt beide Bytes von z
                    //kritischer Weg
   sei();             // Interrupt freigeben
  }
}
```

Durch *volatile* wird verhindert, dass beim Optimieren des Codes die globale Variable z als Konstante verkannt wird. Mit *sei();* und *cli();* wird der kritische Weg geschützt.

7.3 CTC-Modus des Timers ohne Interrupt

CTC (Clear Timer on Compare Match) bedeutet, dass der Timer bis zu einem gewissen Wert hochzählt und danach auf null gesetzt wird. Falls man diesen Wert erreicht hat, kann man einen Pin des Prozessors toggeln und/oder einen Interrupt auslösen. Wie das Frequenzteilungsverhältnis im Zusammenhang zum Vergleichsregisterwert (*OCR1AL*) steht, wird an einem einfachen Beispiel erläutert. Falls *OCR1AL = 2;* gesetzt wird, zählt

Timer 0, 1, 2, 0 ..., also mit einer Periodizität von 3. Da der Ausgang einmal beim Zählerübergang von 2 nach 0 eine steigende und ein anderes Mal eine fallende Flanke ausgibt, sind sechs Zählerzyklen für eine Periode notwendig. Um den Zusammenhang allgemein darzustellen, kann die Formel für die Frequenzteilung F_Teilung = 2 * (OCR1AL + 1) angegeben werden. Im nachfolgenden Beispiel wird ein Rechtecksignal mit 1 kHz erzeugt, wobei die Clock des Prozessors 16 MHz ist. Zuerst wird der Timer 1 mit 1/64 der Quarzfrequenz versorgt. Wir gehen wieder zuerst in die Entwicklungsumgebung CodeVisionAVR und rufen den Wizzard auf.

Abb. 7.4: Konfiguration von Timer 1 im CTC-Modus im CodeVisionAVR

Erstellt man mit *Generate program, save and exit* eine C-Datei, ist keine einzige Programmzeile zu schreiben.

Abb. 7.5: Erstellen der C-Datei nach Konfiguration des Wizzards in CodeVisionAVR

Sollten Sie vergessen haben, *PB1*, den Ausgang von Timer 1, bei der Port-Konfiguration als Ausgang zu konfigurieren, wird sogar auf diesen Fehler hingewiesen und ein Lösungsvorschlag angeboten. Nach Erstellung des Projekts können Sie das Programm übersetzen und die HEX-Datei in den Flash des Prozessors laden. Der automatisch erstellte C-Code wird im Buch nicht angegeben.

Das nachfolgende Programm ist im Atmel Studio erstellt.

```
/*
 * CTC.c
 * fuer Atmel Studio
 *An PB1 (beim Arduino Uno Pin 9) wird ein Rechtecksignal mit 1 kHz ausgegeben.
 * Fuer ATmega8 und ATmega328P uebersetzt werden
 * Created: 28.01.2012 21:27:43
 *  Author: Ploetzeneder
 */


#include <avr/io.h>

int main(void)
{
   DDRB = (1<<DDB1);    //Ausgang fuer das Signal


    TCCR1A=(1<<COM1A0);                      //Toggle OC1A/OC1B falls Vergleich
stimmt
    TCCR1B=(1<<WGM12) | (1<<CS11) | (1<<CS10); //WGM12 fuer CTC Modus
                                   //CS11, CS12 fuer Vorteiler Clock / 64
    OCR1AL=0x7C;                            //Vergleichswert

   while(1)
   {
   }
}
```

Frequenzteiler von 16 MHz auf 1 kHz mit Timer 1 im Atmel Studio

Es ist zu beachten, dass der Timer 1 vollständig im Hintergrund läuft und keine Rechenleistung vom Prozessor verbraucht wird.

7.4 CTC-Modus des Timers mit Interrupt

Im nächsten Beispiel wird gezeigt, wie man im CTC-Modus eine Frequenz teilt und zusätzlich bei einem Übergang des Zählers vom Vergleichswert auf null einen Interrupt auslöst. Das Programm ist für ATmega8 und ATmega328P geeignet und leitet den Clock für den Timer von einem 16-MHz-Quarz ab. Diese Quarzfrequenz wird durch den Vorteiler mit dem Faktor 64 geteilt. Das ergibt eine Frequenz von 250 KHz oder eine Zeit von 4 µs für den Clock des Timers. Das Vergleichsregister des Timers wird mit dem Befehl *OCR1AL = 0x7C* geladen. Das entspricht einem Wert von 124_D und führt zu einer Frequenzteilung durch 125 $_D$. Somit erfolgt periodisch mit 125 * 4 µs = 0,5 ms ein Rücksetzen des Timers. Bei diesem Vorgang toggelt *PB1* und gleichzeitig wird ein Interrupt ausgelöst. Im Interrupt wird mit dem Befehl *PORTB ^= (1<<5);* bei jedem tausendsten Aufruf *PB5* invertiert, sodass der Pin nach 500 ms die Polarität wechselt. Damit ist eine Zykluszeit von einer Sekunde zu erwarten.

Am Arduino ist an *PB5* eine LED und die Blinkzeit von einer Sekunde kann sofort kontrolliert werden. Benutzer des STK500 müssen nur an *PortB* die LEDs anschließen.

```
/*
 * CTC_Interrupt.c
 *  fuer Atmel Studio
 * Created: 03.02.2012 21:48:22
 *  Author: fp
 */
#define F_CPU 16000000UL
#include <avr/io.h>
#include <avr/interrupt.h>
int z;
ISR(TIMER1_COMPA_vect)
{
z++;
if (z == 1000)
   {z=0;
   PORTB ^= (1<<5);      // Pin PB5 toggeln
   }
}


int main(void)
{
DDRB = (1<<1)|(1<<5);       // Datenrichtungsregister, 2 mal auf Ausgang
TCCR1A= (1 << COM1A0);           //Toggeln
TCCR1B= (1<<CS10) |( (1<<CS11) |(1 << WGM12);    // Clock/64, CTC Modus
OCR1AL=0x7C;                 //CTC Vergleichswert

// je nach Prozessor Interrupt initialisieren
#ifdef TIMSK1
TIMSK1 = (1<<OCIE1A);  //fuer Mega328 und Verwandtschaft
#endif
#ifdef TIMSK
TIMSK = (1<<OCIE1A);  //fuer Mega8 ...
#endif

sei(); //Allgemeine Freigabe der Interrupts
   while(1)
   {
   }
}
```

7.5   Pulsweitenmodulation (PWM) mit Timer 1

Beim Atmega8 können Timer 1 und Timer 2 PWM-Signale erzeugen, beim ATmega328P sind sogar alle drei Timer dafür geeignet. Bei beiden Prozessoren ist Timer 1 derjenige, der die meisten Konfigurationsmöglichkeiten bietet. Er kann auch bei der

Erzeugung einer PWM mit einer Auflösung von 10 Bit betrieben werden und hat außerdem eine Betriebsart, die als *phasenkorrektes PWM* bezeichnet wird. Dieser Modus ist für die Ansteuerung von Gegentaktendstufen in der Leistungselektronik prädestiniert. Die nachfolgenden Beispiele handeln vom Fast-PWM-Modus mit 8 Bit Auflösung.

7.5.1 Ein PWM-Signal mit Timer 1 erzeugen

Wie in der Übersicht oben dargestellt, bedeutet PWM, dass ein Ausgang des Prozessors unterschiedlich lange ein- oder ausgeschaltet wird. Das erste Beispiel zeigt, wie man mit dem Wizzard von CodeVisionAVR den Timer 1 im Fast-PWM-Modus konfiguriert. Die Clock des Timers ist 16 MHz, und somit ist die Frequenz des PWM-Signals 16 MHz / 256 = 65,2 kHz. Die Einschaltdauer wird vom Register *OCR1AL* bestimmt. Wird dem Register *OCR1AL=0xff;* zugewiesen, ist der Ausgang des Timers permanent auf high (z. B. 5 V).

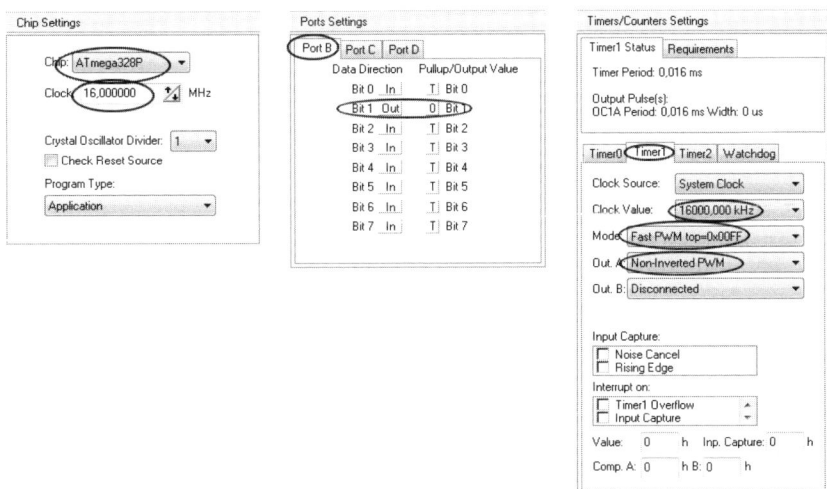

Abb. 7.6: Konfiguration von Timer 1 für Fast-PWM mit CodeVisonAVR

Nach Erstellen des C-Programms mit dem Wizzard kann mit einer einzigen Zuweisung an das Register *OCR1AL* das Impuls-Pausen-Verhältnis bestimmt werden. Dafür genügt eine einzige Programmzeile, die vor oder in die While-Schleife im Hauptprogramm eingefügt wird.

```
while (1)
{
  // Place your code here
  OCR1AL = 0x7f; //einfuegen (50% PWM)
}
```

7.5.2 PWM-Signal erzeugen und Interrupt auflösen

Im nächsten Beispiel wird mit dem Atmel Studio ein Programm erstellt, das mit dem ATmega8 und dem ATmega328P funktioniert. Das Programm soll ein PWM-Signal ausgeben und zusätzlich nach jedem PWM-Muster einen Interrupt auslösen. Ob tatsächlich der Interrupt ausgelöst wird, kann man dadurch kontrollieren, dass bei jedem Interrupt ein unterschiedlicher Wert für das Impuls-Pausen-Verhältnis eingestellt wird. Im nachfolgenden Programm wird einmal 100_D und ein anderes Mal 200_D an *OCR1AL* (bestimmt das Impuls-Pausen-Verhältnis) übergeben. Das erfolgt in der Interrupt Service Routine, indem man *z* hochzählt und das unterste Bit zur Entscheidung verwendet.

```c
/*
 * PWM3.c
 * fuer Atmel Studio
 * Created: 07.02.2012 22:56:39
 * Author: fp
 */

#define F_CPU 16000000UL
#include <avr/io.h>
#include <avr/interrupt.h>
int z;
ISR(TIMER1_OVF_vect)
{
z++;
if(z&1)
   OCR1AL = 100;  //abwechselnde
else
   OCR1AL = 200;  //Zuweisungen
}

int main(void)
{  DDRB = 1<<DDB1;
   TCCR1A = (1<<COM1A1) | (1<<WGM10); // WGM10+12=Fast PWM
   TCCR1B = (1<<WGM12) | (1<<CS10); // Kein Vorteiler
   OCR1AL = 0x7F;

   //Interrupt fuer Mega8 und 328p
   #ifdef TIMSK1
      TIMSK1 = (1<<TOIE1);   //fuer Mega328 und Verwandtschaft
   #endif
   #ifdef TIMSK
      TIMSK = (1<<TOIE1);   // Mega8 und Verwandtschaft
   #endif

   sei();
   while(1)
   {
      //TODO:: Please write your application code
   }
}
```

Zur Kontrolle, ob das richtige Impuls-Pausen-Verhältnis ausgegeben wird, ist es am besten, an *PB1* (Arduino PIN 9) mit einem Oszilloskop zu kontrollieren. Ein einfaches Multimeter kann auch schon nützliche Hinweise geben.

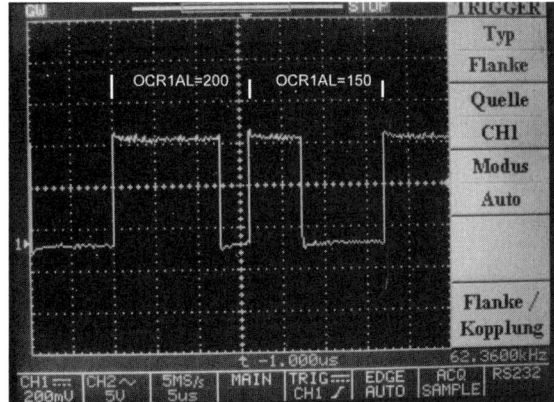 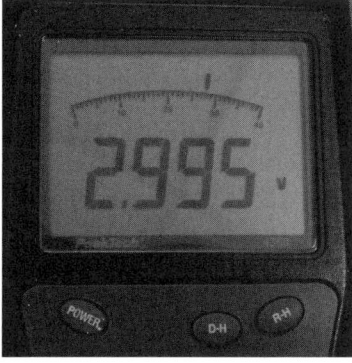

Abb. 7.7: Kontrolle des PWM mit Oszilloskop und Multimeter; am Oszilloskop kann eine Periodenlänge von 3,2 abgelesen werden.

Am Oszilloskopbild kann man erkennen, dass die Zeit, in der das Signal von *PB1* auf 1 liegt, von *OCR1AL* abhängt. Die Periode des PWM kann mit 3,2 * 5 µs = 16 µs abgelesen werden. Bei einem 16-MHz-Quarz ohne Vorteiler sind 16 MHz / 256 = 62.500 Hz die Frequenz des PWM.

Kontrollrechnung: T = 1 / f = 1 / 62.500 = 16 µs.

Am Multimeter kann man den Mittelwert des PWM-Signals ablesen. *OCR1AL* hat einmal 100 und ein anderes Mal 200. Im Mittel ist das Signal 150 Clocks auf high. Die Ausgangspannung am Controller beträgt 5 V und die Periode des PWM 256. Somit ergibt das einen Mittelwert von 5 V * 150 / 255 = 2,94 V. Das Multimeter zeigt 2,99 V und bildet den Mittelwert mit guter Genauigkeit. Mit dem Verfahren wie im Programm oben, bei dem man unterschiedliche Tastverhältnisse ausgibt, kann man auch die Auflösung des PWM-Signals von 8 Bit verfeinern. Gibt man z. B. einmal als Vergleichswert 100 und einmal 101 aus, kann man einen Mittelwert erzeugen, der zwischen 100 und 101 liegt.

7.5.3 Gleichzeitig zwei PWM-Signale mit dem Timer 1 erzeugen

Timer 1 hat beim ATmega8 und auch beim ATmega328P zwei Vergleichsregister und kann damit von mit einem (gemeinsamen) Zähler zwei PWM-Signale erzeugen. Zusätzlich könnte man bei einem Überlauf dieses Timers einen Interrupt auslösen. Das nächste Programm arbeitet aber ohne Interrupt und erzeugt mit dem Timer 1 zwei PWM-Signale gleichzeitig. Die Impuls-Pausen-Zeiten werden von den Registern *OCR1AL* und *OCR1BL* bestimmt. Die PWM-Signale werden am Chip an *PB1* und *PB2* ausgegeben. Das sind am Arduino Uno der Anschluss 9 und 10.

```
/*
 * PWM_2.c im Atmel Studio
 * 2 PWM Signale werden gleichzeitig abgegeben
 * fuer ATmega8 und ATmega328P
 * Created: 08.02.2012 22:12:30
 *  Author: fp
 */


#include <avr/io.h>

int main(void)
{
DDRB=(1<<PB2)|(1<<PB1);              //Ausgänge fuer die Signale
TCCR1A=(1<<COM1A1)|(1<<COM1B1)|(1<<WGM10);  //COM1A1 + COM1B1
                                    // = Zwei Vergleichsregister
TCCR1B=(1<<WGM12)|(1<<CS10);         //WGM10 + WGM12 = fast pwm,
                                    //CS10 = Kein Vorteiler


OCR1AL=0x10; //Impuls-Pause setzen
OCR1BL=0x40; //Impuls-Pause setzen
    while(1)
    {
    }
}
```

Viele Möglichkeiten, die der Timer 1 bietet, wurden noch nicht besprochen. Im Datenblatt ist dieser Timer auf 25 Seiten abgehandelt. Das zeigt, dass man im Rahmen dieses Buchs nur Hauptanwendungen vorstellen kann.

8 Digitale Ein- und Ausgabe ohne externe integrierte Schaltkreise (ICs)

In diesem Kapitel werden digitale Ein- und Ausgabeoperationen beschrieben, wobei keine externen integrierten Schaltungen eingesetzt werden.

8.1 Einlesen von digitalen Signalen

8.1.1 Direktes Einlesen eines einzelnen digitalen Signals

Beim Mikrocontroller bezeichnet man eine von Gruppe von Leitungen (meistens acht) als *Port*. Mit einer einfachen Zuweisung kann man die am Port anliegenden Signale einlesen ($x = PINB;$).

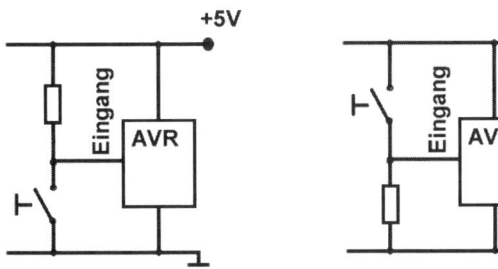

Abb. 8.1: Zwei Möglichkeiten, einen Taster an den Mikrocontroller anzuschließen

Die Spannungsversorgung ist in der Schaltung oben mit 5 V angegeben, obwohl der Prozessor mit 3,3 V oder noch kleineren Betriebsspannungen arbeiten kann. Die Spannung von 5 V kommt beim Arduino von der USB-Schnittstelle. Allgemein bezeichnet man die positive Spannungsversorgung mit *Vcc*.

Im Bild sieht man oben links, dass ein gedrückter Taster am Eingang zu einem *0* oder *Low* führt. Wird der Taster losgelassen, zieht der Widerstand den Eingang auf *1* oder *High*. Man bezeichnet daher in der linken Schaltung den Widerstand als *Pull-up-Widerstand*.

In der rechten Schaltung bewirkt ein gedrückter Taster 1 und ein geöffneter eine 0. Der Widerstand, der bei geöffnetem Schalter den Eingang auf *Low* zieht, wird als *Pull-down-Widerstand* bezeichnet. Die linke Schaltung mit dem Pull-up-Widerstand wird so häufig verwendet, dass man den AVR mit einem internen Pull-up-Widerstand ausgestattet hat. Dieser interne Pull-up kann per Software konfiguriert werden.

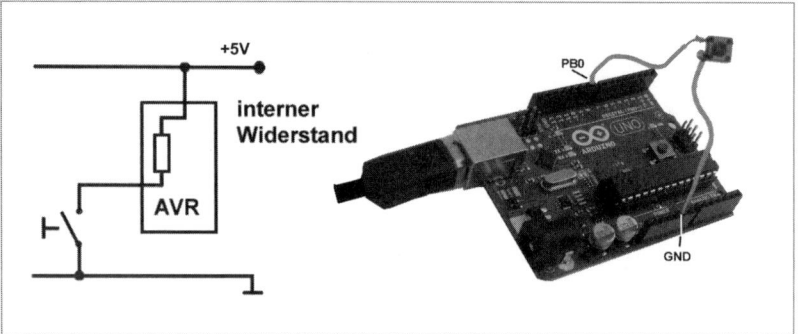

Abb. 8.2: Taster am AVR, bei dem der interne Pull-up-Widerstand aktiviert ist

8.1.2 Einlesen eines Tasters

Im folgenden Programm wird ein Taster an *PB0* eingelesen und damit eine LED an *PB5* angesteuert. Ein Port kann mit einer einfachen Zuweisung eingelesen werden, z. B. $x = PINB;$. Soll nur das unterste Bit ausgewertet werden, kann man mit einem bitweisen UND alle nicht relevanten Bits ausblenden. Das erfolgt mit $x = PINB$ & $1;$.

Die Ausgabe erfolgt an *PB5*, an dem eine LED angeschlossen ist. Das Setzen der LED erfolgt mit *PORTB* |= $1<<5;$, mit *PORTB* &= $\sim(1<<5);$ wird der Ausgang zurückgesetzt (*Low*).

Vor dieser Datenein- und -ausgabe sind die Anschlüsse zu konfigurieren. Die Konfiguration erfolgt zuerst mit dem Wizzard von CodeVisionAVR, wobei *PB0* auf Eingang mit Pull-up-Widerstand und *PB5* auf Ausgang geschaltet werden soll.

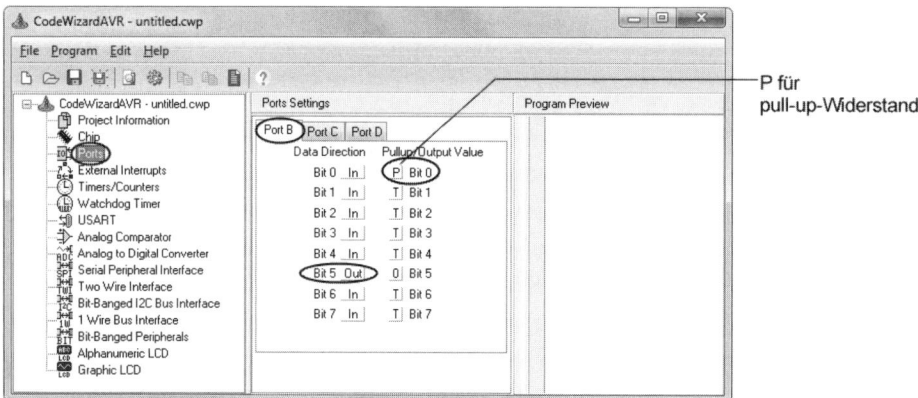

Abb. 8.3: Konfiguration der Pins mit dem Wizard von CodeVisionAVR; der generierte Code ist unten angegeben.

Mit dem Wizzard generierter Code für die Konfiguration von PortB:

```
// Port B initialization
// Function: Bit7=In Bit6=In Bit5=Out Bit4=In Bit3=In Bit2=In Bit1=In Bit0=In
DDRB=(0<<DDB7) | (0<<DDB6) | (1<<DDB5) | (0<<DDB4) | (0<<DDB3) | (0<<DDB2) |
(0<<DDB1) | (0<<DDB0);
// State: Bit7=T Bit6=T Bit5=0 Bit4=T Bit3=T Bit2=T Bit1=T Bit0=P
PORTB=(0<<PORTB7) | (0<<PORTB6) | (0<<PORTB5) | (0<<PORTB4) | (0<<PORTB3) |
(0<<PORTB2) | (0<<PORTB1) | (1<<PORTB0);
```

Der generierte Code (in der Bit-Schreibweise oben) kann auch durch eine einfache Anweisung ausgedrückt werden:

```
DDRB = 0x20;  // (1)
PORTB = 0x01; // (2)
```

1. Setzt alle Bits von *PortB* auf Eingang, bis auf *PB5*, das auf Ausgang konfiguriert wird

2. Bewirkt für das unterste Bit einen internen Pull-up-Widerstand

Das Programm ist für das Atmel Studio und kann für den ATmega8 und ATmega328P übersetzt werden. (Im CodeVisionAVR ist zusätzlich die Kurzschreibweise *x=PINB.0;* für das Einlesen möglich. Analog dazu kann mit *PORTB.5 = 1;* der Ausgang gesetzt werden.)

```
/*
 * TastenLed.c
 *
 * Created: 01.03.2012 08:38:34
 *  Author: fp
 */

#include <avr/io.h>

int main(void)
{
DDRB &= ~(1<<PB0);  //setzt PB0 auf Eingang
DDRB |= 1<<5;       //setzt PB5 auf Ausgang
PORTB |=  1<<PB0;   //An PB0 den Pull-up-Widerstand setzen

    while(1)
    {
    if(PINB & 1)              //Falls PB0 gesetzt ist ...
      PORTB |= 1<<5;      //PB5 wird gesetzt
    else
      PORTB &= ~(1<<5);    //PB5 wird gelöscht
    }
}
```

Einlesen eines Tasters an *PB0*; Ausgabe an eine LED an *PB5*.

8.1.3 Taster einlesen und entprellen mit nachfolgender Auswertung einer Flanke

Häufig besteht der Wunsch, bei einem Tastendruck einen bestimmten Vorgang auszulösen. So kann man sich wünschen, dass bei einem Tastendruck das Licht eingeschaltet wird und bei einem weiteren Tastendruck das Licht wieder ausgeht (aus einem Taster wird ein Schalter). Leider haben einfache Kontakte, wie sie in Tastern, Schaltern oder Relais vorkommen, die ungünstige Eigenschaft, dass der Kontakt beim Schließen nicht sofort hergestellt wird. Das ist daran erkennbar, dass ein Taster ein paar Mal schließt und wieder öffnet, bis er endgültig schließt. Man kann sich das so vorstellen, dass die Kontakte beim Berühren zurückfedern oder sogar schwingen, bis sie endgültig geschlossen werden. Dieser Vorgang dauert entsprechend der Bauform des Kontakts unterschiedlich lange. Bei kleinen Tastern oder Schaltern, wie sie in der Mikrocontrollertechnik verwendet werden, ist der flatternde Zustand nach weniger als 3 ms abgeschlossen.

Das Kontaktprellen kann mit einer Hardware oder mit einer Software beseitigt werden. Löst man das Problem mit einer Hardware, gibt man das Schaltsignal auf einen Tiefpass (RC-Glied) und anschließend auf einen Schmitt-Trigger. An dieser Stelle wird aber nur die Software-Lösung genauer besprochen. Funktional ist sie gleich der Hardware-Lösung.

Im nachfolgenden Programm wird mit dem Timer 2 periodisch ein Interrupt ausgelöst. Der Timer 2 arbeitet ohne Vorteiler mit 16 MHz und löst nach 256 Clocks einen Interrupt aus. Ist der Taster nicht gedrückt, entsteht an *PB0* eine 1 und der Zähler wird erhöht. Bei gedrücktem Taster wird 0 eingelesen und der Zählerstand vermindert. Diese Vorgänge laufen im Interrupt ab und geschehen somit im Hintergrund. Zusätzlich wird der Zähler begrenzt, sodass er im Bereich von 1 bis 254 bleibt und den Wertebereich eines Characters nicht verlässt. Danach wird vom Zählerwert, wie bei einem Schmitt-Trigger, eine obere (236) und untere Schwelle (20) festgelegt und damit die Variable *schalter* gesetzt oder gelöscht. Die Variable *schalter* stellt den entprellten Kontakt dar und wird im Hauptprogramm zur Flankenerkennung verwendet. Dabei wird eine Flanke dadurch erkannt, dass der Taster früher auf »nicht gedrückt« (*schalter_alt == 1*) war und jetzt gedrückt ist (*schalter == 0*). Für den nächsten Schleifendurchlauf im Hauptprogramm wird der Wert des Schalters auf die Variable *schalter_alt* gespeichert. Das kurze Hauptprogramm könnte man auch in die Interrupt Service Routine verlagern.

```
/*
 * entprell.c
 *  fuer Atmel Studio
 * Created: 21.02.2012 12:51:26
 *  Author: user
 */


#define F_CPU 16000000UL
#include <avr/io.h>
#include <avr/interrupt.h>
```

```
unsigned char  schalter;
volatile unsigned char  zaehler= 128;


ISR(TIMER2_OVF_vect)
{
//if(TASTER_PIN & (1<<TASTER_PIN))
if(PINB & (1<<0))   //Taster PORB, PIN 0
   zaehler ++;
 else
   zaehler --;

 if (zaehler ==0)      //Begrenzung unten
    zaehler ++;
 if (zaehler ==255)     //Begrenzung oben
    zaehler --;

 if( zaehler < 20)      //Schwelle unten
   schalter = 0;
 if ( zaehler > 236)  //Schwelle oben
    schalter = 1;
}


int main(void)
{int schalter_alt = 0;
PORTB=0x01;  //Taster an PB0 mit Pull-up
DDRB=0x20;   //LED an PD5

//Zwei Methoden den Timer 2 und den Interrupt zu initialisieren (je nach
Prozessor)
#ifdef TIMSK2
TIMSK2=0x01; //fuer Mega328 ...
TCCR2B=0x01;
#endif

#ifdef TIMSK
TIMSK=0x04; //fuer Mega8 ...
TCCR2=0x01;
#endif
sei();  //Allgemeine Freigabe von Interrupts

    while(1)
    {
      cli();
      if(schalter_alt == 1 && schalter == 0)  //Flanke erkennen
          PORTB  ^= 1<<5;                      // LED an PORTB/PIN 5 wechseln
      schalter_alt = schalter;                 //Rückspeichern des Schalters
      sei();
    }
}
```

Entprellen eines Tasters und Flankenerkennung; das Programm ist für ATmega328P und Atmega8. Taster und LED sind wie in Abb. 8.2 angeschlossen.

8.1.4 Einlesen einer 4x4-Tastatur

Im nächsten Beispiel wird eine Tastatur mit 16 Tasten eingelesen, die in vier Zeilen und vier Spalten angeordnet ist. Die Anordnung der Tasten ist bezüglich der Anschlüsse in Matrixform. Deshalb kommt man mit acht Anschlüssen aus.

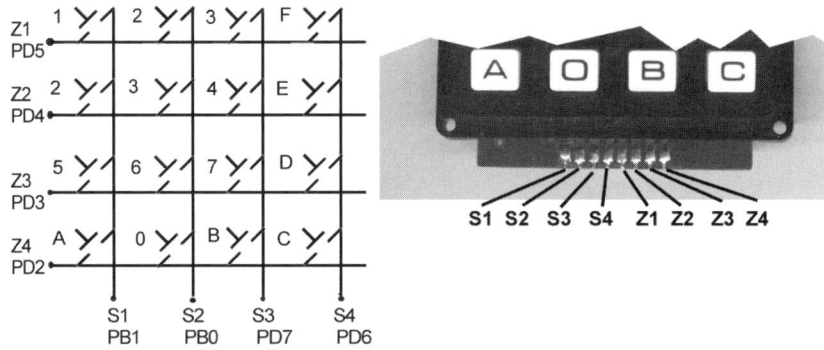

Abb. 8.4: Tastatur mit Matrixorganisation (S für Spalte, Z für Zeile)

Verwendet wurde eine Tastatur von EOZ mit der Teile-Nr. ECO 4x4 16250.06 (z. B. über *http://rs-components.de*, Best.-Nr.146-222).

Abb. 8.5: Anschluss der Tastatur an den Arduino Uno

Das nachfolgende Programm soll bei Tastendruck das entsprechende Zeichen auf die serielle Schnittstelle ausgeben. Damit bei einem Tastendruck nur ein Zeichen ausgegeben wird, ist wie im Beispiel oben eine Flankenerkennung notwendig.

Es soll also bei einem Tastendruck der eingelesene Wert mit dem vorherigen Wert verglichen werden und nur bei einer neu gedrückten Taste die serielle Schnittstelle den Buchstaben der Taste ausgeben. Das Programm ist im Atmel Studio erstellt und erfordert zusätzlich die Datei serial1.h, die in Kapitel 6.2 beschrieben ist. Das Programm kann für ATmega8 und ATmega328P übersetzt werden.

```c
/*
 * Tasten.c
 *  fuer Atmel Studio
 * Created: 19.02.2012 14:32:01
 *  Author: user
 */
#define F_CPU 16000000L
#include <avr/io.h>
#include <util/delay.h>
#include "serial1.h"

int main(void)
{
   char tast[4][4]={{'1','2','3','F'},            //Tastaturbelegung
                    {'4','5','6','E'},
                    {'7','8','9','D'},
                    {'A','0','B','C'}};

   int fe[] ={0,0,0,0,0,0,0,1,0,0,0,2,0,3,4,0}; //eingelesenes Muster = Index
                                                //Wert im Array = Zeile
   int spalte, z, zeile, spalte_alt, zeile_alt;
   spalte_alt = zeile_alt = 0;

   PORTB=0x00;
   DDRB=0x03;
   PORTD=0xfc;
   DDRD=0xC3;

   uart_init(16000000L, 9600);
   putchar2('a');
     while(1)
     {
      PORTB = PORTB | (1<<PB0) | (1<<PB1);
      PORTD = PORTD | (1<<PB6) | (1<<PB7);

    spalte=0; z=0; zeile = 0;

        PORTB = PORTB & (~ (1<<PB1));           //Spalte auf 0 setzen
        _delay_ms(1);
        if (( z =  (PIND >> 2)& 0xf)!= 0xf)     //Zeile abfragen
           { spalte = 1; zeile = z; }           //Spalte auf 1 setzen
        _delay_ms(1);
    PORTB = PORTB | (1<<PB1);
```

```
        PORTB = PORTB & (~ (1<<PB0));          //Spalte auf 0 setzen
   _delay_ms(1);
        if (( z =  (PIND >> 2)& 0xf)!= 0xf)    //Zeile abfragen
            { spalte = 2; zeile = z; }         //Spalte auf 2 setzen
        _delay_ms(1);
        PORTB = PORTB | (1<<PB0);

   PORTD = PORTD & (~ (1<<PD7));               //Spalte auf 0 setzen
      _delay_ms(1);
   if (( z =  (PIND >> 2)& 0xf)!= 0xf)    //Zeile abfragen
            { spalte = 3; zeile = z; }         //Spalte auf 3 setzen
      _delay_ms(1);
   PORTD = PORTD | (1<<PD7);

   PORTD = PORTD & ( ~ (1<<PD6));              //Spalte auf 0 setzen
   _delay_ms(1);
        if (( z =  (PIND >> 2)& 0xf)!= 0xf)    //Zeile abfragen
            { spalte = 4; zeile = z; }         //Spalte auf 4 setzen
   _delay_ms(1);
        PORTD = PORTD | (1<<PD6);

   zeile = fe [ zeile ];      //Falls eine Taste gedrueckt wurde hat
                              //zeile (nach der Zuweisung) den Zeilenwert
                              //Falls keine Taste gedrueckt => Zeile gleich 0
   if( (spalte_alt==0 && zeile_alt==0)&&( spalte!= 0 || zeile !=0))
   //Flankenerkennung
            putchar2(tast[zeile-1][spalte-1]);

        spalte_alt = spalte; zeile_alt = zeile;
        }

}
```

Abfrage einer 4x4-Tastatur mit Ausgabe an die serielle Schnittstelle

Die acht Anschüsse der Tastatur teilen sich in vier Zeilen und vier Spalten auf. An den Spalten werden vom Mikrocontroller Signale ausgegeben, von den Zeilen der Tastatur wird der Wert eingelesen (Port-Konfiguration mit Pull-up-Widerstand). Im Programm werden immer drei Spalten auf *High* gesetzt und eine Spalte auf *Low*. An den Zeilenanschlüssen wird gelesen, und falls in der Spalte, in der *Low* ausgegeben wurde, eine Taste gedrückt ist, wird der Zeilenanschluss auf *Low* gezogen. Das an den Zeilen eingelesene Muster wird mit einer Tabelle (*int fe[]*) in die Zeilennummer verwandelt. Mit einer zweiten Tabelle (*char tast[4][4]*) erfolgt mit den Werten von Zeile und Spalte der ASCII-Wert entsprechend der Tastenbelegung.

8.1.5   Einlesen einer 3x4-Tastatur mit Diodenlogik

In diesem Beispiel soll eine Tastatur mit 12 Tasten bei Anschluss an einen Mikrocontroller möglichst wenig Port-Leitungen benötigen. Als zusätzliche Bauelemente werden nur Dioden verwendet. Das Einlesen der Tastatur erfolgt in vier Schritten. Bei jedem

Schritt werden jeweils drei Pins eingelesen, wobei die Eingänge mit internen Pull-up-Widerständen versehen werden. Gleichzeitig wird am vierten Pin ein *Low* ausgegeben.

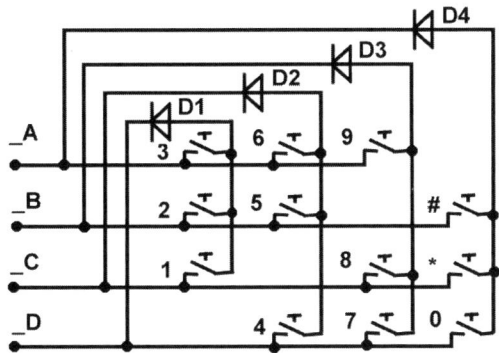

Abb. 8.6: Schaltung der 3x4-Tastatur mit Diodenlogik; es sind nur vier Leitungen zum Mikrocontroller nötig.

Ablauf des Programms

Im Programm wird zuerst die Leitung _A auf *Low* gesetzt und an den Anschlüssen _B, _C und _D (mit Pull-up) eingelesen. Falls die Taste #, * oder 0 gedrückt ist, wird die Leitung _B, _C oder _D auf *Low* gezogen. Danach wird _B auf *Low* gesetzt, und _A, _C und _D werden abgefragt. Nachdem auch _C und _D auf *Low* gesetzt wurden, können alle gedrückten Tasten erkannt werden. Das unten angegebene Programm gibt die gedrückte Taste an der seriellen Schnittstelle aus. Dafür ist, wie schon in Programmen vorher, die Datei serial1.h in den Projektordner zu kopieren und dem Projekt hinzuzufügen (Beschreibung siehe Kap. 6.2).

```
/*
 * _12Tasten.c
 *  fuer Atmel Studio
 * Created: 22.02.2012 13:06:57
 *  Author: user
 */

//Tastfeld mit 12 Tasten an PD4, PD5, PD6 und PD7
//Ausgabe der gedrueckten Tasten an USART mit 9600 Baud.

#define F_CPU 16000000UL
#include <avr/io.h>
#include <util/delay.h>
#include "serial1.h"

int main(void)
{int i;
char z, zeichen;
   uart_init(F_CPU,9600);

    while(1)
    {
      PORTD = 0xf0;
```

```
    zeichen = '\0';
    DDRD = 0x80;
    PORTD &= ~(1<<7);   //Abfrage von 0, *, #
    _delay_ms(1);
    z = PIND >> 4;
    if(z==6) zeichen ='0'; if(z==5) zeichen ='*'; if(z==3) zeichen ='#';
    PORTD |= (1<<7);
    DDRD = 0x40;
    PORTD &= ~(1<<6);   //Abfrage von 7, 8, 9
    _delay_ms(1);
    z = PIND >> 4;
    if(z==10) zeichen ='7'; if(z==9) zeichen ='8'; if(z==3) zeichen ='9';
    PORTD |= (1<<6);
    DDRD = 0x20;
    PORTD &= ~(1<<5); //Abfrage von 4, 5, 6
    _delay_ms(1);
    z = PIND >> 4;
    if(z==12) zeichen ='4'; if(z==9) zeichen ='5'; if(z==5) zeichen ='6';
    PORTD |= (1<<5);
  DDRD = 0x10;
  PORTD &= ~(1<<4); //Abfrage von 1, 2, 3
    _delay_ms(1);
    z = PIND >> 4;
    if(z==12) zeichen ='1'; if(z==10) zeichen ='2';
    if(z==6) zeichen ='3';
    PORTD |= (1<<4);
    if(zeichen != '\0')   //Zeichen erkannt
          putchar2(zeichen);
 _delay_ms(500);
  }
}
```

Programm zum Auslesen der 3x4-Tastatur

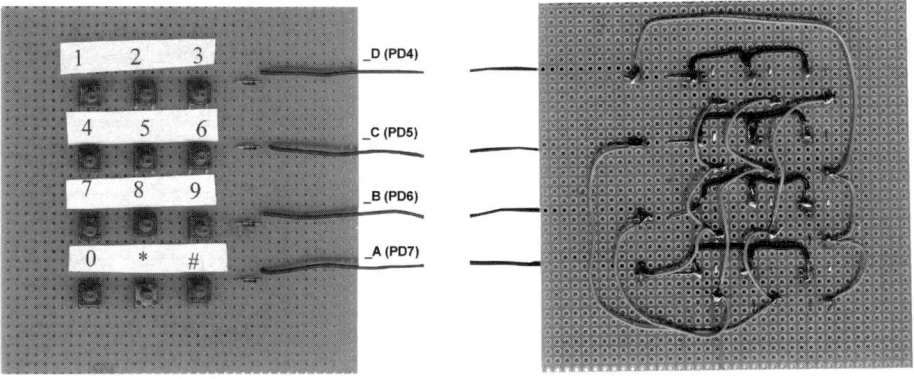

Abb. 8.7: Aufbau der 3x4-Tastatur mit Diodenlogik

8.2 Ausgabe digitaler Signale

In diesem Kapitel geht es um die Ansteuerung von vielen LEDs z. B. in einer Siebensegmentanzeige, wobei immer versucht wird, mit möglichst wenigen Anschlussleitungen beim Mikrocontroller auszukommen.

8.2.1 Ansteuerung einer einzelnen Siebensegmentanzeige

Eine Siebensegmentanzeige hat für jeden Balken und auch den Dezimalpunkt eine Leuchtdiode. Bei der verwendeten Type HDSP-315L (*http://de.farnell.com*, Bestellnummer 1241274) sind alle Anoden zusammengeschaltet. In der Anwendung wird die gemeinsame Anode auf 5 V gelegt. Soll ein Balken leuchten, ist die entsprechende Kathode über einen Widerstand auf *Low* zu ziehen.

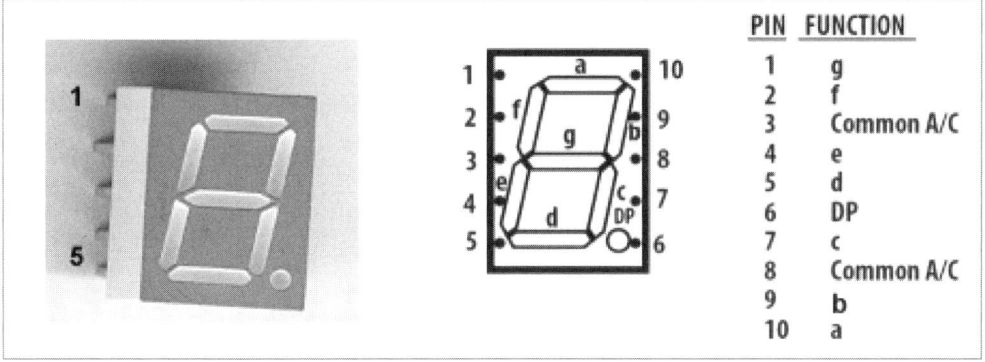

Abb. 8.8: Siebensegmentanzeige mit gemeinsamer Anode und Anschlussbelegung aus dem Datenblatt

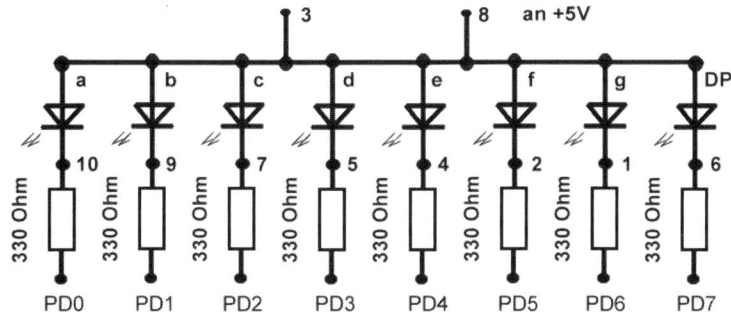

Abb. 8.9: Aufbau der Siebensegmentanzeige mit dazugeschalteten Vorwiderständen und Anbindung an den Mikrocontroller

Die folgende Tabelle zeigt an, welche Balken der Siebensegmentanzeige bei den Ziffern 0 bis 9 leuchten. Dabei bedeutet 1, dass ein Segment leuchtet und 0, dass eines dunkel ist. Das sollte aber keinesfalls mit dem Signal zur Ansteuerung verwechselt werden. Für einen leuchtenden Balken muss *Low* ausgegeben werden. Daher ist zur Ansteuerung im C-Programm die Tabelle mit der Hexadezimalzahl invertiert angegeben (Operator ~).

	LSB					MSB		
Anzeige	a	b	c	d	e	f	g	Hex
 ⧰	1	1	1	1	1	1	0	**3f**
 ⧰	0	1	1	0	0	0	0	**06**
 ⧰	1	1	0	1	1	0	1	**5b**
 ⧰	1	1	1	1	0	0	1	**4f**
 ⧰	0	1	1	0	0	1	1	**66**
 ⧰	1	0	1	1	0	1	1	**6d**
 ⧰	1	0	1	1	1	1	1	**7d**
 ⧰	1	1	1	0	0	0	0	**07**
 ⧰	1	1	1	1	1	1	1	**7f**
 ⧰	1	1	1	1	0	1	1	**6f**

Abb. 8.10: Leuchtendes Segment bei den Ziffern von 0 bis 9

Ansteuern einer einzelnen Siebensegmentanzeige:

```
/*
 * _7_Segment.c
 * fuer Atmel Studio
 * Created: 06.03.2012 18:13:29
 * Author: fp
 */
#define F_CPU 16000000UL
#include <avr/io.h>
#include <util/delay.h>

int main(void)
{ unsigned char Segmente []
={~0x3f,~0x6,~0x5b,~0x4f,~0x66,~0x6d,~0x7d,~0x07,~0x7f,~0x6f};
```

```
//Inversion mit ~, da Segment bei Low leuchtet
int i;
DDRD = 0xff;
   while(1)
   { PORTD = Segmente [i++];
   i %= 10;
   _delay_ms(1000);
   }
}
```

Falls Sie beim Programmieren des Prozessors mit dem Bootloader oder ISP Probleme haben, kann das an der Belastung mit dem 330-Ω-Widerstand liegen. In diesem Fall genügt es, die gemeinsame Anode von der Versorgungsspannung zu trennen.

Abb. 8.11: Aufbau der Siebensegmentanzeige auf einem Steckbrett

8.2.2 Ansteuerung von zwei Siebensegmentanzeigen nach dem Multiplexprinzip

Schon eine einzelne Siebensegmentanzeige belegt bei der Ansteuerung sieben Port-Leitungen vom Mikrocontroller. Werden noch zusätzliche Anzeigen nach dieser Methode angeschlossen, sind rasch alle Port-Leitungen belegt. Das Ziel, an einen Mikrocontroller mit möglichst wenigen Leitungen mehrere Siebensegmentanzeigen anzuschließen, kann mit dem Multiplexverfahren realisiert werden. Das bedeutet, dass man die einzelnen Anzeigen nacheinander ansteuert. Zwar kommt es bei diesem Verfahren zu einem Flackern, aber das Auge kann Helligkeitsschwankungen, die öfter als 30-mal in der Sekunde vorkommen, nur noch als konstant leuchtend erkennen.

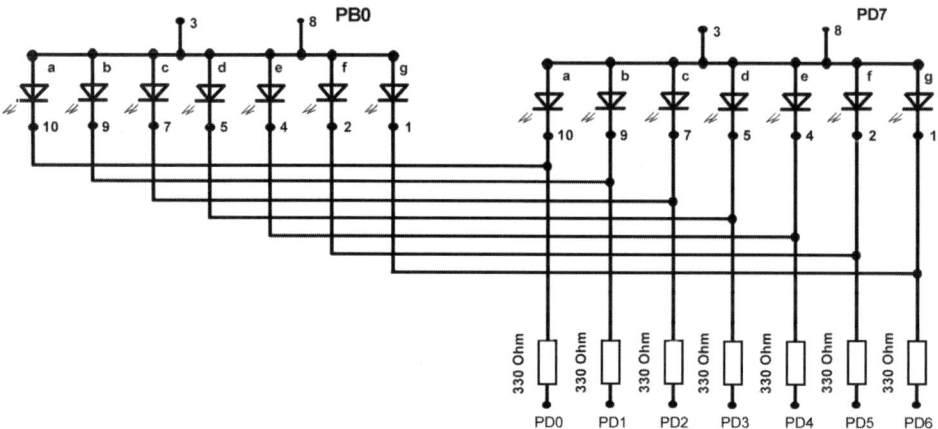

Abb. 8.12: Anschluss von zwei Siebensegmentanzeigen an den Mikrocontroller (der Dezimalpunkt ist nicht eingezeichnet und auch nicht angeschlossen)

Die Schaltung oben zeigt in der linken Bildhälfte eine Siebensegmentanzeige, die mit der zweiten (rechts) verbunden ist. Die Anoden der beiden Anzeigen liegen an *PB0* und *PD7*. Zuerst wird *PB0* auf *High* und *PD7* auf *Low* gesetzt. Dadurch wird über *PD0* bis *PD6* die linke Siebensegmentanzeige angesteuert. Danach wird *PB0* auf *Low* und *PD7* auf *High* gelegt und die rechte Siebensegmentanzeige angesteuert. Das Umschalten erfolgt am Besten im Interrupt. Dabei wird der Interrupt periodisch mit dem Timer 2 ausgelöst, und die Ansteuerung der Siebensegmentanzeige läuft im Hintergrund. Sollte das Hauptprogramm angehalten werden, bleibt die Anzeige unverändert.

Ansteuerung von zwei Siebensegmentanzeigen im Interrupt. (für ATmega8, ATmega328P und …):

```
/*
 * Sieben_Multiplex.c
 *  fuer Atmel Studio
 * Created: 07.03.2012 12:02:47
 *  Author: Administrator
 */

#define F_CPU 16000000UL
#include <avr/io.h>
#include <util/delay.h>
#include <avr/interrupt.h>
unsigned char Segmente [] ={~0x3f,~0x6,~0x5b,~0x4f,~0x66,
                       ~0x6d,~0x7d,~0x07,~0x7f,~0x6f};
int z;
volatile int zahl;   // im Bereich vom 0 -99

ISR(TIMER2_OVF_vect)
{z++;
 if (z%2)
 {PORTD = Segmente [zahl/10];
  PORTD |= 1<<7;  //Display an PD7 ansteuern
```

```
  PORTB &= ~1;
 }
 else
 {PORTD = Segmente [zahl%10];
  PORTB |= 1;      //Display an PB0 ansteuern
  PORTD &= ~(1<<7);
 }
}

int main(void)
{  DDRD = 0xff;                //Ausgaenge konfigurieren
   DDRB = 0x3;                 //Ausgaenge konfigurieren
#ifdef TIMSK2
TIMSK2=1<<TOIE2;                     //fuer Mega328 ...
TCCR2B= (1<<CS22) | (1<<CS21); // Clock Prescaler  16MHz/256 = 62,500 kHz
#endif

#ifdef TIMSK
TIMSK=1<<TOIE2;                      //fuer Mega8 ...
TCCR2= (1<<CS22) | (1<<CS21);  // Clock Prescaler  16 MHz/256 = 62,500 kHz
#endif
sei();  //Allgemeine Freigabe von Interrupts

    while(1)
    { cli();            // Interrupt kurz sperren
zahl++;
   zahl %= 100;     //zahl auf 99 begrenzen
                    //zahl wird an die beiden 7-Segmentdisplays ausgegeben
      sei();
_delay_ms(500);
   }
}
```

Zwei Siebensegmentanzeigen im Multiplexbetrieb

Abb. 8.13: Aufbau der Siebensegmentanzeigen auf einem Steckbrett; die Ansteuerung erfolgt im Multiplexbetrieb.

8.2.3 Ansteuerung eines Siebensegmentdisplays mit 2½ Stellen nach dem Multiplexprinzip

Mehrere Siebensegmentanzeigen werden häufig zu einem Display zusammengesetzt. Diese haben die Anoden für jede der drei Ziffern einzelnen herausgeführt. Die Balken der einzelnen Siebensegmentanzeigen werden verbunden und gemeinsam herausgeführt. Mit dem beschriebenen Display (*www.pollin.de*, Bestellnummer 120 212) kann man Werte von 0 bis 199 darstellen.

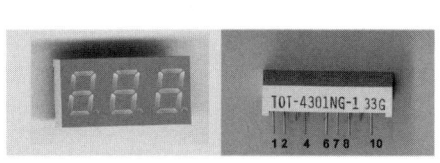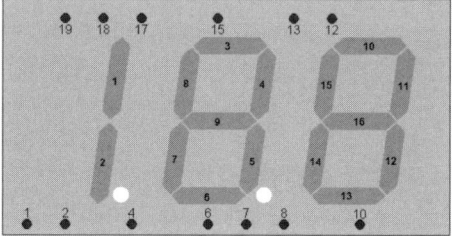

Abb. 8.14: 2½-stelliges Display TOT-4301NG-1; von der linken Siebensegmentanzeige können nur die Balken 1 und 2 angesteuert werden. Rechts ist die Lage der Anschlüsse ersichtlich. Das rechte Bild ist dem Datenblatt entnommen.

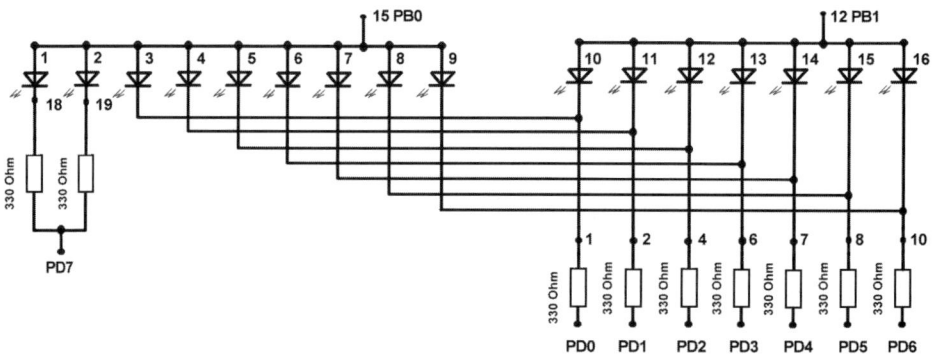

Abb. 8.15: Innerer Aufbau des Displays und Anschluss an den Mikrocontroller; die Balken 1 und 2 werden gemeinsam angesteuert. Die Ziffer neben der Leuchtdiode bezeichnet den Balken.

Liste der Zuordnung von Anschlüssen und Leuchtbalken nach Datenblatt:

Segment 1: Anode Pin 15, Kathode Pin 18

Segment 2: Anode Pin 15, Kathode Pin 19

Segment 3: Anode Pin 15, Kathode Pin 1

Segment 4: Anode Pin 15, Kathode Pin 2

Segment 5: Anode Pin 15, Kathode Pin 4

Segment 6: Anode Pin 15, Kathode Pin 6

Segment 7: Anode Pin 15, Kathode Pin 7

Segment 8: Anode Pin 15, Kathode Pin 8

Segment 9: Anode Pin 15, Kathode Pin 10

Segment 10: Anode Pin 12, Kathode Pin 1

Segment 11: Anode Pin 12, Kathode Pin 2

Segment 12: Anode Pin 12, Kathode Pin 4

Segment 13: Anode Pin 12, Kathode Pin 6

Segment 14: Anode Pin 12, Kathode Pin 7

Segment 15: Anode Pin 12, Kathode Pin 8

Segment 16: Anode Pin 12, Kathode Pin 10

Das Programm vorher, bei dem zwei Siebensegmentanzeigen nach dem Multiplexver-fahren angesteuert werden, ist diesem sehr ähnlich. Neu ist, dass für die Hunderterstelle bei Werten größer gleich 100 die Balken 1 und 2 anzusteuern sind. Die Zahl, die mit dem Display dargestellt werden soll, ist im Programm die globale Variable *zahl*. Die Einerstelle wird, wie im Programm oben, mit *Segment[zahl%10];* gebildet. Die Zehner-stelle wird auf die gleiche Weise wie im vorigen Programm mit *Segment[zahl/10];* erstellt. Der Unterschied ist nur, dass der Array-Index jetzt bei Werten von *zahl* im Bereich von 0 bis 199 den Wert von 0 bis 19 annimmt. Den Balken 1 und 2 steuert man gemeinsam an und kann ihn wie ein achten Segment betrachten. Werte von 100 bis 199 geben nach der Division durch 10 einen Index von 10 bis 19. Für diese Werte ist in der Zuordnung der Leuchtbalken (Array *Segmente[]*) das »achte Segment« mit & *0x7f* auf null gesetzt. Dadurch leuchten die Balken 1 und 2 bei Werten von 100 bis 199.

```
/*
 * _7Seg.c
 *  fuer Atmel Studio
 * Created: 09.03.2012 10:32:36
 *  Author: user
 */

#define F_CPU 16000000UL
#include <avr/io.h>
#include <util/delay.h>
#include <avr/interrupt.h>
unsigned char Segmente [] ={~0x3f,~0x6,~0x5b,~0x4f,~0x66,
                            ~0x6d,~0x7d,~0x07,~0x7f,~0x6f,
  ~0x3f & 0x7f,~0x6 & 0x7f,~0x5b & 0x7f,~0x4f & 0x7f,~0x66 & 0x7f,
     ~0x6d & 0x7f,~0x7d & 0x7f,~0x07 & 0x7f,~0x7f & 0x7f,~0x6f & 0x7f };

int z;
volatile int zahl;    // im Bereich vom 0 -199

ISR(TIMER2_OVF_vect)
{z++;
 if (z%2)
 {PORTD = Segmente [zahl/10];       //Zehnerstelle
```

```
  PORTB |= 1<<1;                    //Display an und mit PD7 1er ansteuern
  PORTB &= ~1;
}
else
{PORTD = Segmente [zahl%10];        //Einerstelle
  PORTB |= 1;
  PORTB &= ~(1<<1);
}
}

int main(void)
{  DDRD = 0xff;                     //Ausgaenge konfigurieren
   DDRB = 0x3;                      //Ausgaenge konfigurieren
   #ifdef TIMSK2
TIMSK2=1<<TOIE2;                    //fuer Mega328 ...
TCCR2B= (1<<CS22) | (1<<CS21);      // Clock Prescaler  16MHz/256 = 62,500 kHz
#endif

#ifdef TIMSK
TIMSK=1<<TOIE2;                     //fuer Mega8 ...
TCCR2= (1<<CS22) | (1<<CS21);       // Clock Prescaler  16MHz/256 = 62,500
kHz
#endif
sei();  //Allgemeine Freigabe von Interrupts

    while(1)
    { cli();                       // Interrupt kurz sperren
     zahl++;
     zahl %= 200;                  //zahl auf 199 begrenzen
                                   //zahl wird 7-Segmentdisplays ausgegeben
      sei();
    _delay_ms(500);
    }
}
```

Abb. 8.16: Aufbau der 2½-stelligen Anzeige; alle Widerstände haben 330 Ω.

8.2.4 Ansteuerung von Leuchtdiode mit möglichst wenigen Leitungen

In Beispiel 8.1.4 wurde bei einer Tastatur versucht, mit möglichst wenigen Anschlussleitungen auszukommen. Jetzt gilt es, eine bestimmte Anzahl von LEDs mit möglichst wenigen Leitungen anzusteuern. Die Methode, die Anzahl der Leitungen zu minimieren, wird an einem Beispiel mit 12 Dioden gezeigt und das Verfahren für eine größere Anzahl von LEDs verallgemeinert.

Die unten dargestellte Schaltung hat vier Knoten, und alle Knoten sind miteinander über ein antiparallel geschaltetes Diodenpaar verbunden (wird auch als *vollständiger Graph* bezeichnet). Die vier Knoten sind über Widerstände an PortB angeschlossen, wobei immer zwei Leitungen auf Ausgang konfiguriert werden. Die restlichen Port-Leitungen werden hochohmig (auf Eingabe) konfiguriert. Gibt man an den Ausgängen *High* und *Low* aus, leuchtet eine Diode im Zweig zwischen den Ausgängen. Polt man den Ausgang auf *Low* und *High* um, leuchtet die zweite Diode im selben Zweig.

Die Schaltung mit vier Anschlüssen kann man sich in der Ebene oder auch im Raum vorstellen. Im Raum stellt man sich einen Tetraeder vor, bei dem alle Kanten mit antiparallelen Dioden verbunden sind.

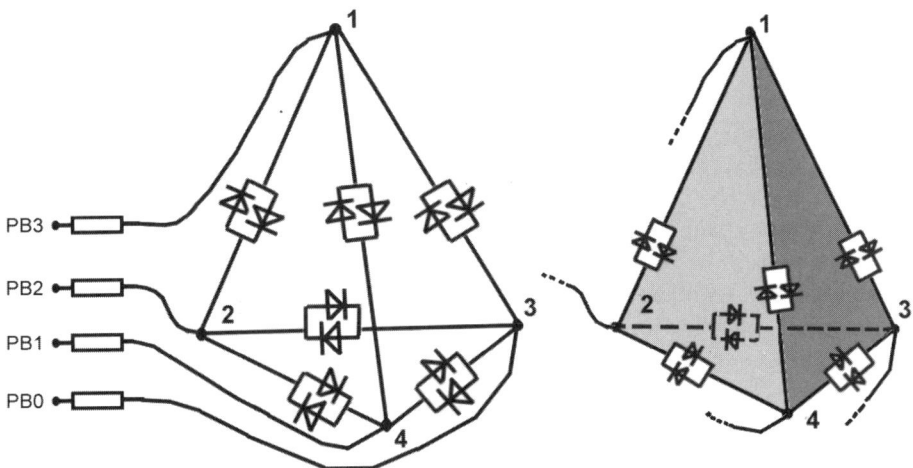

Abb. 8.17: 12 Dioden an vier Port-Leitungen. Beide Schaltungen sind gleich und unterscheiden sich nur in der Darstellung. Links die Darstellung in der Ebene und rechts im Raum.

Die Tetraederschaltung mit vier Anschlüssen kann leicht auf eine Pyramidenschaltung erweitert werden. Die fünf Ecken der Pyramide verbindet man mit antiparallelen Diodenschaltungen. Dabei darf nicht vergessen werden, dass bei der quadratischen Grundfläche auch die Diagonalen verbunden werden müssen.

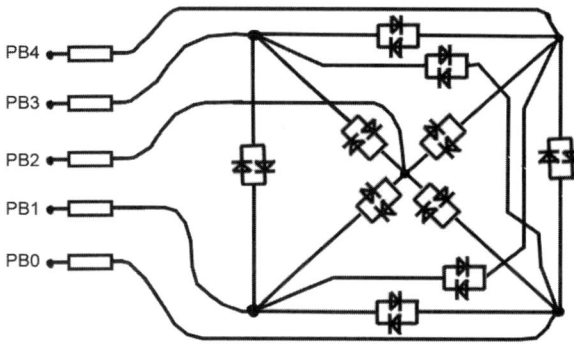

Abb. 8.18: Pyramidenschaltung, in der Ebene dargestellt

Im Allgemeinen können, wie beim Einlesen der Tasten nach Kap. 8.1.4, bei N-Anschlüssen N * (N – 1) Dioden angesteuert werden.

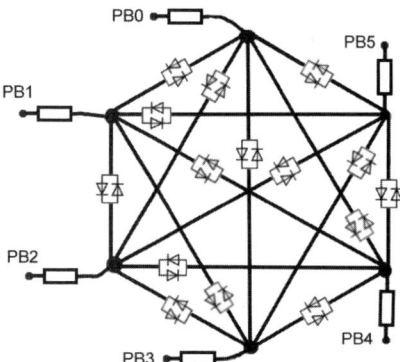

Abb. 8.19: 30 Dioden an sechs Port-Leitungen

In der Literatur wird die beschriebene Methode auch als *Hyperplexing* bezeichnet. Verwendet man dabei noch mehrere Port-Leitungen, um Dioden anzusteuern, ist für eine einzelne Diode ein sehr hoher Spitzenstrom erforderlich. Der Grenzwert für den Diodenstrom schränkt die Ausweitung auf noch mehr Dioden ein.

```
/*
 * hyper2.c
 *  fuer Atmel Studio
 * Created: 27.02.2012 21:49:03
 *  Author: user
 */

#define F_CPU 16e6
#include <avr/io.h>
#include <avr/interrupt.h>
//immer 2 Leitungen auf Ausgang
unsigned char ddr[] = {3,3,5,5,9,9,6,6,10,10,12,12};
//wechselweise Dioden ansteuern
```

```
unsigned char dat[] = {1,2,1,4,1,8,2,4,2,8,4,8};
volatile unsigned char led[12];
int zaehl;

ISR(TIMER2_OVF_vect)
{
zaehl++;
zaehl %= 12;
DDRB = ddr[zaehl];
if (led[zaehl])
    PORTB = dat[zaehl];
else
    PORTB = 0;
}
int main(void)
{int i,j;
//Zwei Methoden den Timer 2 und den Interrupt zu initialisieren
#ifdef TIMSK2
TIMSK2=0x01; //fuer Mega328 ...
TCCR2B=0x01;
#endif

#ifdef TIMSK
TIMSK=0x04; //fuer Mega8 ...
TCCR2=0x01;
#endif
sei();  //Allgemeine Freigabe von Interrupts
   i=0;
   while(1)
   {
     i++;
   i %= 12;
    cli(); led[i] = 1; sei();    //LED einschalten
    for(j=1000; j; j--)          //warten
          ;
    cli();  led[i] = 0; sei();   //LED ausschalten
    for(j=1000; j; j--)          //warten
          ;
    }

}
```

Programm zur Ansteuerung der LEDs nach dem Hyperplexing-Verfahren für 12 LEDs; die Ansteuerung erfolgt in der Interruptroutine (Timer 2 OVERFLOW).

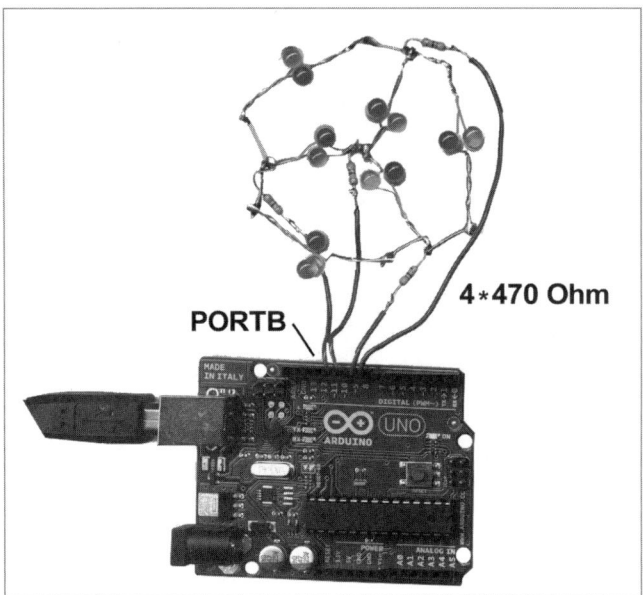

Abb. 8.20: Aufbau der Ansteuerung von zwölf LEDs mit vier Leitungen

9 Ein- und Ausgabe mit ICs zur Verminderung der Port-Leitungen

In diesem Abschnitt werden Methoden gezeigt, wie man mit zusätzlichen *integrierten Schaltungen*, vor allem der TTL-Serie, eine Peripherie (Tastatur oder Siebensegmentanzeige) mit weniger Port-Leitungen an den Mikrocontroller anschließen kann. In diesem Kapitel wird nicht der Rückfall in die TTL-Technik propagiert. Vielmehr sind die gezeigten Methoden dann angebracht, wenn ein paar Port-Leitungen bei einem Mikrocontroller fehlen. Üblich ist in diesem Zusammenhang auch der Einsatz des I^2C-Bus, der bei Atmel als *TWI-Bus* bezeichnet wird.

9.1 Tastatur mit Demultiplexer und Prioritätsencoder

Im letzten Kapitel wurde eine 4x4-Tastatur mit acht Leitungen an PortD bzw. PortB angeschlossen. Im folgenden Beispiel kann die Tastatur mit fünf Leitungen an den Mikrocontroller angeschlossen werden.

In der Schaltung unten werden die Spalten der Reihe nach auf null gesetzt. Danach werden die Zeilen abgefragt. Die Spalten werden nicht direkt vom Mikrocontroller angesteuert, sondern über den Demultiplexer 74HC139. Wird der Demultiplexer mit 00_B, 10_B, 01_B und 11_B angesteuert, gibt er das Bitmuster 0111_B, 1011_B, 1101_B und 1110_B aus. Damit vermindert sich die Zahl der verwendeten Port-Leitungen von acht auf sechs.

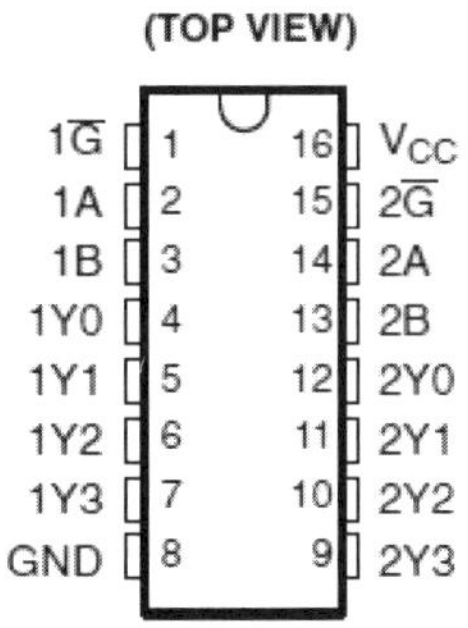

(TOP VIEW)

1$\overline{G}$	1	16	V_{CC}
1A	2	15	2$\overline{G}$
1B	3	14	2A
1Y0	4	13	2B
1Y1	5	12	2Y0
1Y2	6	11	2Y1
1Y3	7	10	2Y2
GND	8	9	2Y3

FUNCTION TABLE
(each decoder/demultiplexer)

INPUTS			OUTPUTS			
$\overline{G}$	SELECT		Y0	Y1	Y2	Y3
	B	A				
H	X	X	H	H	H	H
L	L	L	L	H	H	H
L	L	H	H	L	H	H
L	H	L	H	H	L	H
L	H	H	H	H	H	L

Abb. 9.1: Demultiplexer 74HC139; links Anschlussbild, rechts Wahrheitstabelle (aus dem Datenblatt von ti.com)

Werden die Zeilen der Tastatur eingelesen, tritt unter der Voraussetzung, dass nur eine Taste gedrückt ist, das Muster 0111_B, 1011_B, 1101_B und 1110_B auf. Dieses Signal kann man mit einem Prioritätsencoder 74H148, der am Ausgang (Output) 00_B, 01_B, 10_B und 11_B abgibt, mit nur zwei Leitungen einlesen. Zusätzlich ist an A2 zu erkennen, ob überhaupt eine Taste gedrückt ist. Man braucht also zum Einlesen der Zeilen statt vier Port-Leitungen mit einem Prioritätsencoder nur noch drei Port-Leitungen.

keine Taste gedrückt

FUNCTION TABLE

	INPUTS								OUTPUTS				
EI	0	1	2	3	4	5	6	7	A2	A1	A0	GS	EO
H	X	X	X	X	X	X	X	X	H	H	H	H	H
L	H	H	H	H	H	H	H	H	H	H	H	H	L
L	X	X	X	X	X	X	X	L	L	L	L	L	H
L	X	X	X	X	X	X	L	H	L	L	H	L	H
L	X	X	X	X	X	L	H	H	L	H	L	L	H
L	X	X	X	X	L	H	H	H	L	H	H	L	H
L	X	X	X	L	H	H	H	H	H	L	L	L	H
L	X	X	L	H	H	H	H	H	H	L	H	L	H
L	X	L	H	H	H	H	H	H	H	H	L	L	H
L	L	H	H	H	H	H	H	H	H	H	H	L	H

```
      ┌──┐
 4 ┤1   16├ Vcc
 5 ┤2   15├ EO
 6 ┤3   14├ GS
 7 ┤4   13├ 3
EI ┤5   12├ 2
A2 ┤6   11├ 1
A1 ┤7   10├ 0
GND┤8    9├ A0
      └──┘
```

Abb. 9.2: Prioritätsencoder 74HC148; links Anschlussbild, rechts Wahrheitstabelle (aus dem Datenblatt von ti.com)

Schaltungsbeschreibung

Die Pull-up-Widerstände in dieser Schaltung sind unbedingt nötig. Falls die Schalter offen sind, wird durch die Pull-ups am Eingang des Prioritätsencoders ein *High* erzeugt. Die internen Pull-up-Widerstände im Prozessor können diese Aufgabe nicht übernehmen, weil die Tastatur am Prioritätsencoder angeschlossen ist.

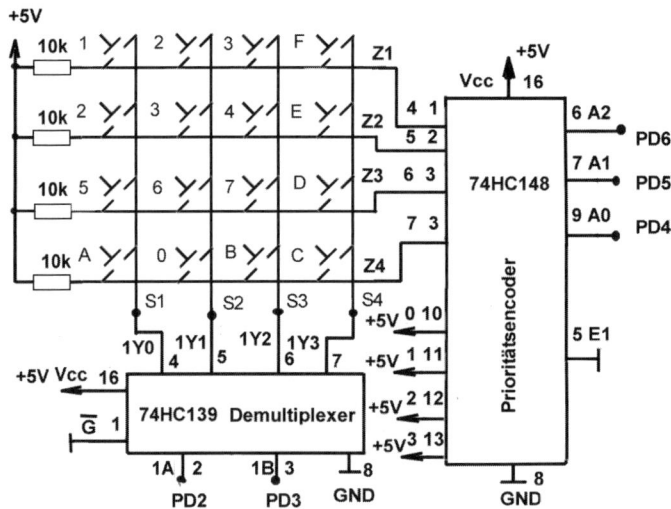

Abb. 9.3: Anschluss einer 4x4-Tastatur mit Demultiplexer und Prioritätsencoder an den Mikrocontroller

Abb. 9.4: Aufbau der Schaltung; es sind nur fünf Signalleitungen zum Mikrocontroller notwendig.

```
/*
 * _4x4_Ic.c
 *  fuer Atmel Studio
 * Created: 19.03.2012 12:20:45
 *  Author: Administrator
 */

#define F_CPU 16000000L
#include <avr/io.h>
#include <util/delay.h>
#include "serial1.h"

int main(void)
{
   char tast[4][4]={{'1','2','3','F'},            //Tastaturbelegung
                    {'4','5','6','E'},
                    {'7','8','9','D'},
                    {'A','0','B','C'}};

   int spalte, z, zeile, spalte_alt, zeile_alt;
   spalte_alt = zeile_alt = 0;

   DDRD =  0b00001100;  //    DDRD | (1<<2) | (1<<3);

   uart_init(16000000L, 9600);

     while(1)
     { spalte=0; z=0; zeile = 0;

        PORTD = PORTD & ~((1<<PD2) | (1<<PD3));    //Spalte 0 setzen
   _delay_ms(1);
        if (( z =  ((PIND >> 4) & 0x7))<= 0x3)    //Zeile abfragen
```

```
              { spalte = 1; zeile = 4-z; }

        PORTD = PORTD &  ~(1<<PD3);                    //Spalte 1 setzen
    PORTD = PORTD | (1<<PD2);
      _delay_ms(1);
         if (( z =  ((PIND >> 4) & 0x7))<= 0x3)        //Zeile abfragen
            { spalte = 2; zeile = 4-z;}

    PORTD = PORTD &  ~(1<<PD2);                        //Spalte 2 setzen
    PORTD = PORTD | (1<<PD3);
       _delay_ms(1);
    if (( z =  ((PIND >> 4)& 0x7))<= 0x3)              //Zeile abfragen
            { spalte = 3; zeile = 4-z; }

    PORTD = PORTD | (1<<PD2) | (1<<PD3);               //Spalte 3 setzen
       _delay_ms(1);
         if (( z =  ((PIND >> 4)& 0x7))<= 0x3)         //Zeile abfragen
            { spalte = 4; zeile = 4-z; }


    //Falls eine Taste gedrueckt wurde hat zeile den Wert der entsprechenden Zeile
    //Falls keine Taste gedrueckt => zeile gleich 0
if( (spalte_alt==0 && zeile_alt==0)&&( spalte!= 0 || zeile !=0))
//Flankenerkennung
       putchar2(tast[zeile-1][spalte-1]);

      spalte_alt = spalte; zeile_alt = zeile;         //Rueckspeichern
      }

}
```

Das Programm gibt bei Tastendruck den Buchstaben der Taste auf die serielle Schnitt-stelle aus. Dazu ist es erforderlich, dass die Datei serial1.h in den Ordner kopiert wird, in dem die C-Datei ist. Zusätzlich muss die Datei serial1.h dem Projekt hinzugefügt werden (siehe Kap.6.2). Es sind noch viele Möglichkeiten denkbar, um Port-Leitungen zu vermindern. So könnte man z. B. mit einem Multiplexer die Zeilen gezielt abfragen oder über Schieberegister einlesen.

9.2   Siebensegmentanzeige mit Schieberegister

Bei einer zweistelligen Siebensegmentanzeige benötigt man bei direkter Ansteuerung vom Controller 2 * 7 = 14 Port-Leitungen. Bei der Multiplexschaltung, die in Kapitel 8.2.2 vorgestellt wurde, sind es acht Leitungen. Mit dem Einsatz von Schieberegistern kann die Anzahl der notwendigen Port-Leitungen auf nur zwei vermindert werden. Das ist eine beachtliche Verbesserung. Dazu kommt noch, dass der Prozessor nach der Ansteuerung die Siebensegmentanzeige nicht mehr permanent multiplexen muss.

Zuerst wird noch einmal die Funktion eines einfachen Schieberegisters erläutert. Aufge-baut ist das unten dargestellte Schieberegister aus zwei D(Daten)-Flipflops. Ein D-Flipflop übernimmt bei einer positiven Clock-Flanke in Q die anliegenden Daten. Da beide Schieberegister dieselbe Clock haben, bewirkt eine positive Clock-Flanke, dass Q2 den Wert von Q1 und Q1 den Wert vom Eingang übernimmt. Die Daten werden bei diesem Schieberegister seriell übernommen und bei jeder Clock nach rechts geschoben.

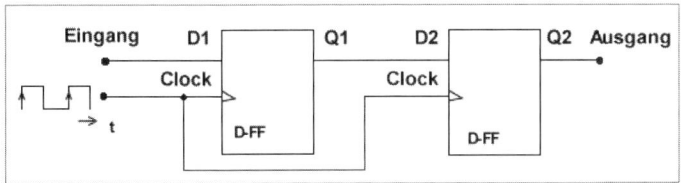

Abb. 9.5: Zweistufiges Schieberegister

Zu beachten ist, dass das Signal am Eingang eine gewisse Zeit anliegen muss und erst danach die positive Clock-Flanke kommen darf. Zusätzlich muss nach der positiven Clock-Flanke der Dateneingang noch eine gewisse Zeit stabil sein. Diese Zeiten findet man in Datenbüchern unter Setup-Time und Hold-Time.

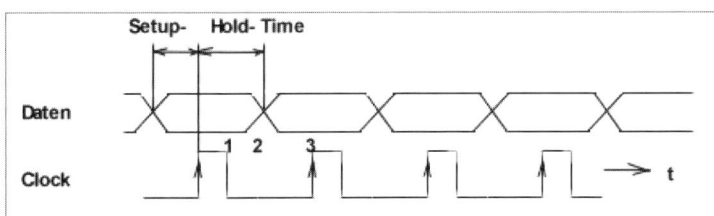

Abb. 9.6: Setup- und Hold-Time bei einem Flipflop oder am Eingang eines Schieberegisters

Als Konsequenz bei der Programmierung soll das Schiebregister in folgender Reihenfolge angesteuert werden:

1. Clock auf *Low* setzen

2. Daten ausgeben

3. Clock auf *High* setzen

Es darf keinesfalls mit einem Befehl gleichzeitig Clock und Daten verändert werden. Schiebregister sind in der TTL-Serie bereits vorhanden. Mit dem 74HC164 steht ein achtstufiges Schieberegister zur Verfügung.

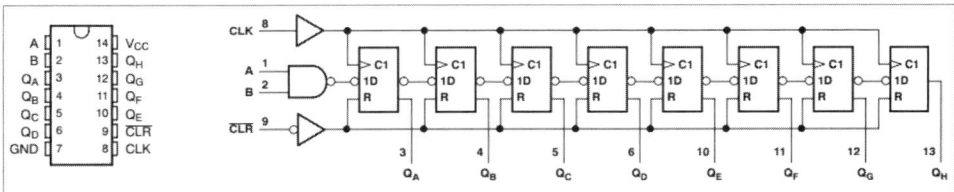

Abb. 9.7: 74HC164 (nach dem Datenblatt von ti.com)

Da eine zweistellige Anzeige realisiert werden soll, kann man zwei 74HC164 kaskadieren und die Segmente mit Vorwiderständen anschließen.

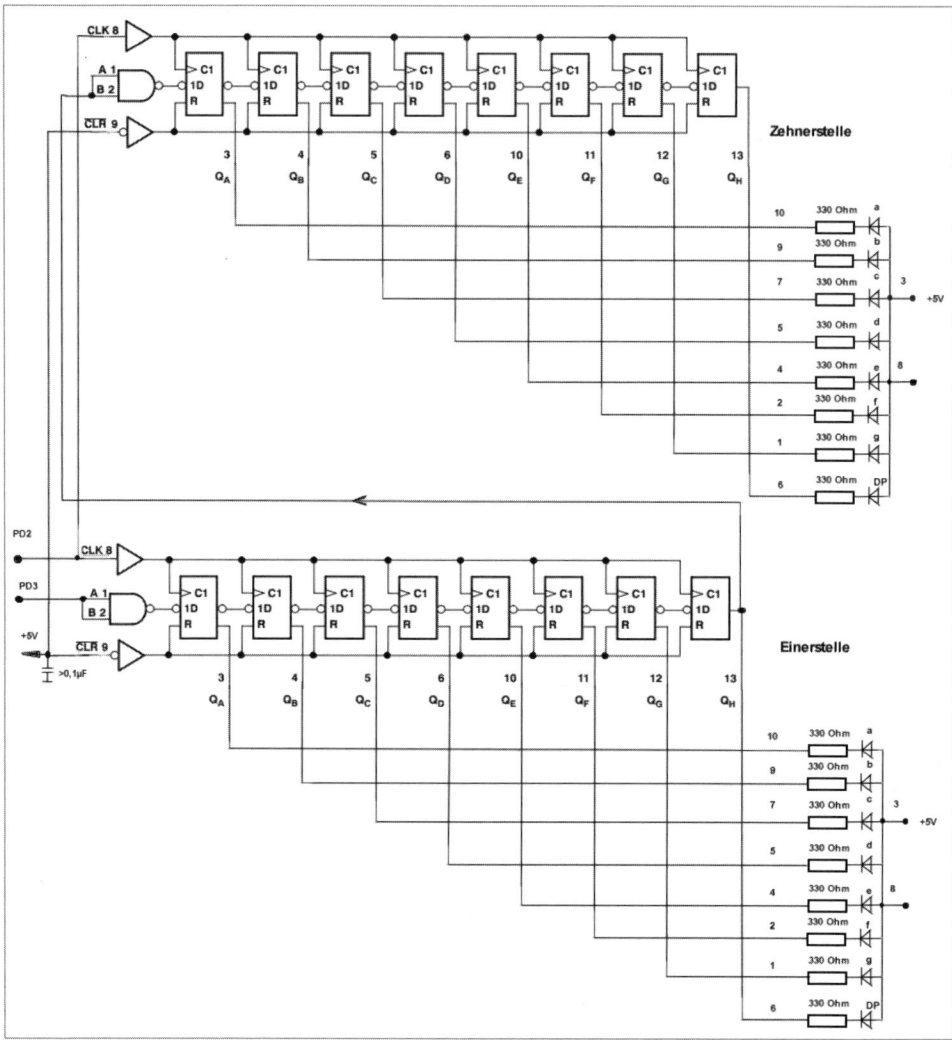

Abb. 9.8: Ansteuerung einer zweistelligen Anzeige mit zwei Schieberegistern 74HC164

Der einzige Kondensator hält die Betriebsspannung konstant. Es ist möglich, dass die Schaltung auch ohne diesen Kondensator funktioniert, jedoch erhöht er die Zuverlässigkeit.

```
/*
 * _7Seg.c
 *Ansteuerung von 2 Siebensegmentdisplays mit Schieberegister 74HC164
 *Clock des Schieberegister mit PORTD 2
 *Daten des Schieberegisters mit PORTD 3 angesteuert.
 *für Atmega8 und ATmega328P verwendbar
  fuer Atmel Studio
 * Created: 25.03.2012 17:29:55
 *  Author: user
```

```
  */
#define F_CPU 16000000UL
#include <avr/io.h>
#include <util/delay.h>

//leuchtende Segmente für die Ziffern 0 bis 9
unsigned char Segmente []
={~0x3f,~0x6,~0x5b,~0x4f,~0x66,~0x6d,~0x7d,~0x07,~0x7f,~0x6f};


#define P_CLOCK PD3
#define P_DATEN PD2


void ausgabe (int);

int main(void)
{ int j = 0;
  volatile int k,m;
  DDRD = DDRD |(1<<DD2)|(1<<DD3); // Anschluesse auf Ausgang konfigurieren

  while(1)
    { j++;
     j %= 100;
     ausgabe (j);      //Zahlen von 0 bis 99 ausgeben
     _delay_ms(300);  //warten
    }


}
void ausgabe (int Zahl)
    {int i;
        //Ausgabe der ersten Ziffer
     for (i=8; i; i--)
                {
                PORTD &= ~(1<<P_DATEN);             //Clock low
                if ((Segmente[Zahl / 10]>>(i-1)) &1) //Daten fuer ein Segment
ausgeben
                    PORTD |= (1<<P_CLOCK);
                else
                    PORTD &= ~(1<<P_CLOCK);
                PORTD |= (1<<P_DATEN);             //Clock high
                }

                //Ausgabe der zweiten Ziffer
for (i=8; i; i--)
                {
                PORTD &= ~(1<<P_DATEN);             //Clock low
        if ((Segmente[Zahl % 10]>>(i-1)) &1)  //Daten fuer ein Segment ausg.
                    PORTD |= (1<<P_CLOCK);
                else
```

```
              PORTD &= ~(1<<P_CLOCK);
          PORTD |= (1<<P_DATEN);                        //Clock high
     }
     }
```

Programm zur Ansteuerung von zwei Siebensegmentanzeigen mit Schieberegister

Mit jeder der zwei *for*-Schleifen wird eine Siebensegmentanzeige angesteuert. In der *for*-Schleife wird zuerst die Clock auf *Low* gesetzt. Danach wird ermittelt, ob ein Bit hinausgeschrieben werden soll. Mithilfe von *if-else* wird das Daten-Bit gesetzt oder gelöscht. Danach wird mit einer Oder-Funktion die Clock auf *High* gesetzt. Die Zuordnung der auszugebenden Zahl zu den Segmenten wird über das Array *Segmente[]* erreicht. Dieses ist schon in früheren Programmen verwendet worden.

Abb. 9.9: Aufbau der zweistelligen Anzeige mit zwei Schieberegistern 74HC164; die Schaltung benötigt nur vier Verbindungsleitungen zum Prozessor (Vcc, GND, Daten, Clock).

10 Endlicher Automat

10.1 Allgemeine Einführung

Der *endliche Automat* (engl. state mashine) ist ein Konzept, das von Theoretikern entwickelt wurde. Man kann sich darunter einen programmierbaren Computer der einfachsten Art vorstellen. Das Programm liegt in Form einer Tabelle vor und ist wie bei einem Computer austauschbar. Dieses Programm wird auch als *Automatentabelle* bezeichnet und kann von einer grafischen Darstellung, dem Zustandsdiagramm, abgeleitet werden. Zusätzlich hat ein endlicher Automat Eingänge, die Übergangsbedingungen einlesen und verwerten. Bei einem endlichen Automaten wird immer aus einem aktuellen Zustand und der Übergangsbedingung ein neuer Zustand berechnet. Endliche Automaten sind nicht nur zur Entwicklung von Programmen nützlich, sondern auch von besonderem theoretischem Interesse. Mit diesen Automaten kann man alle logischen und berechenbaren Probleme lösen. Falls also für ein Problem eine Software-Lösung existiert, kann es auch mit einem endlichen Automaten gelöst werden. Es muss dafür nur die Automatentabelle gefunden werden.

Wird der endliche Automat in ein C-Programm umgesetzt, besteht das Programm aus einem zweidimensionalen Array und einer Zuweisung. Im zweidimensionalen Array steht die Automatentabelle. Damit man mit endlichen Automaten praktische Probleme lösen kann, geht man normalerweise von einem Zustandsdiagramm aus.

Um die endlichen Automaten in eigenen Programmen verwenden zu können, ist es erfahrungsgemäß notwendig, einige Probleme mit Zustandsdiagrammen zu lösen und die Lösungen in ein Programm umzusetzen. Daher werden in der Folge vier Beispiele vorgestellt, die von der Problemstellung bis zur Umsetzung im Mikrocontroller genau erläutert werden. Die Aufgaben haben eine steigende Komplexität und es ist empfohlen, die Beispiele genau zu studieren. Sie werden danach besser programmieren können.

10.2 Vor-Rück-Zähler mit endlichen Automaten und Zustandsdiagramm

Im Zustandsdiagramm sind die Zustände durch Kreise dargestellt und mit Z0 bis Z3 bezeichnet. An allen Übergängen steht über dem Pfeil entweder 0 oder 1. Mit dieser Zahl bezeichnet man die Übergangsbedingung.

Die Übergangsbedingung ist der Wert, den der endliche Automat einliest. Verfolgt man den Ablauf der Zustände für die Fälle mit einer Übergangsbedingung 1, ist die Abfolge der Zustände Z0, Z1, Z2, Z3, Z0 ... Wenn die Zustände Z0 bis Z3 mit 0 bis 3 codiert werden, erhält man einen Vorwärtszähler. Bei einer Übergangsbedingung mit dem Wert 0 zählt der Zähler zurück.

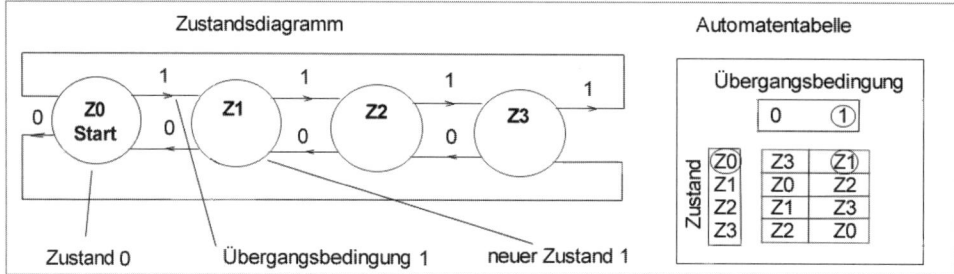

Abb. 10.1: Zustandsdiagramm und Automatentabelle eines Vor-Rück-Zählers

Im Zustandsdiagramm links und in der Automatentabelle rechts im Bild oben ist ein Fall markiert. Dabei handelt es sich um den Zustand Z0, der mit der Übergangsbedingung 1 zum Zustand Z1 führt. Vergleicht man die Markierungen im Zustandsdiagramm mit denen in der Automatentabelle (Kreise), kann man leicht erkennen, wie sich aus einem Zustandsdiagramm eine Automatentabelle ableitet. Allgemein formuliert ist in einer Zeile der Automatentabelle der alte Zustand und in der Spalte die eingelesene Übergangsbedingung. In der Tabelle oben ist dann am Kreuzungspunkt von Zeile und Spalte der neue Zustand. Wichtig ist noch, dass bei einem Zustandsdiagramm der Startzustand angegeben wird, da anderenfalls der Ablauf unbestimmt ist.

Umsetzung

Die Übergangsbedingung wird von *PB0* eingelesen, und für jeden Zustand sind für die Übergangsbedingung 0 und 1 die Übergänge zu den neuen Zuständen definiert.

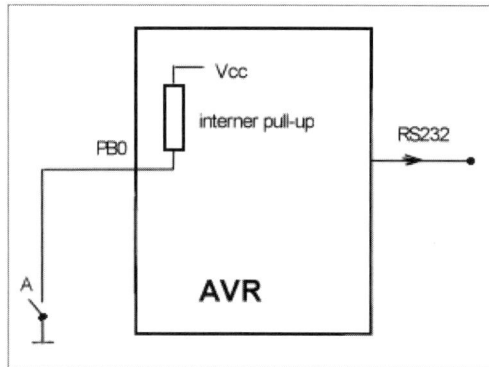

Abb. 10.2: Realisierung des endlichen Automaten mit einem AVR

Bei der Schaltung oben ist zu beachten, dass bei gedrücktem Taster die Übergangsbedingung 0 ist. Die Zustände, in denen sich der endliche Automat befindet, werden über die RS-232-Schnittstelle ausgegeben (beim Arduino wird über USB kommuniziert).

```
/*
 * VR.c
 * fuer Atmel Studio
 * Created: 01.04.2012 11:12:22
 * Author: user
 */
//Endlicher Automat, Zähler, ATmega8/328
#define F_CPU 16000000L
#include <avr/io.h>
#include <util/delay.h>
#include "serial1.h"

int main(void)
{   int zustand = 0;                           //Startzustand festlegen
    int automat [4][2] = {{3,1},{0,2},{1,3},{2,0}};
    //int automat [4][2] = {{3,1},{0,2},{2,3},{2,0}};   //2. Zustandsdiagramm

    PORTB = 1;                                 //an PB.0 den Pull-up-Widerstand
aktivieren.
    uart_init(16e6, 9600);                     //Serielle initialisieren
    puts2("hallo\n\r");                        //Zum Test der  RS-232
    while(1)
    {
       zustand = automat [zustand][PINB & 1]; //Endlicher Automat - nur dieser Zeile
       putchar2(zustand + '0');    //Umwandlung einstellige Zahl in ASCII , Ausgabe
       puts2("\n\r");                          //neue Zeile
       _delay_ms(1000);
    }
}
```

Programm Vor-Rück-Zähler mit endlichen Automaten

Das Programm für den endlichen Automaten besteht im Ablauf aus nur einer Zuweisung (*zustand = automat[zustand][PINB & 1];*). Zu beachten ist auch, dass im Programm kein if notwendig ist, sondern alles über einen Zugriff auf ein Array erfolgt. Das Programm des endlichen Automaten ist im Array *automat[][]* enthalten und stimmt mit der Automatentabelle in Abb. 10.1 überein. Wünscht man einen Vor-Rück-Zähler, der beim Zurückzählen beim Zustand Z2 hängen bleibt, ist nur eine Zahl im Array zu ändern. Der endliche Automat bleibt also unverändert, und das Programm in Form der Automatentabelle wird neu formuliert.

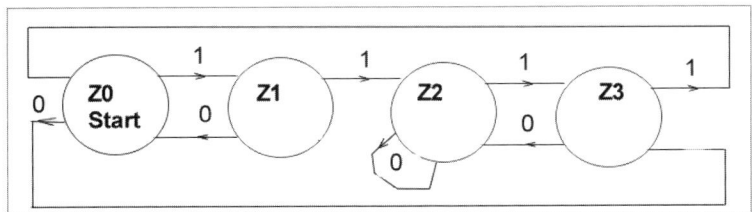

Abb. 10.3: Vor-Rück-Zähler, der nur bis Z2 zurückzählt (die dazugehörige Automatentabelle ist im C-Programm unter Kommentar gesetzt)

10.3 Codeschloss

Ein Codeschloss hat drei Tasten, die mit A, B und C bezeichnet werden. Nur wenn die Tasten in der Reihenfolge A, C, A, B gedrückt werden, soll das Codeschloss geöffnet werden. Die Tasten für A, B und C werden an *PB0*, *PB1*, *PB2* angeschlossen, und die Öffnung des Codeschlosses soll mit einer LED an *PB5* angezeigt werden. Beim Arduino ist an *PB5* schon eine LED angeschlossen.

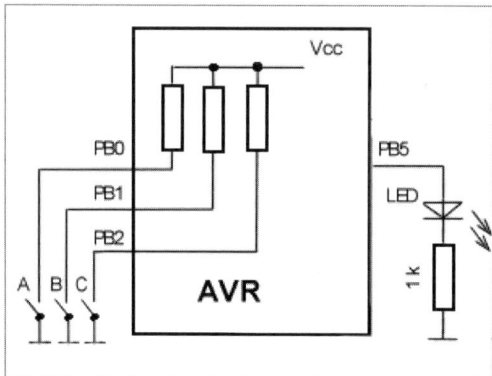

Abb. 10.4: Codeschloss mit AVR

Werden verschiedene Tastenkombinationen in den AVR eingelesen, erhält man Zahlenwerte von 0 bis 7. Das bedeutet, dass man bei einer Automatentabelle acht Spalten benötigt. In der Applikation kommen aber als Übergangsbedingungen nur vier Fälle vor. Daher besteht die Möglichkeit, die Übergangsbedingung mit zwei Bits anzugeben. Das erfolgt mit einem Zugriff auf eine Tabelle oder, in der Sprache der Programmierer, mit einem Array-Zugriff.

Tabelle 10.1: Eingelesenes Bit-Muster, auf Zahlen umgewandelt, die mit zwei Bit darstellbar sind

Schalterstellung	eingelesener Wert	umgewandelter Wert
Keine Taste gedrückt	7	0
Taste A gedrückt	6	1
Taste B gedrückt n	5	2
Taste C gedrückt	3	3

C-Code der Umwandlung der eingelesenen Werte mit reduzierter Bit-Breite:

```
int umrech[] = {0, 0, 0, 3, 0, 2, 1, 0}; // (1)
wert = umrech[PINB & 0x7];                // (2)
```

1. Definition der Umrechnungstabelle

2. Einlesen der Schalter und Abbildung auf zwei Bits

Im nachfolgenden C-Programm wird die Variable *wert* als Übergangsbedingung verwendet.

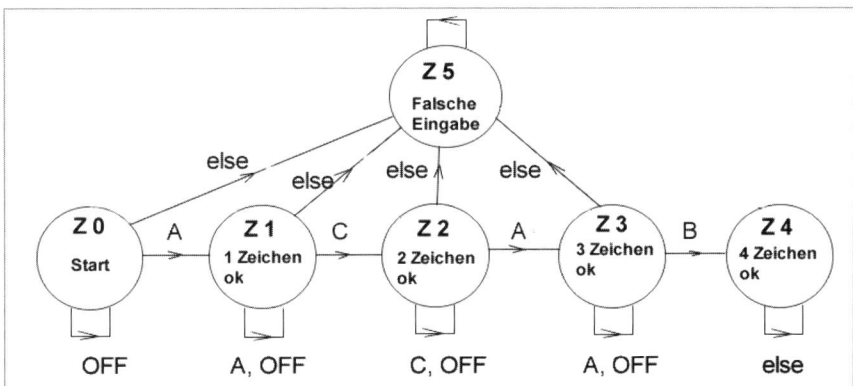

Abb. 10.5: Zustandsdiagramm für ein Codeschloss; A, B, C ist die Bezeichnung der Tasten

Nur bei einer Eingabefolge von A, C, A, B kommt man an das Ziel (Z4). Drückt man zuerst die Taste A, kommt man von Z0 nach Z1. Bleibt man jetzt beliebig lange auf der Taste A, verlässt man Z1 nicht, weil die Übergangsbedingung A von Z1 wieder auf Z1 zeigt. Nachdem A losgelassen wird, ist die Übergangsbedingung OFF die ausschlaggebende. Bei ihr bleibt man aber wieder im Zustand Z1. Nur mit einem Tastendruck auf Taste C kommt man auf Z2 und bekommt die Chance, das Codeschloss zu öffnen. Jeder andere Tastendruck als auf C (es bleibt nur Taste B übrig) führt zum Zustand Z5, aus dem es kein Entrinnen gibt.

Die Übergangsbedingungen Z0 · Z5, Z1 · Z5, Z2 · Z5 und Z3 · Z5 sind mit *else* bezeichnet. Das bedeutet, dass alle nicht explizit bezeichneten Fälle zum Übergang *else* führen. Im Zustand Z5 ist der Übergang wieder auf Z5 zurückgeführt.

```
/*
 * Code.c
 *  fuer Atmel Studio
 * Created: 03.04.2012 21:34:51
 *  Author: user
 */
//Endlicher Automat, Codeschloss, ATmega8/328
#define F_CPU 16000000L
#include <avr/io.h>

int main(void)
{   int zustand = 0;                        //Startzustand festlegen
    int automat [6][4] = {    { 0, 1, 5, 5 },    //Automatentabelle
                              { 1, 1, 5, 2 },
                              { 2, 3, 5, 2 },
                              { 3, 3, 4, 5 },
                              { 4, 4, 4, 4 },
                              { 5, 5, 5, 5 } };
```

```
int umrech [ ] = {0, 0, 0, 3, 0, 2, 1, 0};

PORTB = 7;          //an PB.0, PB.1 und PB.2 den pull-up Widerstand aktivieren.
DDRB |= 1<< PB5;  // Ausgang fuer LED

while(1)
{                          //der endliche Automat besteht aus nur dieser
Zeile
    zustand = automat [zustand][umrech [PINB & 0x7]];
    if(zustand == 4)        //LED ansteuern
       PORTB |= 1<<5;
    else
       PORTB &= ~(1<<5);
}
}
```

Codeschloss mit endlichem Automaten; es ist nur mit dem Tastendruck A, C, A, B zu öffnen. Die LED an PB5 zeigt, dass das Codeschloss geöffnet ist.

10.4 Entprellen von Kontakten

Werden Taster betätigt, schließen sich die Kontakte nicht sofort, sondern der Kontakt kann auch zurückprellen und erst danach schließen. Beurteilt man Flanken, ist bei einem Tastendruck mit einer nicht vorhersagbaren Anzahl von Ein- und Ausschaltvorgängen zu rechnen. Im folgenden Beispiel werden zwei Tasten eingelesen und die entprellten Signale ausgegeben. Das Programm ist für zwei Tasten konzipiert. Dadurch fällt es leichter, das Programm auf mehrere Tasten zu erweitern.

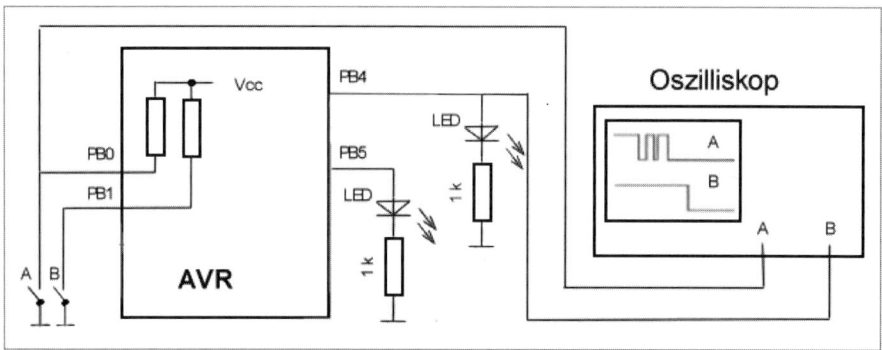

Abb. 10.6: Einlesen von zwei Tasten und Ausgabe des entprellten Signals

Mit den LEDs kann die Funktion der Software nicht vollständig beurteilt werden. Ein Prellen von Kontakten dauert bei einem kleinen Taster weniger als 5 ms. Dieses kurze Flackern kann man mit dem Auge nicht erkennen. Daher wird ein Oszilloskop empfohlen.

Das Programm zum Entprellen von Kontakten soll mit einem endlichen Automaten im Hintergrund laufen. Daher ist es naheliegend, mit einem Timerinterrupt zu arbeiten. Geht man vom Zustandsdiagramm (siehe Abb. 10.7) aus, wird beim Zustand Z1 die Schalterstellung 0 ausgegeben. Erst nachdem viermal hintereinander eine 1 eingelesen wurde, wird über Z2, Z3, Z4 der Zustand Z5 erreicht. Bei diesem Zustand wird die Schalterstellung 1 ausgegeben. Auch das Zurückschalten von Schalterstellung 1 auf 0 erfordert, dass viermal hintereinander 0 eingelesen wird.

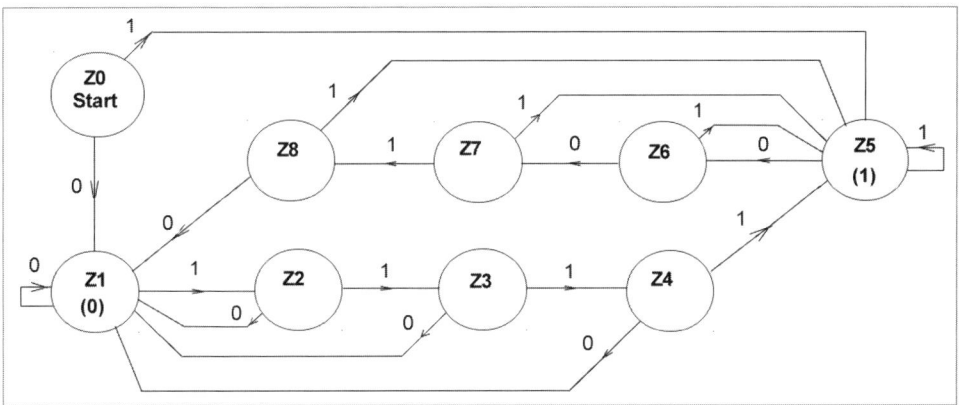

Abb. 10.7: Zustandsdiagramm zum Entprellen von Kontakten; Z1 bedeutet Schalterstellung 0, Z5 bedeutet Schalterstellung 1.

Der endliche Automat wird in der Interruptroutine periodisch ausgeführt. Timer 2 erhält die Clock des Prozessors (16 MHz), der über einen Vorteiler durch 256 geteilt wird. Der Interrupt erfolgt beim Überlauf des 8-Bit-Timers, also mit einer Frequenz von 16.000.000 / (256 * 256) = 244 Hz oder alle 4 ms. Die von dem Zustandsdiagramm abgeleitete Automatentabelle ist im nachfolgenden C-Programm als globale Variable unter der Bezeichnung *automat[][]* zu finden.

```
/*
 * Entprellen.c
 *  fuer Atmel Studio
 * Created: 04.04.2012 20:53:17
 *  Author: user
 */
//Entprellen von Kontakt mit endlichen Automaten, ATmega8/328
#define F_CPU 16000000UL
#include <avr/io.h>
#include <avr/interrupt.h>

int zustand1;    // =0 ist nicht nötig, da globale Variablen mit 0 initialisiert
werden
int zustand2;

int automat [9][2] = {          { 1, 5 },     //Automatentabelle
                                { 1, 2 },
```

```
                                        { 1, 3 },
                                        { 1, 4 },
                                        { 1, 5 },
                                        { 6, 5 },
                                        { 7, 5 },
                                        { 8, 5 },
                                        { 1, 5 }};

ISR(TIMER2_OVF_vect)
{   zustand1 = automat[zustand1][PINB & 1];        //Taster an PB0
    if(zustand1 == 1)                              //LED Anzeige an PB4
       PORTB &= ~(1<<4);
    if(zustand1 == 5)
       PORTB |= 1<<4;
   /****************************/
    zustand2 = automat[zustand2][(PINB >> 1) & 1];  //Taster an PB1
    if(zustand2 == 1)                              //LED Anzeige an PB5
       PORTB &= ~(1<<5);
    if(zustand2 == 5)
       PORTB |= 1<<5;
}
int main(void)
{   DDRB = (1<<4)|(1<<5);  //LEDs
    PORTB = 3;              // PB0 und PB1 mit pull-up
 // Initialisierung von Timer2 fuer verschiedene Prozessoren
#ifdef TIMSK2
  //fuer Mega328 ...
  TIMSK2 = TIMSK2 | (1<<TOIE2);             //Timer/Counter2 Overflow Interrupt
Enable
  TCCR2B = TCCR2B | (1<<CS22) | (1<<CS21);  //Clock/256
#endif
#ifdef TIMSK
   //fuer Mega8 ...
   TIMSK = TIMSK | (1<<TOIE2);              //Timer/Counter2 Overflow Interrupt
Enable
   TCCR2 = TCCR2 | (1<<CS22) | (<<CS21);    //Clock/256
#endif

sei(); //Allgemeine Freigabe -Interrupt
   while(1)
   {
   }
}
```

Programm zum Entprellen von Kontakten; die Ein- und die Ausgabe erfolgen im
Timerinterrupt.

10.5 Auswertung von Schaltflanken

Im letzten Beispiel wurden mit einem endlichen Automaten Kontakte entprellt. Jetzt wird mit derselben Schaltung durch eine veränderte Automatentabelle die Schaltflanke von zwei Tastern (an *PB0* und *PB1*) ausgewertet. Bei jedem Loslassen eines Tasters soll die entsprechende LED ihre Helligkeit wechseln. Die Ansteuerung der LED soll im Hauptprogramm erfolgen. Die entsprechende Information soll von der Interruptroutine über eine globale Variable (*swi1, swi2*) an das Hauptprogramm übergeben werden.

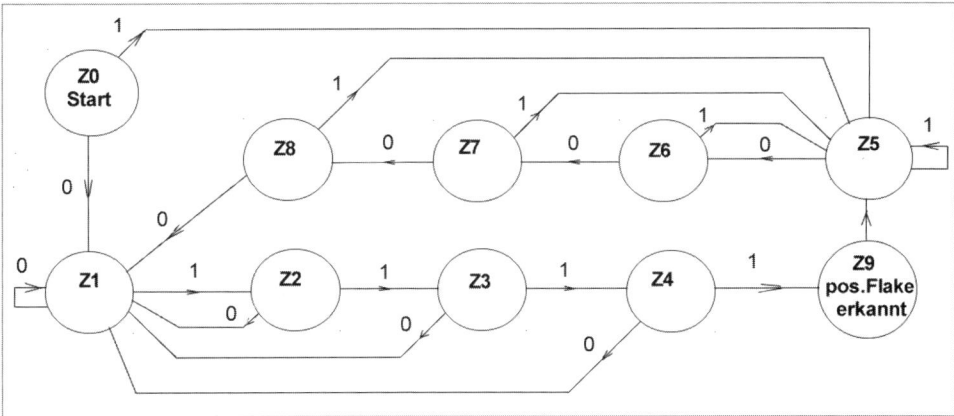

Abb. 10.8: Zustandsdiagramm zum Entprellen von Kontakten und Auswertung der Flanke

Bei einer positiven Schaltflanke, also beim Loslassen des Tasters, wird der Zustand Z9 erreicht und dabei die Variable swi1 oder swi2 (alle Bit des Bytes *swi1/swi2*) invertiert. Diese globalen Variablen werden im Hauptprogramm in einer Schleife alle 100 ms abgefragt. Falls die negative Flanke ausgewertet werden soll, ist der Zustand Z9 zwischen Z8 und Z1 zu platzieren.

```
/*
 * Flanke.c
 *  fuer Atmel Studio
 * Created: 06.04.2012 14:53:15
 *  Author: user
 */
//Entprellen und Flanken auswerten, ATmega8/328
#define F_CPU 16000000UL
#include <avr/io.h>
#include <avr/interrupt.h>
#include <util/delay.h>

int zustand1;      // =0 ist nicht nötig, da globale Variablen mit 0
initialisiert werden
int zustand2;
int swi1, swi2;
```

```
int automat [10][2] = {            { 1, 5 },      //Automatentabelle
                                   { 1, 2 },
                                   { 1, 3 },
                                   { 1, 4 },
                                   { 1, 9 },
                                   { 6, 5 },
                                   { 7, 5 },
                                   { 8, 5 },
                                   { 1, 5 },
                                   { 5, 5 }};


ISR(TIMER2_OVF_vect)
{   zustand1 = automat[zustand1][PINB & 1];     //Taster an PB0
    if(zustand1 == 9)                //Bei Flanke swi1 0 => 0xffff oder von 0xffff => 0
      swi1 = ~swi1;
    /***************************/
      zustand2 = automat[zustand2][(PINB >> 1) & 1];    //Taster an PB1
        if(zustand2 == 9)            //Bei Flanke swi2 0 => 0xffff oder von 0xffff
=> 0
      swi2 = ~swi2;
}
int main(void)
 {
   DDRB = (1<<4)|(1<<5);  //LEDs
   PORTB = 3;            // PB0 und PB1 mit pull-up


 // Initialisierung von Timer2 fuer verschiedene Prozessoren
#ifdef TIMSK2
 //fuer Mega328 ...
 TIMSK2 = TIMSK2 | (1<<TOIE2);              //Timer/Counter2 Overflow Interrupt
Enable
 TCCR2B = TCCR2B | (1<<CS22) | (1<<CS21); //Clock/256
#endif
#ifdef TIMSK
   //fuer Mega8 ...
   TIMSK = TIMSK | (1<<TOIE2);              //Timer/Counter2 Overflow Interrupt
Enable
   TCCR2 = TCCR2 | (1<<CS22) | (1<<CS21);  //Clock/256
#endif

sei(); //Allgemeine Freigabe -Interrupt
   while(1)
   {cli();                  //Fuer kurze Zeit den Interrupt deaktivieren
   if(swi1 == 0)
       PORTB |= 1<<PB4;     //LED ein
   else
       PORTB &= ~(1<<PB4); //LED aus
   if(swi2 == 0)
       PORTB |= 1<<PB5;
```

```
   else
       PORTB &= ~(1<<PB5);
   sei();
   _delay_ms(100);
   }
}
```

Programm Flankenauswertung mit endlichem Automaten im Interrupt.

Der Interrupt wird alle 4 ms ausgeführt. Da viermal ein gleicher Wert eingelesen werden muss, um einen Wechsel des Schalters auszulösen, funktioniert dieses Programm für Schalter mit einer Prellzeit kleiner 16 ms.

Die Automatentabelle ist im Programm nur einmal vorhanden. Für je einen Taster ist eine Variable, die den Zustand speichert (*zustand1, zustand2 ...*) und eine Variable, die das Signal bekannt gibt (*swi1, swi2...*), notwendig.

10.6 Auswertung eines Inkrementalgebers (Drehgeber)

Zur Bedienung eines Geräts, aber auch zur Messung eines Drehwinkels bei einem Antrieb, werden Inkrementalgeber verwendet. Diese Drehgeber haben zwei Kontakte (A und B) und geben abhängig vom Winkel einen einschrittigen Code (Gray Code) aus. Das bedeutet, dass weder bei einer Drehbewegung im Uhrzeigersinn (CW) noch im Gegenuhrzeigersinn (CCW) beide Schalter gleichzeitig den Schaltzustand wechseln werden. Der unten abgebildete und verwendete Drehgeber von Bourns PEC11-4230F-S0024 (rs-components.de, Bestellnummer 737-7764) hat zusätzlich einen Kontakt, der durch Drücken (Pfeilrichtung in Bild 10.9) betätigt werden kann. Mit dem Drehgeber kann man eine schöne Menüführung aufbauen.

Im nachfolgenden Beispiel wird aber nur der Drehgeber ausgewertet und der Wert einmal in der Sekunde an die RS-232-Schnittstelle (oder virtuelle RS-232) ausgegeben.

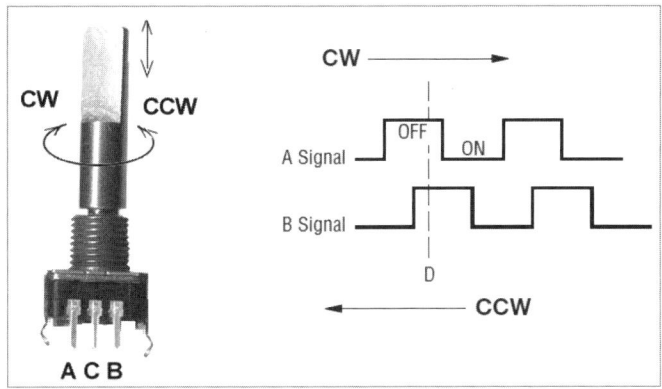

Abb. 10.9: Drehgeber mit Bourns PEC11-4230F-S0024 und Signalverlauf nach Datenblatt

Anschluss an den Prozessor:

C = Common an *GND*
A an *PB0*
B an *PB1*

Dreht man an diesem Drehgeber, bemerkt man eine Rasterung des Drehmoments. Der eingerasterte Fall ist im Bild oben mit D bezeichnet, und dabei sind beide Kontakte offen. Da der Drehgeber an *PB0* und *PB1* angeschlossen ist und diese Eingänge mit Pull-up-Widerständen konfiguriert sind, führt z. B. der Befehl *PINB & 0x3* im Programm zu einer Übergangsbedingung 11_B.

Geht man vom eingerasteten Fall aus, kommt man am Ausgang vom Zustand z 0110_B nach z 0011_B. In diesem Zustand bleibt der endliche Automat, bis am Inkrementalgeber gedreht wird. Bei einer Drehung nach links, die bis zum nächsten Einrastpunkt durchgeführt wird, gibt der Inkrementalgeber ausgehend von 11_B die Übergangsbedingungen 01_B, 00_B, 10_B und 11_B aus. Das führt dazu, dass die Zustände z 0001_B, z 000_B, z 0010_B, z 0101_B und z 0011_B erreicht werden. Im Zustand z 0101_B wird der Zähler für den Drehwinkel um eins vermindert.

Bei einer Drehung nach rechts, die bis zum nächsten Einrastpunkt durchgeführt wird, gibt der Inkrementalgeber ausgehend von 11_B die Übergangsbedingungen 10_B, 00_B, 01_B und 11_B aus. Das führt dazu, dass die Zustände z 0100_B, z 0010_B, z 0000_B, z 0001_B und z 0011_B erreicht werden. Im Zustand z 0100_B wird der Zähler für den Drehwinkel um 1 erhöht.

Ist der endliche Automat im Zustand z 0011_B und flattert der Eingang B (*PB1*), springt der endliche Automat zwischen den Zuständen z 0011_B und z 0001_B hin und her. Der Zähler für den Drehwinkel wird nicht verändert.

Ist der endliche Automat im Zustand z 0011_B und flattert der Eingang A (*PB0*), durchläuft der endliche Automat die Zustände z 0011_B, z 0100_B, z 0010_B, z 0101_B und z 0011_B. Der Zähler für den Drehwinkel wird in z 0100_B erhöht und in z 0101_B vermindert. In beiden Fällen ist das System bezüglich Kontaktprellens nicht störanfällig. Das kommt daher, dass der Winkelzähler ausschließlich zwischen zwei Zuständen (z 0011_B und z 0010_B) erfolgt.

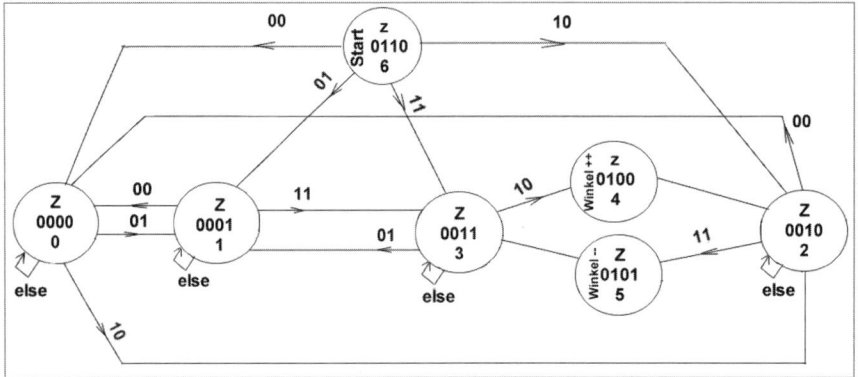

Abb. 10.10: Zustandsdiagramm zur Auswertung eines Inkrementgeber (Drehgebers); dieses Zustandsdiagramm ist im nachfolgenden C-Programm umgesetzt.

```
/*
 * increm.c
 *  fuer Atmel Studio
 * Created: 07.04.2012 07:42:28
 *  Author: user
 */
//Auswertung Inkrementalgeber (Drehgeber), ATmega8/328
#define F_CPU 16000000UL
#include <avr/io.h>
#include <avr/interrupt.h>
#include <util/delay.h>
#include <string.h>
#include "serial1.h"


char zustand = 6;                  //Anfangszustand
// =0 ist nicht nötig, da globale Variablen mit 0 initialisiert werden
volatile int global_wert;

char automat [7][4] = {      { 0, 1, 2, 0 },     //Automatentabelle
                             { 0, 1, 1, 3 },
                             { 0, 2, 2, 5 },
                             { 3, 1, 4, 3 },
                             { 2, 2, 2, 2 },
                             { 3, 3, 3, 3 },
                             { 0, 1, 2, 3 }};


ISR(TIMER2_OVF_vect)
{   zustand = automat[zustand][PINB & 0x3];           //A,B an PB0 und PB1
   if(zustand == 4 )
       global_wert++;
   if(zustand == 5)
       global_wert--;


}
int main(void)
 { int wert;
   char fe[20];
   PORTB = 3;          // PB0 und PB1 mit pull-up

// Initialisierung von Timer2 fuer verschiedene Prozessoren
#ifdef TIMSK2
  //fuer Mega328 ...
  TIMSK2 = TIMSK2 | (1<<TOIE2);           //Timer/Counter2 Overflow Interrupt
Enable
  TCCR2B |= (1<<CS20);                     //Clock ohne Teiler an Timer
#endif
#ifdef TIMSK
    //fuer Mega8 ...
  TIMSK = TIMSK | (1<<TOIE2);             //Timer/Counter2 Overflow Interrupt
Enable
```

```
    TCCR2 |= (1<<CS20);                          //Clock ohne Teiler an Timer
#endif

   sei();                                        //Allgemeine Freigabe - Interrupt
   uart_init(16e6, 9600);                        //Serielle initialisieren
   while(1)
   {
      cli();                     //Fuer kurze Zeit den Interrupt deaktivieren
   wert = global_wert;
   sei();
   sprintf(fe, "Wert %d\n\r", wert);             //int in String verwandeln
      puts2 (fe);                                //auf (viruelle) RS-232 schreiben
   _delay_ms(1000);
   }
}
```

Programm Auswertung eines Inkrementalgebers mit endlichen Automaten im Interrupt; Inkrement und Dekrement erfolgen zwischen den gleichen Zuständen.

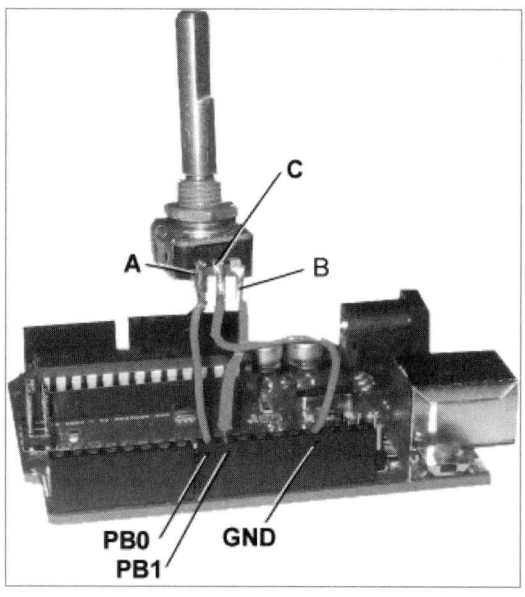

Abb. 10.11: Versuchsaufbau
Inkrementalgeber am Arduino

11 Schrittmotor

11.1 Allgemeine Informationen

Schrittmotoren haben außen einen Stator mit einem umschaltbaren Magnetfeld und innen einen drehbaren, meist magnetisierten Rotor. Das Feld außen wird in der Regel mit einem Mikrocontroller gesteuert/weitergedreht, und der Rotor folgt dem Drehfeld. Daher ist es möglich, die Drehbewegung bis zu einer genauen Position auszuführen – und das ohne Sensor für eine Rückmeldung. Schrittmotoren findet man in Scannern, CD-Laufwerken oder alten Nadeldruckern (einschließlich einer Mechanik für Linearbewegung). Der besondere Vorteil, der den Einsatz von Schrittmotoren rechtfertigt, ist die präzise Bewegung und auch das Haltemoment. Der Motor hat außerdem keine Bürsten (schleifende Kontakte), und dadurch ist nur das Lager einer Abnutzung unterworfen.

Der Schrittmotor erfordert zur Ansteuerung eine Elektronik, und meistens setzt man einen Mikrocontroller dafür ein. In der Folge werden Lösungen vorgestellt, die mit Schaltkreisen im DIL-Gehäuse arbeiten. Dadurch kann man rasch verschiedene Schaltungen auf einem Steckbrett aufbauen.

Abb. 11.1: Schrittmotoren

11.2 Prinzipielle Arbeitsweise

Im Bild unten ist ersichtlich, dass ein Schrittmotor aus einem Rotor und zwei Spulen besteht. Der Permanentmagnet des Rotors (durch den Pfeil symbolisiert) wird bei einer +-Polung angezogen. Im Fall A zieht ein Elektromagnet den Pfeil nach oben und gleichzeitig zieht der zweite Elektromagnet nach rechts. Daher kommt der Pfeil rechts oben zum Stehen. Im Fall B wird die senkrechte Spule umgepolt und stößt den Pfeil (Magnetisierung des Rotors) nach unten. Die zweite Spule zieht den Pfeil nach wie vor nach rechts und in der Summe zeigt der Pfeil nach rechts unten. In dieser Weise wird das Magnetfeld weiter geschaltet und der Rotor dreht sich immer um 90° weiter. In diesem Modus sind gleichzeitig zwei Spulen eingeschaltet. Daher bezeichnet man diese Ansteuerung als *Two-phase-on mode*. Bei diesem Modus fließt der größtmögliche Strom in die Elektromagnete, und der Motor hat das größtmögliche Drehmoment und kann auch die höchste Drehzahl erreichen. In der Praxis hat ein Schrittmotor mehrere Polpaare, sodass ein Schritt nicht eine Drehung um 90° bedeutet, sondern der Rotor dreht sich wesentlich weniger weit (z. B. 1,8°).

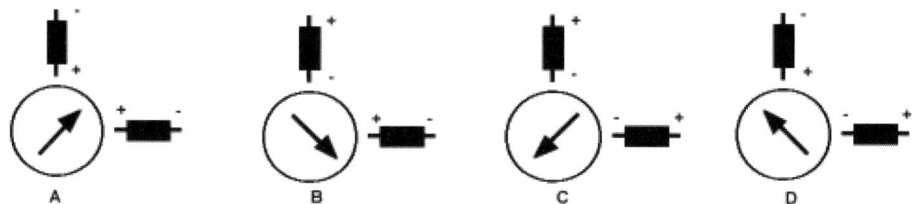

Abb. 11.2: *Two-phase-on*-Ansteuerung eines Schrittmotors

Schaltet man immer nur eine Wicklung beim Schrittmotor ein, spricht man vom *wave mode*. Dieser Modus verbraucht weniger Strom, hat aber auch ein geringeres Drehmoment.

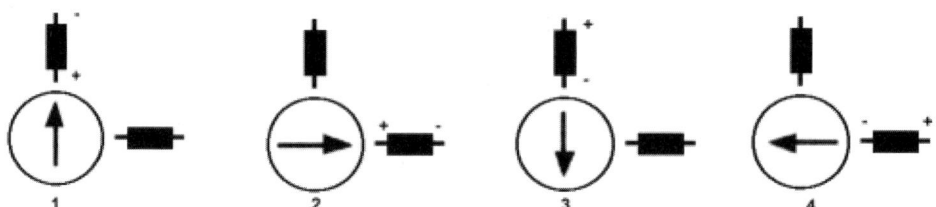

Abb. 11.3: *Wave-mode*-Ansteuerung eines Schrittmotors

Kombiniert man in sinnvoller Weise die Modi *Two-phase-on* und *wave mode*, erhält man den Halbschrittmodus.

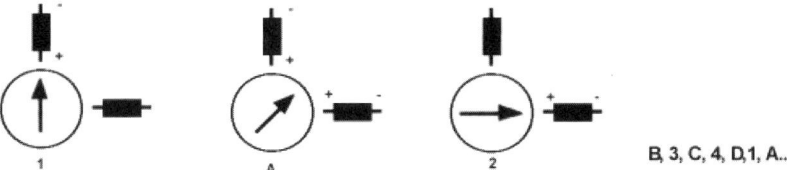

Abb. 11.4: Halbschrittmodus

Der Halbschrittmodus hat den Vorteil, dass besonders kleine Schritte ausgeführt werden. Eine weitere Verfeinerung der Schrittweite kann mit dem Mikroschrittmodus erreicht werden. Für diesen Modus benötigt man allerdings eine PWM auf beiden Spulen.

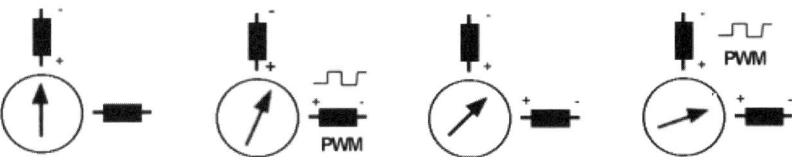

Abb. 11.5: Mikroschritt (Mikrostep) mit einer Zwischenstufe

Denkbar ist beim Mikroschritt, noch mehr Zwischenstufen vorzusehen. Das kann mit verschiedenen PWM-Tastverhältnissen erreicht werden.

11.3 Aufbau und Ansteuerung von Elektromagneten

Bei den Wicklungen für die Elektromagnete eines Schrittmotors unterscheidet man zwischen Bipolar- und Unipolarwicklung.

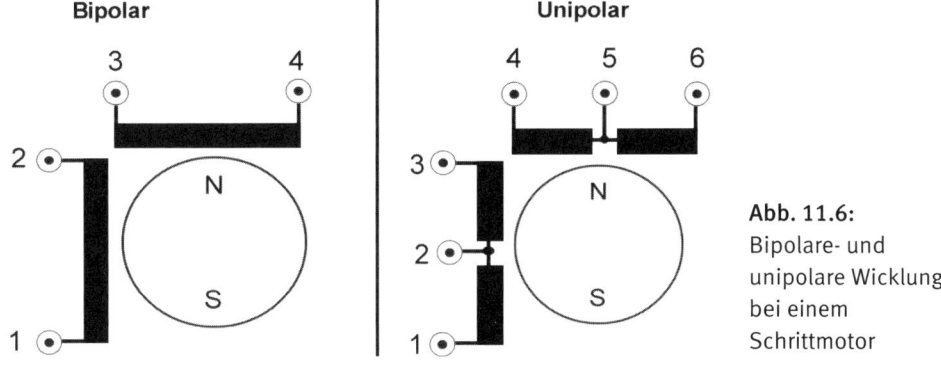

Abb. 11.6:
Bipolare- und unipolare Wicklung bei einem Schrittmotor

Bei einer bipolaren Wicklung wird an 1 Plus und an 2 Minus als Spannung angelegt, oder an 1 Minus und an 2 Plus. Es kann auch vorkommen, dass an diese Wicklung keine

Spannung angelegt wird. Diese Umpolung der Spannung erfordert eine spezielle Schaltung, die als *H-Brücke* bezeichnet wird. Bei der zweiten Wicklung wird, unabhängig von der ersten Wicklung, die gleiche Schaltung angeschlossen.

Bei einer unipolaren Wicklung wird die Mittelanzapfung der Wicklungen (2 und 5) auf die Betriebsspannung gelegt und der Pin 1 oder 3 bzw. 4 oder 6 mit einem Transistor auf Masse gezogen. Die Elektronik für die Ansteuerung ist dadurch einfacher – allerdings auf Kosten eines komplizierteren Motors.

11.4 Endstufe für bipolare und unipolare Schrittmotoren

Die zunächst komplizierte H-Brücke ist als integrierter Baustein erhältlich. Für kleinere Ströme (< 600 mA) verwendet man den L293D, der die Freilaufdioden schon eingebaut hat. Zur Ansteuerung eines bipolaren Schrittmotors sind keine weiteren Bauteile erforderlich. In der Praxis stabilisiert man allerdings die Versorgungsspannungen mit einem Elko.

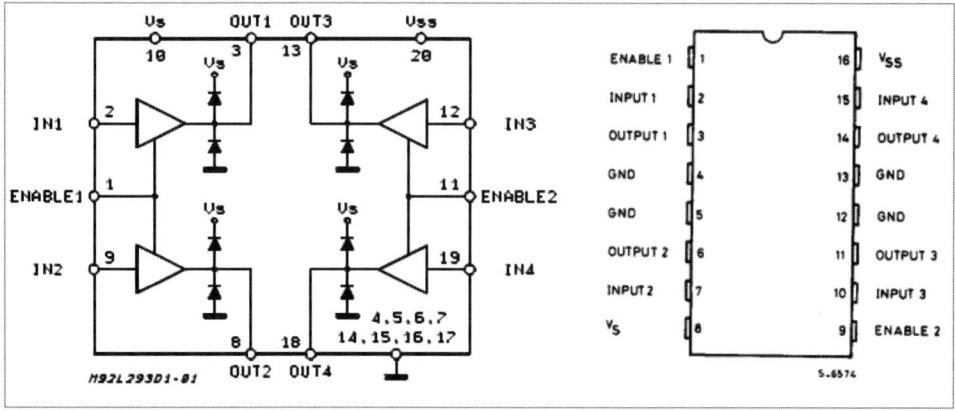

Abb. 11.7: H-Brücke L293D für einen bipolaren Schrittmotor aus Datenblatt von *www.st.com*

Eine vollständige aufgebaute Schaltung ist einfach mit einem Steckbrett zu realisieren, oder man verwendet ein Shield zum Arduino. Zu empfehlen ist das von sparkfun.com entwickelte Shield »Ardumoto«, das bei *http://www.watterott.com/en/SparkFun-Ardumoto-Motor-Driver-Shield* oder *http://elmicro.com/de/arduino-shields.html* erhältlich ist. Diese Hardware ist mit SMD-Bauteilen aufgebaut und kann einen bipolaren Schrittmotor oder zwei Gleichstrommotoren ansteuern.

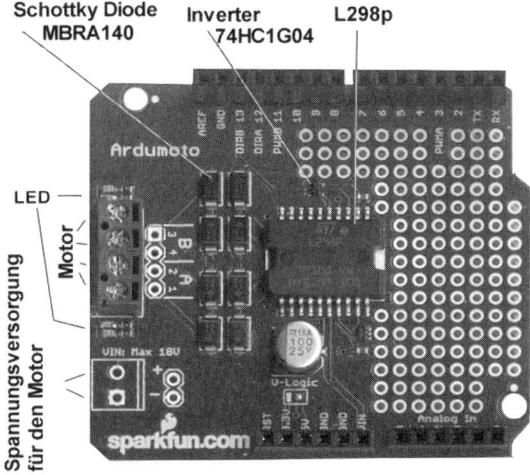

Abb. 11.8: H-Brücke als Shield für den Arduino;

Diese Ansteuerung ist mit L298P in SMD-Bauweise realisiert. Dieser Baustein hat keine Freilaufdioden integriert (daher acht externe Dioden) und ist bis zu 2 A belastbar.

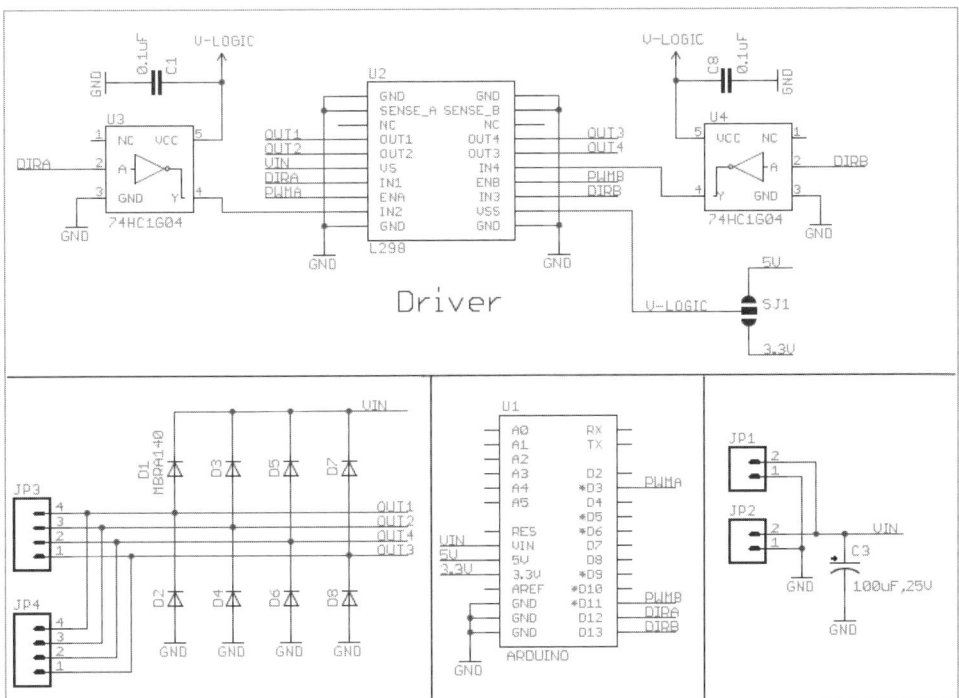

Abb. 11.9: Schaltplan von Ardumoto aus den Unterlagen von sparkfun.com

Mit diesem Shield sind die nachfolgenden Programmbeispiele umgesetzt. Der Anschluss an den Arduino/ATmega328P ist in der nachfolgenden Tabelle angegeben.

Tabelle 11.1: der Verbindungen von Atmega328P und Eingänge von Ardumoto

Pin an L298	*Bezeichnung am Arduino*	*Bezeichnung am ATmega328P*
IN1	D12	PB4
IN2	(über Inverter an) D12	(über Inverter an) PB4
IN3	D13	PB5
IN4	(über Inverter an) D13	(über Inverter an) PB5
ENA	D3	PD3 (PWM OC2B)
ENB	D11	PB3 (PWM OC2A)

Einen noch besseren Überblick erhält man aus nachfolgender Grafik. Dargestellt ist das Innenschaltbild des Treibers L298 aus dem Datenblatt von *www.st.com* und zusätzlich die Beschaltung von Ardumoto. Mit den Port-Leitungen *PB4* und *PB5* kann man jeweils von einer H-Brücke die Polung festlegen. Mit *PD3* und *PB3*, die auf EnA und EnB (enable) gelegt sind, kann man die Ausgänge der H-Brücke aktivieren. Dabei wird entweder am Ausgang eine Spannung ausgegeben oder der Ausgang wird auf hochohmig konfiguriert.

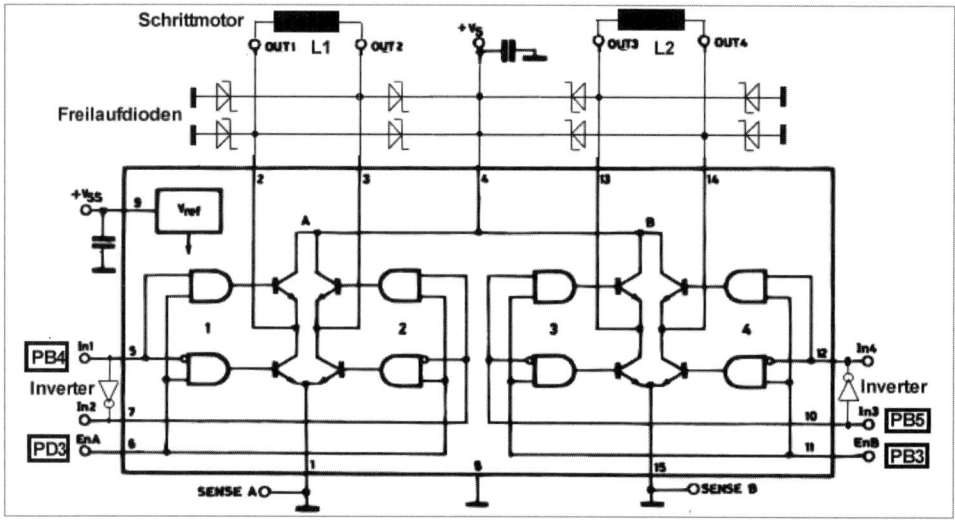

Abb. 11.10: Innenschaltung des L298 nach Datenblatt von *www.st.com* mit externer Beschaltung entsprechend Ardumoto; die Schaltung entspricht dem Shield Ardumoto.

Die Ansteuerung eines unipolaren Schrittmotors kann mit nur zwei Transistoren und zwei Dioden pro Wicklung erfolgen. Sehr bekannt ist eine einfache Ansteuerung eines Relais mit einem Transistor. Man schaltet parallel zum Relais eine Freilaufdiode, und nach Abschalten des Relais wird über die Diode der Strom abgebaut. Diese Schaltung wird mitunter auf eine Spule mit Mittelanzapfungen übertragen, wie sie bei unipolaren Schrittmotoren vorkommt. Leider kommt es dabei zu einem Problem, das bei der Ansteuerung eines Relais nicht auftritt. Grund ist, dass es sich bei der Induktivität um eine gekoppelte Spule handelt und ungünstige Wechselwirkungen auftreten. Der Schaltungsfehler kommt sehr häufig vor und wird an dieser Stelle ausführlich besprochen.

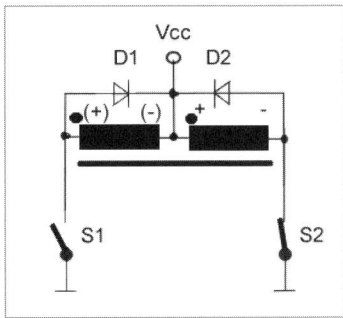

Abb. 11.11: Fehlerhaft angeschlossene Freilaufdioden beim unipolaren Schrittmotor

Wird der Schalter S2 geschlossen, fließt von Vcc in die Mittelanzapfung der Spule ein Strom, der über S2 auf Masse geleitet wird. Am Punkt der rechten Spulenhälfte ist eine positive Spannung. Da die Spule einen gemeinsamen Eisenkern hat, wird durch die transformatorische Wirkung an der linken Spule eine positive Spannung erzeugt. Ohne Dioden könnte man beim linken Spulenanschluss das Doppelte von Vcc gegen Masse messen. Diese positive Spannung am linken Spulenanschluss bewirkt einen Strom durch die Diode D1. Dabei fließt auf der linken Seite der Strom aus dem Punkt heraus und bei der rechten Spulenhälfte in den Punkt hinein. Das bedeutet, dass durch diese Beschaltung mit D1 und D2 für den Zeitraum, in dem die transformatorische Wirkung vorhanden ist, das Magnetfeld abgebaut wird. Diese fehlerhafte Schaltung bewirkt eine beträchtliche Verminderung der maximalen Umdrehungsgeschwindigkeit. Das Haltemoment wird nicht beeinflusst.

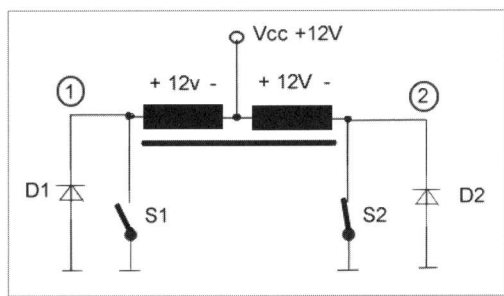

Abb. 11.12: Richtige Beschaltung der Freilaufdioden beim unipolaren Schrittmotor

Wird in dieser Schaltung S2 geschlossen, bildet sich an Punkt 1 eine Spannung von 24 V aus. Es kommt zu keinem Stromfluss durch D1 oder D2. Wird aber danach S2 geöffnet (und S1 offen gelassen), polt sich die Spannung an den Wicklungen um. Es wird dann der Spulenstrom, der von der gespeicherten Energie kommt, über D1 in die Versorgung zurückgespeist.

11.5 Wicklungsarten

An der Anzahl der Anschlüsse kann man meistens schon den Typ des Schrittmotors erkennen. Daher ist die folgende Tabelle nach Anzahl der Anschlüsse geordnet.

Tabelle 11.2: Verschiedene Schrittmotoren, geordnet nach Anzahl der Anschlüsse

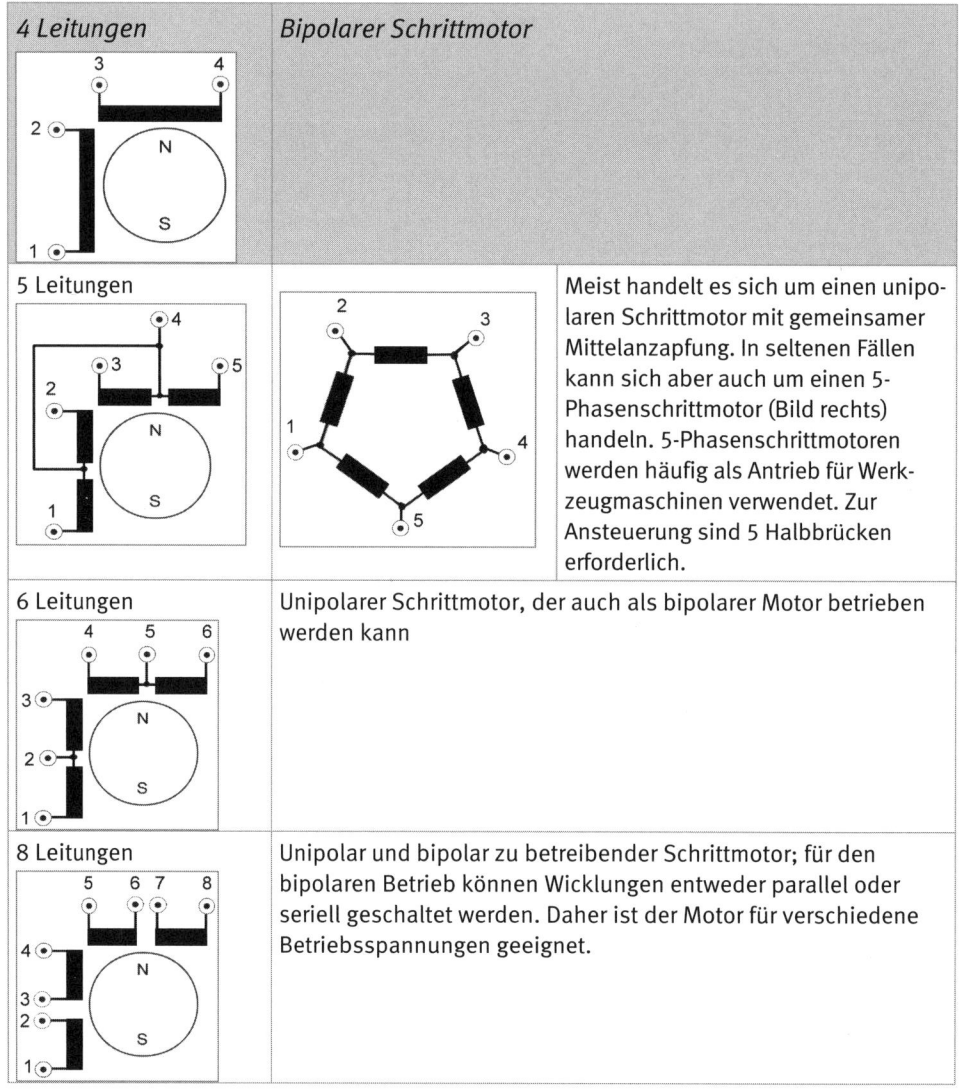

4 Leitungen	*Bipolarer Schrittmotor*
5 Leitungen	Meist handelt es sich um einen unipolaren Schrittmotor mit gemeinsamer Mittelanzapfung. In seltenen Fällen kann sich aber auch um einen 5-Phasenschrittmotor (Bild rechts) handeln. 5-Phasenschrittmotoren werden häufig als Antrieb für Werkzeugmaschinen verwendet. Zur Ansteuerung sind 5 Halbbrücken erforderlich.
6 Leitungen	Unipolarer Schrittmotor, der auch als bipolarer Motor betrieben werden kann
8 Leitungen	Unipolar und bipolar zu betreibender Schrittmotor; für den bipolaren Betrieb können Wicklungen entweder parallel oder seriell geschaltet werden. Daher ist der Motor für verschiedene Betriebsspannungen geeignet.

11.6 Programme zur Ansteuerung

Ein Schrittmotor mit 200 Schritten pro Umdrehung (1,8°) und einem Wicklungswiderstand von 35 Ω wird am Shield Ardumoto angeschlossen. Die Pin-Belegung von

Ardumoto ist oben ersichtlich. Als Spannungsversorgung werden die 5 V von der USB-Schnittstelle verwendet. Die geringe Spannung von 5 V wird durch den Spannungsabfall an der H-Brücke weiter vermindert, sodass an einer Motorwicklung nur noch 3,33 V übrig bleiben (gemessen). Ein großes Drehmoment oder eine hohe Umdrehungsgeschwindigkeit ist in diesem Fall nicht zu erwarten, aber zur Entwicklung des Ansteuerprogramms ist diese Spannungsversorgung durchaus geeignet.

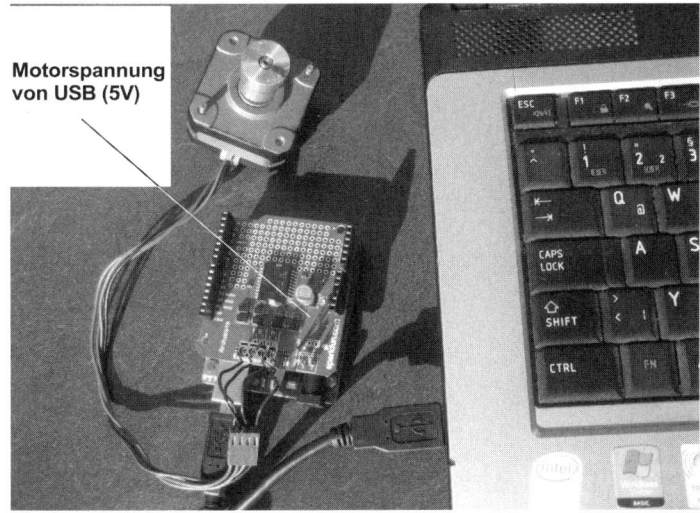

Abb. 11.13: Arduino mit aufgestecktem Ardumoto und Schrittmotor; Spannungsversorgung von USB

11.6.1 Einfaches Programm

Das erste Programm gibt die Signale für die Schrittmotorsteuerung aus dem Hauptprogramm ab. Wird der Schrittmotor angesteuert, ist der Prozessor mit der Ausgabe des Signals beschäftigt oder er ist in der Warteschleife. Die gesamte Prozessorleistung ist blockiert und andere Aufgaben können nicht ausgeführt werden.

Das Programm setzt vier Port-Leitungen auf Ausgabe und steuert damit die H-Brücke. Die Leitungen *PB3* und *PD3* gehen dabei auf die Enable-Eingänge und werden permanent auf *High* gelegt. Die Ausgänge *PB4* und *PB5* werden entsprechend dem *Two-phase-on*-Modus angesteuert. Die Signale an *PB4* und *PB5* werden nach 40 ms aktualisiert.

Bei einer höheren Betriebsspannung kann man diese Zeit verkürzen und eine höhere Drehzahl erreichen.

```
// fuer Atmel Studio
#define F_CPU 16000000UL
#include <avr/io.h>
#include <avr/delay.h>

int main(void)
{   int i;
```

```
   DDRB = ((1<<PB3)|(1<<PB4)|(1<<PB5));  //fuer EnableB, In1, In3
   DDRD = (1<<PD3);                      //fuer EnableA
   PORTD = (1<<PD3);                     //EnableA aktivieren


   //Ausgabe von Two Wave on Signal und immer EnB setzen
   while(1)
   {    PORTB = 0b00110000 | 0b00001000; // |0b00001000 setzt EnB am L298
   _delay_ms(40);
        PORTB = 0b00100000 | 0b00001000;
   _delay_ms(40);
   PORTB = 0b00000000 | 0b00001000;
   _delay_ms(40);
   PORTB = 0b00010000 | 0b00001000;
   _delay_ms(40);
   }
}
```

Einfaches Programm zu Ansteuerung eines Schrittmotors für ATmega8 und ATmega328P übersetzbar

11.6.2 Schrittmotoransteuerung im Interrupt

Im folgenden Ansteuerprogramm läuft alles im Timerinterrupt und damit im Hintergrund. Der Timer 0 wird von der CPU Clock getaktet, wobei ein Vorteiler die Frequenz durch acht teilt. Der Interrupt wird beim Überlauf des Timers ausgelöst. Dabei wird jeweils nach T = 256 / 2 MHz oder 0,128 ms in die Interruptroutine gesprungen. Im Programm wird nur jeder 40. Interrupt zur Ausgabe der Ansteuersignale verwendet. Somit erfolgt immer nach 40 * 0,128 = 5,12 ms ein neues Signal für den Schrittmotor. Bei einer gemessenen Induktivität von 68 mH ergibt sich eine Zeitkonstante für die Spule von T = L / R = 68 mH / 35 Ω = 1,9 ms. Daher wird in der Zeit von 5,12 ms der Spulenstrom fast nur noch vom Spulenwiderstand bestimmt.

```
/*
 * Int1.c
 *  fuer Atmel Studio
 * Created: 04.05.2012 10:09:00
 *  Author: user
 */
#define F_CPU 16000000UL
#include <avr/io.h>
#include <avr/interrupt.h>
int pos_akt, pos_ziel = -100;  //Aktuelle Position, Ziel
                               //-100 bewirkt nach Reset eine halbe Umdrehung

char mot[]={
0b00110000 | 0b00001000, 0b00100000 | 0b00001000,    // wave on
0b00000000 | 0b00001000, 0b00010000 | 0b00001000};   // |0b00001000 EnB
int zaehler,zzz, inc;
ISR(TIMER0_OVF_vect)            // Interrupt Service Routine
{ zzz++;
```

```
  zzz %= 40;                  //Jeder 40. Interrupt wird verwendet.
 if(zzz==0)
      {                         //Das Ziel, kann postiv und negativ sein
    if (pos_ziel > pos_akt)  //inc positiv und negativ
       inc=1;
    else if (pos_ziel == pos_akt)
         inc = 0;
    else
          inc = -1;
    PORTB = mot[zaehler];
        zaehler += inc;
    zaehler = zaehler & 3;    //Modulo 4, da mot[] vier Elemente
    pos_akt += inc;

 }
 }


//Im Hauptprogramm sind nur die Initialisierungen.
//Es koennte aber im Hauptprogramm die globale Variable pos_ziel
//veraendert werden. Der Schrittmotor wuerde dann diese Position anfahren
int main(void)
{   DDRB = ((1<<PB3)|(1<<PB4)|(1<<PB5)); //fuer EnableB, In1, In3
    DDRD = (1<<PD3);                    //fuer EnableA
    PORTD = (1<<PD3);                   //EnableA aktivieren

#ifdef TIMSK0
TIMSK0=0x01;              //fuer Mega328 ...
TCCR0B=0x02;
#endif
#ifdef TIMSK
TIMSK=0x01;              //fuer Mega8 ...
TCCR0=0x02;
#endif
 sei();                   //Allgemeine Freigabe von Interrupts

    while(1)
    {
    }
}
```

11.6.3 Schrittmotoransteuerung über die RS-232-Schnittstelle

Beim nachfolgenden Programm kann die Position des Schrittmotors über eine Eingabe an der RS-232-Schnittstelle bestimmt werden. Die Eingabe erfolgt über ein Terminal-Programm, mit dem man positive oder negative Zahlen an den ATmega sendet. Die jeweiligen Zahlen werden als Zielposition des Schrittmotors betrachtet. Gibt man über die RS-232-Schnittstelle den Zielwert ein, benötigt der Motor eine gewisse Zeit, um dieses Ziel zu erreichen. Wird in dieser Zeit ein neues Ziel angegeben, soll das erste Ziel angefahren werden, und danach erst das zweite. Es soll also kein Befehl durch einen neuen Befehl unterbrochen werden. Das wird im Programm mit einem Ringpuffer erreicht. Der Ringpuffer besteht aus einem Array mit acht Elementen und zusätzlich zwei Variablen. Diese Variablen werden als *Lesezeiger* und *Schreibzeiger* bezeichnet und haben anfangs den Wert null. Hat der Lesezeiger den gleichen Wert wie der Schreibzeiger, ist kein neuer Wert im Ringpuffer. Ein neuer Wert im Ringpuffer wird durch Erhöhung des Schreibzeigers und einen Eintrag in den Ringpuffer erreicht.

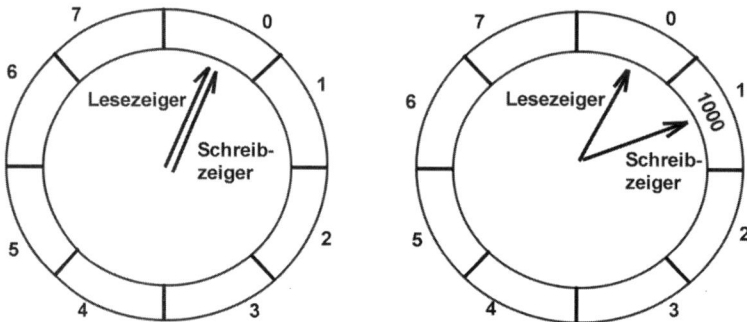

Abb. 11.14: Ringpuffer nach Eintrag eines Werts

Wird im Ringpuffer ein Zeiger erhöht, erfolgt das mit *Lesezeiger++* bzw. *Schreibzeiger++*. Damit aber nach dem Wert 7 der Wert 0 folgt, wird eine Modulo-8-Operation mit einer UND-Maskierung realisiert. Das erfolgt mit *Lesezeiger &= 0x0f;* bzw. *Schreibzeiger &= 0x0f;*.

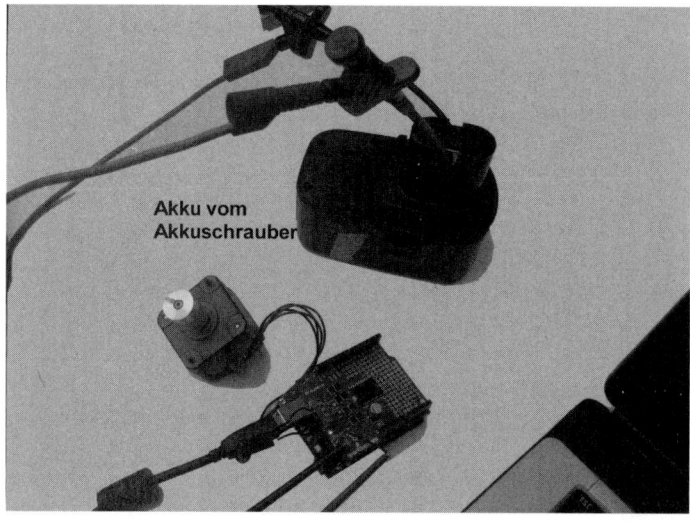

Abb. 11.15: Ardumoto; Schrittmotor mit einer Spannungsversorgung von einem Akku (aus einem Akkuschrauber)

```
/*
 * RS.c
 *  fuer Atmel Studio
 * Created: 04.05.2012 22:47:10
 *  Author: user
```

```
*/
#define F_CPU 16000000UL
#include <stdio.h>
#include <avr/io.h>
#include <string.h>
#include "serial1.h"
#include <avr/interrupt.h>
int pos_akt, pos_ziel;
int ring[8], Schreibzeiger, Lesezeiger;
int zaehler,zzz, inc;

# define In3 8
# define In1 4
# define EnB 2
# define EnA 1
char halbschritt [] = {In1 + EnA, In1 + In3 + EnA + EnB, In3 + EnB, In3 + EnA
+EnB,
                  EnA, EnA + EnB, EnB, In1 + EnA +EnB
                  };


ISR(TIMER0_OVF_vect)          // Interrupt Service Routine
{
  zzz++;        //Jeder Interrupt zaehlt um 1 hoch
  zzz %= 40;   //Jeder n-te Interrupt wird genutzt
              //5 fuer Accubetrieb, 40 fuer Betrieb mit 5V (von USB)
   if(zzz==0)
      {                        //Falls noetig, neues Ziel aus Ringbuffer holen
         if(Lesezeiger != Schreibzeiger && pos_ziel == pos_akt)
           {
              Lesezeiger ++;
          Lesezeiger &= 0x0f;
      pos_ziel = ring[Lesezeiger];
      }

         //Bestimmung, Rechtslauf, Linkslauf, Stillstand
      if (pos_ziel > pos_akt)
        inc=1;
      else if (pos_ziel == pos_akt)
        inc = 0;
      else
         inc = -1;
      PORTB &= 0b11000111;          //Ausgabe nur mit UND bzw. Oder
                                    //Daher keine Veraenderung anderer Bits
      PORTB |= ((halbschritt[zaehler]<<2)&0b00111000);

      PORTD &= 0b11110111;          //Bits im Array halbschritt[] an
      PORTD |= ((halbschritt[zaehler]<<3)&0b00001000);
         zaehler += inc;
      zaehler = zaehler & 7;        //Modulo 8, da Halbschritt 8 Faelle hat
      pos_akt += inc;
```

```
      }
  }

int main(void)
{
char fe[20];
char ch;
int i;
uart_init(16e6, 9600);                    //Initialisierung der RS-232
DDRB = ((1<<PB3)|(1<<PB4)|(1<<PB5));     //fuer EnableB, In1, In3
DDRD = (1<<PD3);                          //fuer EnableA
PORTD = (1<<PD3);                         //EnableA aktivieren

#ifdef TIMSK0
TIMSK0=0x01;                              //fuer Mega328 ...
TCCR0B=0x02;
#endif
#ifdef TIMSK
TIMSK=0x01;                               // Mega8 ...
TCCR0=0x02;
#endif
sei();                                    //Allgemeine Freigabe von Interrupts

while(1)
    {
    i=0;
    while( '\n' != (ch=getchar2()))  //Einlesen von RS-232
        if((ch>='0' && ch<='9') || ch == '-')
            fe[i++] = ch;
    fe[i] = '\0';
    puts2("$$$ "); puts2(fe); puts2("***\n\r");  //Ausgabe zur Kontrolle
    cli();
    Schreibzeiger ++;
    Schreibzeiger &= 0x07;               // moulo 8 wegen Groesse des Ringbuffers
    ring[Schreibzeiger]= atoi(fe);
    sei();
    }
}
```

Programm für Schrittmotor mit Eingabe des Ziels über die RS-232-Schnittstelle; die Befehle werden in einem Ringpuffer gespeichert.

11.7   Mikroschrittansteuerung

Werden die zwei Spulen eines bipolaren Schrittmotors mit Sinus- und Kosinus-spannung angesteuert, ist eine annähernd kontinuierliche Drehbewegung des Schritt-motors zu erwarten. In der Digitaltechnik wird in diesem Fall mit PWM-Signalen gearbeitet. Diese Ansteuerung wird als *Mikroschritt* (engl. Mikrostep) bezeichnet. Bei genauer Beobachtung des Mikroschritts kann man sehen, dass die einzelnen Zwischenschritte mit Sinus- und Kosinussignal nicht zu einer gleichmäßigen Drehung führen. Man müsste dann für einen speziellen Motor die Sinus- bzw. Kosinusspannung modifizieren (meist in Richtung Trapezspannung).

Das nachfolgende Beispiel zeigt die Ansteuerung eines Schrittmotors mit Mikroschritt. Dafür wird zuerst in Excel eine Sinustabelle erstellt.

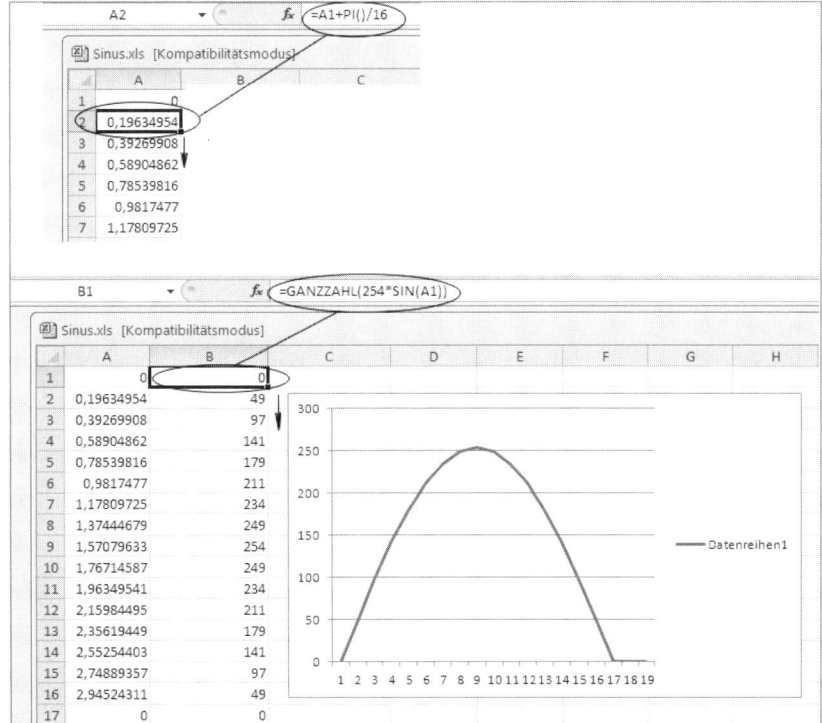

Abb. 11.16: Erstellen einer Sinustabelle in Excel

Dabei wird in der Spalte A zuerst das Argument für die Sinusfunktion erstellt und danach in der Spalte B der Funktionswert (Gewichtung) gebildet. Die 16 Werte aus Spalte B werden in einen Editor kopiert und danach entsprechend der Programmiersprache C in ein Array formuliert.

Ergebnis:

```
unsigned char sintab[] = {0, 49, 97, 141, 179, 211, 234, 249, 254, 249, 234,
211, 179, 141, 97, 49};
```

Auch mit einer Sinustabelle bis 90° hat man alle Werte einer Sinusfunktion zur Verfügung. Das würde aber zu einer zusätzlichen Fallunterscheidung im Programm führen.

Als Hardware wird wieder Ardumoto verwendet. Dabei wird für die Spule L1 mit *PB4* das Vorzeichen der Halbwelle bestimmt. Bei *PD3* wird mit PWM der Funktionswert des Sinus ausgegeben. Das Tastverhältnis dieses PWM-Signals wird durch *OCR2A = sintab*

[_x & 0b00001111]; bestimmt. Die andere Spule, L2, wird auf die gleiche Weise angesteuert. Das Vorzeichen des Kosinussignals wird an *PB5* ausgegeben. Die Bewertung
erfolgt mit dem PWM-Signal an *PB3*, das mit *OCR2B = sintab [_y & 0b00001111];*
bestimmt wird.

```
/*
 * Mikro.c
 * Programm nur für ATmega328P, da Timer 2 zwei PWM-Signale erzeugen muss
 *  fuer Atmel Studio
 */
#define F_CPU 16000000UL
#include <avr/io.h>
#include <avr/interrupt.h>
int _x;
int _y=8;
int z;
unsigned char sintab[]={ 0, 49, 97, 141, 179, 211, 234, 249, 254, 249, 234, 211,
179, 141, 97, 49};

ISR(TIMER2_OVF_vect)
{ z++;
  if(z==10)    //Jeden 10. Interrupt neuen PWM-Wert ausgeben
     {
     z=0;
     _x +=4;  //Oder +1, oder +2 fuer kleinere Schritte
     _y +=4;  //Oder +1, oder +2 fuer kleinere Schritte

     _x &= 0b00011111;    //Module 32
     _y &= 0b00011111;
          //PB3 + (PB5), auf Element 0 -15 des Arrays zugreifen
     OCR2A = sintab [_x & 0b00001111];
     if (_x & 0b00010000)      //Pos oder neg Halbwelle Spule 1
       PORTB &=  0b11011111;
     else
       PORTB |= 0b00100000;
          //PD3 + (PB4), auf Element 0 -15 des Arrays zugreifen
     OCR2B = sintab [_y & 0b00001111];
     if (_y & 0b00010000)      //Pos oder neg Halbwelle Spule 2
       PORTB &=  0b11101111;
     else
       PORTB |= 0b00010000;
     }
}

int main(void)
{
DDRB = ((1<<PB3)|(1<<PB4)|(1<<PB5)); //fuer EnableB, In1, In3
DDRD = (1<<PD3);

//Timer 2 Intialisierung
```

```
//Clock 128 kHz
//Fast PWM
//OC2A und OC2B non inverted PWM
TCCR2A=0xA3;
TCCR2B=0x05;

// Timer 2 Interrupt Initiialiserung
TIMSK2=0x01;

sei();                    //Allgemeine Freigabe von Interrupts

    while(1)
    {
    }
}
```

Programm zur Ansteuerung eines Schrittmotors im Mikroschritt-Modus

Das Programm arbeitet ausschließlich im Interrupt. Das Argument für die Ausgabe der Sinusspannung ist _x und für die Kosinusspannung _y. Diese Variablen laufen um acht Positionen versetzt und bewirken den Versatz um 90°, also den Sinus- bzw. Kosinuswert.

Beide Variablen laufen im Wertebereich von 0 bis 31. Das erfolgt durch eine Maskierung im Programm mit _x &= 0b00011111; und _y &= 0b00011111;. Die Schrittweite in der Sinustabelle ist frei wählbar.

```
_x +=4;   //Oder +1, oder +2 fuer kleinere Schritte
_y +=4;   //Oder +1, oder +2 fuer kleinere Schritte
```

Werden kleinere Schritte gewählt, dreht sich der Schrittmotor langsamer. Die Umdrehungsgeschwindigkeit kann auch dadurch eingestellt werden, dass nicht nach jedem PWM-Zyklus ein neuer Sinuswert ausgegeben wird. Um das zu bewerkstelligen, wird im Programm am Anfang der Interruptroutine die Variable z hochgezählt. Mit der nachfolgenden Abfrage wird festgelegt, wie oft der gleiche PWM-Wert ausgegeben wird. Im Programm ist dabei der Wert von zehn PWM-Zyklen gewählt. Dieser Wert führt zu einer langsamen Drehung beim Motor und erlaubt auch die Verwendung der 5 V von der USB-Schnittstelle zur Spannungsversorgung des Motors.

Das oberste Bit der Variablen _x und _y ist das Vorzeichen der Sinusfunktion und wird auf *PB4* und *PB5* ausgegeben. Beim Zugriff auf die Sinustabelle wird das Argument mit *sintab[_x & 0b00001111];* und *sintab[_y & 0b00001111];* maskiert. Das begrenzt die Werte des Arguments auf die Array-Länge der Sinustabelle. Bei Werten von _x > 15 (gilt auch für _y) wird wieder auf die richtigen Werte in der Sinustabelle im Bereich von 0 bis 15 zugegriffen.

12 Distanzmessungen mit Ultraschallsensoren

12.1 Funktionsweise

Als Ultraschall wird ein Schall bezeichnet, der eine so hohe Frequenz hat, dass man ihn nicht mehr hören kann.

Frequenzen über 20 kHz sind für den Menschen nicht hörbar und werden in jedem Fall als Ultraschall bezeichnet. Ultraschallsensoren geben eine kurze Folge von Schallwellen (auch als *Burst* bezeichnet) ab und empfangen den reflektierten Schall. Aus der Laufzeit des Schalls kann die Distanz zum Reflektor ermittelt werden.

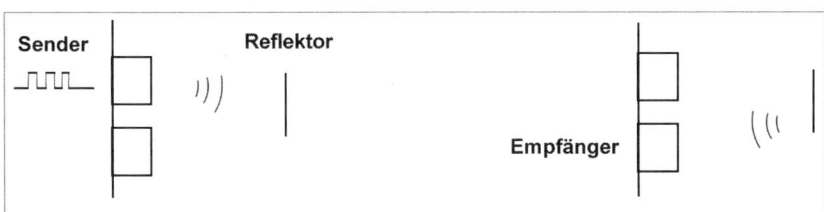

Abb. 12.1: Prinzip der Ultraschallortung

Die Berechnung der Entfernung erfolgt mit der Formel Entfernung = Schallgeschwindigkeit * Laufzeit / 2

(Die Schallgeschwindigkeit in Luft beträgt 340 m/s. Die Division durch 2 ist wegen Hin- und Rücklauf der Schallwelle erforderlich.)

Manche Ultraschallsensoren, z. B. solche, die im Auto zur Rückfahrtskontrolle verwendet werden, haben Sende- und Empfangseinheit in einer einzigen Kapsel. In dieser Weise ist auch der verbreitete Sensor SRF02 aufgebaut, der im ersten Beispiel gezeigt wird. Dabei wird dieser Sensor mit I^{2}C (oder TWI) vom Mikrocontroller angesteuert. Danach wird ein Ultraschallsensor mit Schaltungs- und Programmerklärung vorgestellt.

12.2 Ultraschallsensor SRF02

Der SRF02 arbeitet mit einer Ultraschallfrequenz von 40 kHz. Der Sensor hat eine gemeinsame Sende- und Empfangskapsel. Außerdem ist dieser Sensor im Preis, der unter 20 Euro liegt, relativ günstig. Im Nahbereich unter 15 cm kann der Sensor leider nicht eingesetzt werden. Der SRF02 kann wahlweise (Anschluss-Mode) über die serielle Schnittstelle oder über I²C oder TWI betrieben werden (I²C und TWI sind Synonyme).

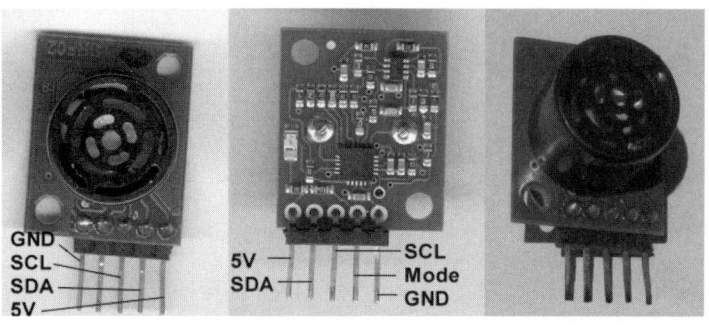

Abb. 12.2: SRF02 in verschiedenen Ansichten

Im folgenden Beispiel soll der Sensor über den I²C-Bus betrieben werden. Dafür sind vier Verbindungsleitungen anzuschließen. Dabei muss der Anschluss Mode offen bleiben (Mode an Masse schaltet in den seriellen Betrieb um).

Abb. 12.3: Anschluss des SRF02 an den Arduino zur Ansteuerung über I²C oder TWI; die Leitung SCL ist im Bild durch weiße Striche markiert.

Dabei sind Masse und 5 V vom Arduino direkt an den Sensor angeschlossen und von den +5 V der USB versorgt. *PD4*, Pin Nr. 4 am Arduino, ist an SCL des Sensors angeschlossen und *PD3*, Pin Nr. 3 vom Arduino, mit SDA des Sensors verbunden (solche Verbindungskabel, mit Stecker und Buchse, sind bei *www.watterott.com* unter der Artikelnummer 2009739 erhältlich). Bei einer Ansteuerung über den I²C-Bus sind von SCK und SDA Widerstände an 5 V zu schalten. Diese Pull-up-Widerstände wurden in einem ersten Experiment nicht eingesetzt, und dennoch hat der Sensor einwandfrei funktioniert.

Ein guter Konstrukteur würde trotzdem immer Widerstände vom SCL und SDA auf +5 V vorsehen. Eine nachweislich funktionierende Schaltung ist noch kein Beweis dafür, dass die Schaltung bei Schwankung der Kennwerte immer funktioniert. Bastler begnügen sich damit, dass eine Schaltung läuft, gute Konstrukteure können nachweisen, dass die Schaltung trotz Toleranz der Bauteile funktioniert.

Als Pull-up-Widerstände sind 4,7 kΩ üblich. Sollte also die Schaltung wie im Bild oben nicht einwandfrei arbeiten, sind diese Widerstände sofort einzubauen.

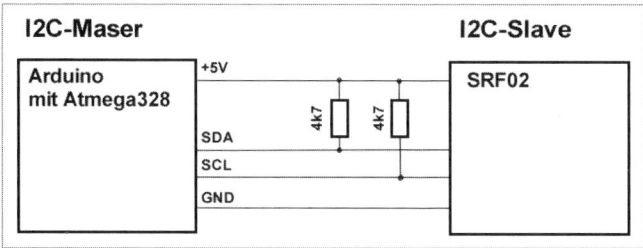

Abb. 12.4: ATMEGA328P mit Sensor SRF02; die Verdrahtung erfolgt entsprechend dem I²C-Bus mit Pull-up-Widerständen.

Das Programm zur Ansteuerung des Sensors benötigt zwei Zusatzprogramme. Für die Ausgabe der gemessenen Distanz (in Zentimetern) wurde der Befehl *printf()* verwendet. Aus diesem Grund ist das Programm serial2.h verwendet worden. Die Kommunikation mit dem Sensor erfolgt über den I²C-Bus (auch als TWI-Bus bezeichnet). Dafür wird die beliebte Bibliothek von Peter Fleury eingesetzt. Um die formatierte Ausgabe mit *printf()* über die RS-232-Schnittstelle zu realisieren und die I²C-Schnittstelle anzusprechen, sind dem Projekt folgende drei Dateien hinzuzufügen:

1. seriel2.h
2. i2cmaster.h
3. i2cmaster.s

Die Dateien i2cmaster.h und i2cmaster.s sind von *http://jump.to/fleury*. Alle drei Dateien sind in den Ordner des Projekts zu kopieren, in dem sich die C-Datei des Projekts befindet. Zusätzlich sind diese Dateien dem Projekt hinzuzufügen. Aufgrund der Oszillatorfrequenz von 16 MHz muss die Datei i2cmaster.S modifiziert werden. Das Timing des I²C-Bus erfordert an mehreren Stellen eine Wartezeit von größer 4,5 µs. In der Datei i2cmaster.s ist diese Verzögerungszeit in der Funktion i2c_delay realisiert. Damit auch bei der Quarzfrequenz von 16 MHz eine Verzögerungszeit von 5 µs erreicht wird, ist an der unten eingezeichneten Stelle 40-mal der Assembler-Befehl *nop* einzufügen.

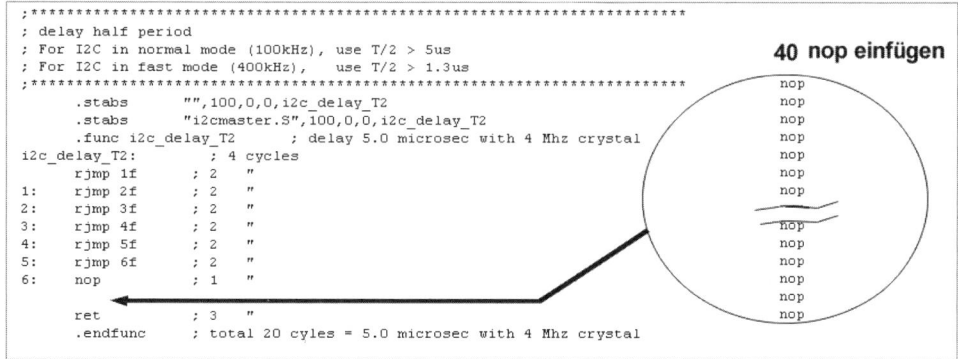

Abb. 12.5: Programmierung der Verzögerungszeit von 5 µs für den I²C -Bus bei einer Oszillatorfrequenz von 16 MHz in der Datei i2cmaster.s

In der Datei i2cmaster.s könnte auch die Pin-Belegung für SCL und SDA festgelegt werden. Im Originalprogramm von Peter Fleury ist SDA an *PD3* und SCK an *PD4* angeschlossen. Diese Zuordnung wurde im Programm beibehalten.

```c
/*Ultraschalblsensor SRF02 mit I2C angesteuert.
Getestet mit ATmega328P, kann aber auch auf ATmega8 uebersetzt werden
Die Ausgabe der gemessenen Distanz erfolgt in cm.
Die Datei serieal2.h ist im Katipel 6.2 beschrieben.
Die Dateien i2cmaster.h und i2cmaster.s sind von der Library von Peter Fleury.
http://homepage.hispeed.ch/peterfleury/avr-software.html
i2cmaster.zip
fuer Atmel Studio
*/

#define F_CPU 16000000UL
#include <string.h>
#include <stdlib.h>
#include <stdio.h>
#include <avr/io.h>
#include <util/delay.h>
#include "i2cmaster.h"
#include "serial2.h"

//Initialisierung und die Funktionen uart_putchar und uart_getchar
//Beide Funktionen sind in serial2.h programmiert
//Aktion 1: Eintrag von uart_putchar und uart_getchar als Standard IO
FILE mystdout = FDEV_SETUP_STREAM(uart_putchar, uart_getchar, _FDEV_SETUP_RW);

int srf02(int I2C_Adresse)
   {
   int hbyte,lbyte;
      i2c_start(I2C_Adresse + I2C_WRITE); //Adresse des Sensors ist 0xe0
   i2c_write(0x00);                       //Befehlsregister hat Adresse 0
   i2c_write(0x51);       //Starten des Messvorgangs, Ergebnis in Zentimetern
   i2c_stop();

   _delay_ms(70);                         //Dem Sensor zum Messen Zeit lassen

      i2c_start(I2C_Adresse + I2C_WRITE);
   i2c_write(2);                          //zeige auf Highbyte im Leseregister
   i2c_stop();

   i2c_start_wait(I2C_Adresse + I2C_READ);
   hbyte = i2c_readAck();                 //Die Entfernung ist in 2 Byte abgelegt
   lbyte = i2c_readNak();
   i2c_stop();
   return    (hbyte << 8) + lbyte;
   }

int main(void)
{
   uart_init(F_CPU, 9600);
   stdout = stdin = &mystdout;    //Elementare IO-Funktionen als Standard IO
   i2c_init();                    // init I2C interface

   while(1)
   {    printf(" hp  %d\r\n",srf02(0xe0) );
      _delay_ms(500);
   }
}
```

Programm zur Ansteuerung des Ultraschallsensors SRF02 an Arduino/ATmega328P

In der Wartezeit von 70 ms, die im Programm vorgesehen ist, bestimmt der Sensor die Entfernung. Nach Datenblatt dauert der Messvorgang 65 ms. Das ist die Zeit für Vor- und Rücklauf des Schalls. Daher kann maximal eine Entfernung von 340 m/s * 32,5 ms = 11 m erfasst werden. Unter Berücksichtigung der Schalllaufzeit und der Zeit für die Kommunikation kommt man auf eine maximale Reichweite von ca. 9 m. Eine Aussage, wie groß bei dieser Entfernung der Reflektor sein muss, ist nicht im Datenblatt zu finden. Schätzungsweise kann man aber bei einer Entfernung von 9 m mit einer notwendigen Reflektorgröße in der Größe einer Hauswand ausgehen.

12.3   Ultraschall-Eigenbausensor

Die Abstimmung der Empfindlichkeit auf die jeweiligen akustischen Rahmenbedingungen ist eine Stärke des Eigenbausensors. Er kann frei konfiguriert werden, und es wird gezeigt, dass damit sogar im Abstand von 20 cm eine Fliege erkannt werden kann. Der Vorteil eines Eigenbausensors besteht darin, dass man den Sensor bezogen auf das Problem optimieren kann. So kann die Empfindlichkeit, die Wiederholfrequenz, die Auswertung von Mehrfachechos oder die Synchronisation im Bedarfsfall in der Sensor-Software berücksichtigt werden. Der vorgestellte Eigenbausensor arbeitet mit getrennten Kapseln für Sender (Transmitter) und Empfänger (Receiver) und kann daher auch für sehr kurze Entfernungen eingesetzt werden.

Der Ultraschall wird in Form eines *Bursts* mit sieben Schwingungen (siehe Oszilloskopbild unten) gesendet. Dafür gibt der Prozessor ATmega328P die Signale an *PD3* und *PD4* aus und schaltet die P-Kanal-FETs BS250 abwechselnd durch. Leitet ein FET, wird der Anschluss an der Senderkapsel auf +5 V gezogen. Der zweite Anschluss der Sendekapsel bleibt durch die 100-Ω-Widerstände praktisch auf -12 V. Dadurch entsteht an der Sendekapsel eine Spannung von +-17 V, und es ist ein sehr kräftiger Ultraschall zu erwarten.

Der Empfänger arbeitet mit einem Operationsverstärker OP27. Das ist ein besonders rauscharmer Verstärker, der außerdem eine kleine Offset-Spannung und eine große Bandbreite hat. Die Gleichrichtung des Echos erfolgt über den *Rail-to-rail*-Verstärker MCP6283. Dieser Verstärker wird ohne negative Betriebsspannung betrieben, und somit bewirkt eine einfache Verstärkerschaltung die Gleichrichtung. Der 10-kΩ-Widerstand und die Diode 1N4148 schützen den Eingang des MCP6283 vor negativer Spannung (die Diode 1N4148 ist nicht zur Gleichrichtung eingesetzt).

Eine weitere Besonderheit ist die entfernungsabhängige Empfindlichkeitsschwelle. Damit ist es möglich, die Empfindlichkeit in Abhängigkeit der Zeit frei zu wählen (Werte von *verst []*). Da weit entfernte Echos schwächer sind, kann man das damit kompensieren. Wie man die Schwelle an ein Problem optimal anpasst und den Sensor sogar so konfigurieren kann, dass er eine einzelne Fliege erkennt, wird am Ende des Kapitels gezeigt.

Das empfangene Ultraschallsignal wird verstärkt und gleichgerichtet und mit einer Schwellspannung verglichen. Diese Schwellspannung wird mit einem PWM-Signal an *PD2* erzeugt. Dabei wird aus dem PWM-Signal mit einem Tiefpass zweiter Ordnung der

Mittelwert gebildet. Diese Spannung wird an den Komparator (*PD6*) des ATmega328P angelegt. Der zweite Eingang des Komparators (*PD7*) ist mit dem Echosignal verbunden. Übersteigt das Echosignal die Schwelle, wird die Zeit (Anzahl der Interrupts) in der Variablen *position* gespeichert.

Zusätzlich besteht mit der variablen Schwelle die Möglichkeit, das direkte Übersprechen des Sendesignals auf den Empfänger auszublenden.

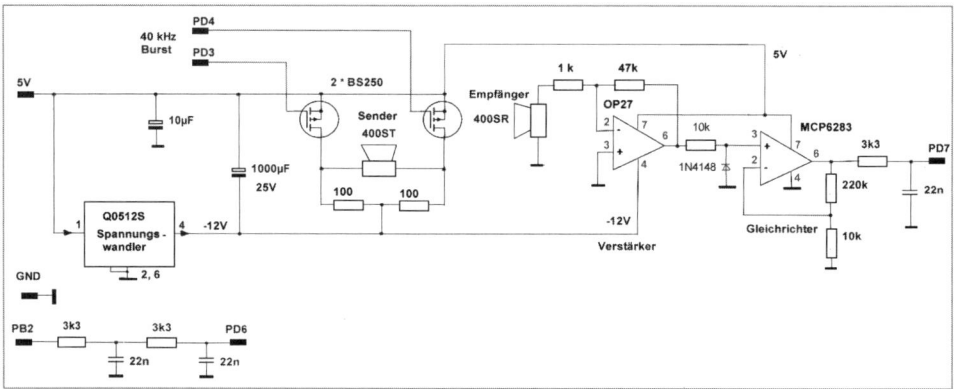

Abb. 12.6: Schaltplan des Ultraschall-Eigenbausensors

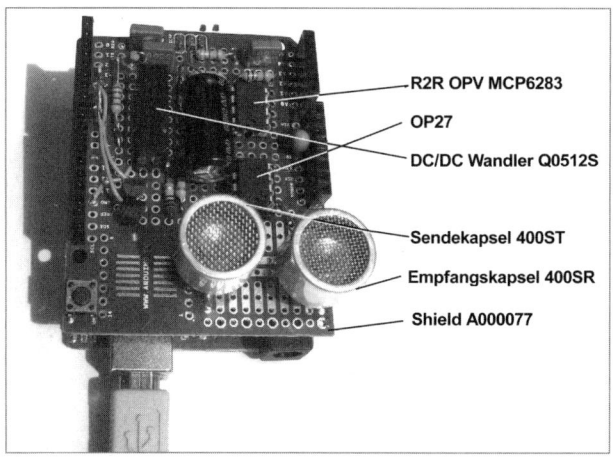

Abb. 12.7: Aufbau des Ultraschallsensors als Shield auf einem Arduino

Beschaffung und erforderliche Eigenschaft einiger Bauelemente

Die Sende- und Empfangskapsel 400ST160 und 400RT160 ist bei *http://de.farnell.com* erhältlich. Es funktioniert allerdings praktisch jede 40-kHz-Sende- und Empfangskapsel in der angegebenen Schaltung. Der Operationsverstärker OP27 ist bei *www.reichelt.de*, der R2R OPV MCP6283 ist bei *http://de.farnell.com* erhältlich. Es kann aber praktisch jeder R2R OPV eingesetzt werden, der ein Verstärkungsbandbreiteprodukt von mindestens 1 MHz hat. (z. B. LMC6484). Der DCDC–Wandler Q0512S ist von *http://de.farnell.com*. Es werden die ungeregelte Spannung vom DCDC-Wandler und die

+5 V vom USB zur Spannungsversorgung für die Verstärker verwendet. Das Arduino Shield A000077 ist bei *http://www.watterott.com* oder *http://elmicro.com* erhältlich.

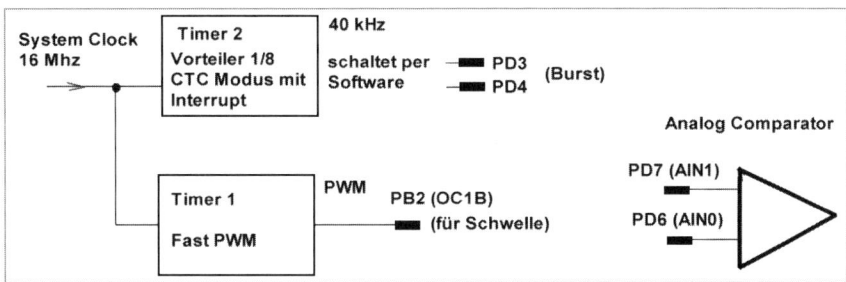

Abb. 12.8: Verwendung der Timer im Ultraschallsensor

Der Timer 2 arbeitet mit einer Clock von 2 MHz (16 MHz System Clock und Vorteiler durch 8). Er wird im CTC-Modus betrieben und löst mit 80 kHz (12,5 µs) einen Interrupt aus. In der Interrupt Routine wird der gesamte Messvorgang ausgeführt. Der Timer 1 bestimmt mit seiner PWM die Empfindlichkeit (Schwelle) des Sensors.

```
/*
Das Programm ist nur für den ATmega328P
fuer Atmel Studio
*/

#define F_CPU 16000000UL
#include <string.h>
#include <stdlib.h>
#include <stdio.h>
#include <avr/io.h>
#include <float.h>
#include <avr/delay.h>
#include "serial2.h"
#include <avr/interrupt.h>

//Initialisierung und die Funktionen uart_putchar und uart_getchar
//Aktion 1: Eintrag von uart_putchar und uart_getchar als Standard IO
static FILE mystdout = FDEV_SETUP_STREAM(uart_putchar, uart_getchar,
_FDEV_SETUP_RW);
unsigned int z;
//Vorgabe der Schwelle
int verst []={105,80,78,76,74,72,70,68,66,64,62,60,58,56,54,52,
        50,48,46,44,42,40,38,36,34,30,28,26,26,26,25,25};
int messen, position;

ISR(TIMER2_COMPA_vect)      //je 12,6 µs ein Einsprung
{ if(z==2048)               //Sendesignal + Erfassungszeit = 2048 * 12,6 µs
  {
  z = 0;
  messen = 1;               //Messung scharf machen
  position = -1;            //Markierung, dass kein gueltiger Messwert vorhanden ist
  //PORTB &= 0b11111110 ;
```

```
   }
 if (z == 0)
  {
   PORTD &= 0b11100111;      //Bits fuer Burst stetzen
   PORTD |= 0b11001000;
   }
 else if (z < 15)
   PORTD ^= 0b00011000;      //Bits fuer Burst toggeln
 else
   PORTD |= 0b11011000;      //Bits fuer Sender so setzen, dass beide FETs sperren

 if((messen ==1) && (z>20) && ((ACSR & (1<<ACO)) == 0))    //Komparator abfragen
  {
   position = z;             //beim ersten Auftreten eines Echos  Position speichern
   messen = 0;               //weitere Echos ignorieren
  }
 OCR1BL = verst[z>>6];   //PWM für Schwelle setzen
 z++;
}

int main(void)
{
int x;
uart_init(F_CPU, 9600);      //RS232 Initialisierung (aus serial2.h) aufrufen
stdout = stdin = &mystdout; //Aktion 2: Elementare IO Funktionen als Standard IO

PORTB=0xff;
DDRB=0b00000100;     //PB2 PWM Ausgang für Schwelle

PORTD=0xff;
DDRD=0b00011000;     //PD3 und PD4 für FET Ansteuerung; PD6 und PD7 Comparator Eingang

                     //Timer 1, Ausgang OC1B Non. Inv.
                     //Dieser Timer erzeugt ueber die PWM die Schwellspannung
TCCR1A = TCCR1A | (1<<COM1B1) | (1<<WGM10);  //WGM ... fast PWM;
                     //COM1B1 ... Clear OC1B on Compare Match d.h. non inverted PWM
TCCR1B = TCCR1B | (1<<WGM12) | (1<<CS10);    //CS10 ... No prescaling, clock 16 Mhz

//Timer2, Keine Ausgänge aktiviert
//Erzeugt 80 kHz bzw. Interrupt alle 12,5 µs
TCCR2A |= (1<<WGM21);   //WGM21  ... CTC
TCCR2B |= (1<<CS21);    //CS21 ... Clock prescaler 1/8
OCR2A = 0x18;           //Teilerzahl für 80 kHz (durch toggeln 40 kHz Signal)
TIMSK2=0x02;            //Timer 2 Interrupt

//Analog Comparator
ACSR=0x00;
ADCSRB=0x00;
DIDR1=0x00;

sei();

printf("Distanzmessung mit Ultraschall\r\n");
while(1)
    {
```

```
   cli();
      x = position;
      sei();
   if (x>=0)
   { //Wellenanzahl * 0,41625 /2 ... cm
      printf("%d    %d cm\n\r", x, (int)(x*0.41625/2) );
         _delay_ms(300);
   }
   }
}
```

Programm zur Ansteuerung des Ultraschall-Eigenbausensors

In der Interruptroutine *ISR(TIMER2_COMPA_vect)*, die alle 12,5 µs aufgerufen wird, erfolgt der gesamte Messvorgang. Dabei wird mit jedem Interrupt die Variable z hochgezählt und im Wertebereich von 0 bis 2.047 begrenzt.

```
if (z == 2048) //Sendesignal + Erfassungszeit = 2048 * 12,5 µs
{
  z = 0;
  …
```

Die maximale Reichweite des Sensors beträgt daher 12,5 µs * 2.048 * 340 m/s / 2 = 4,35 m. Die Division ist dadurch begründet, dass der Schall vor- und zurücklaufen muss. Nachdem der Wert von z in der Interruptroutine von 2.047 auf 0 übergeht, wird der Burst ausgegeben.

```
if (z == 0)
{
  PORTD &= 0b11100111; //Bits fuer Burst setzen
  PORTD |= 0b11001000;
}
else if (z < 15)
  PORTD ^= 0b00011000; //Bits fuer Burst toggeln
else
  //Bits fuer Sender so setzen, dass beide FETs sperren
  PORTD |= 0b11011000;
…
```

In der Folge wird kontrolliert, ob am Komparator das Signal des Echos höher als die Schwelle ist. Ist das der Fall, wird z und damit die Entfernung auf die Variable *position* gespeichert und ein weiterer Messvorgang verhindert, bis wieder eine neue Messung gestartet wird.

```
if ((messen == 1) && (z > 20) &&
    ((ACSR & (1 << ACO)) == 0)) //Komparator abfragen
{
  //beim ersten Auftreten eines Echos Position speichern
  position = z;
  // PORTB |= 1;
  messen = 0; //weitere Echos ignorieren
}
…
```

Dadurch wird nur das erste Echo berücksichtigt. Mit dem Befehl *OCR1BL = verst[z >> 6];* wird das PWM für die Schwellspannung vorgegeben. Der Schiebbefehl um sechs Positionen nach rechts bewirkt, dass das Argument für den Array-Zugriff im Bereich von 0 bis 31 begrenzt ist. Die maximale Reichweite des Sensors ist, wie oben berechnet, auf 4,35 m eingestellt, und für die Schwelle sind zeitabhängig 32 Werte im Array *verst[]* gespeichert. Das bedeutet, dass ein Eintrag im Array einen Abschnitt von 4,35 m / 32 = 13,6 cm beeinflusst. Der erste Wert im Array ist 105 (*int verst[] = {105, 80 ...}*) und blendet das Übersprechen aus. Der Sensor funktioniert bei dieser Konfiguration auch im Bereich des Übersprechens und wurde bis zu einer minimalen Distanz von 7 cm erfolgreich getestet. Für noch kürzere Entfernungen ist der Burst zu verkürzen.

Im Hauptprogramm erfolgt die Ausgabe der gemessenen Distanz. Falls keine Messung erfolgreich durchgeführt worden ist, hat die Variable *position* den Wert -1. Das tritt auf, wenn kein Echo vorhanden oder der Messvorgang noch nicht abgeschlossen ist.

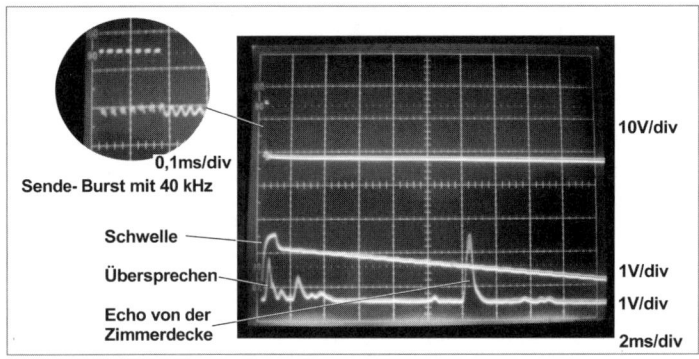

Abb. 12.9: Oszilloskopbild von Sendesignal, Schwellspannung und Empfangssignal

Im Bild ist die oberste Kurve das Signal an einem Anschluss der Sendekapsel. Die gemessene Amplitude ist ca. 17 V. In der mit Schwelle bezeichneten Kurve ist das Signal an *PD6* dargestellt. Die dritte Kurve zeigt das Echo an *PD7*. Es ist ersichtlich, dass an einer Stelle die Schwelle größer als das Übersprechsignal ist. Der Sensor liegt bei dieser Messung am Tisch, und dieses Echo (bei 12 ms) entsteht durch Reflexion an der Zimmerdecke. Mit der Formel Entfernung = Schallgeschwindigkeit * Zeit / 2 kann der Abstand vom Sensor, der am Tisch liegt, zur Zimmerdecke ermittelt werden (340 m/s * 12 ms / 2 = 2,04 m).

In dieser Anwendung wird versucht, eine 6 mm große Fliege mit dem Ultraschallsensor zu orten. Für das Experiment ist ein Oszilloskop zwingend erforderlich, da man die optimale Schwellspannung andernfalls nicht finden wird. Zuerst wird eine Fliege mit einer 20 cm langen Nähseide über den Sensor gehängt und die Signale Echo und Schwelle werden an *PD7* und *PD6* gemessen.

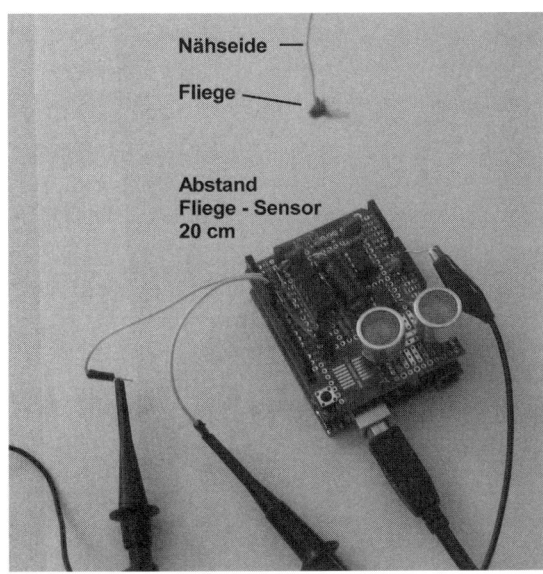

Abb. 12.10: Ortung einer Fliege mit einem selbst gebauten Ultraschallsensor

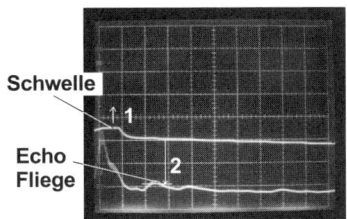
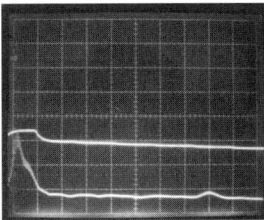

Abb. 12.11: Schwelle und Echo von der Versuchsanordnung oben; links: Die Fliege ist an einem Faden aufgehängt; rechts: Das Echo ist nur vom Faden.

Danach wird aus dem Oszilloskopbild eine Strategie für eine Software entwickelt.

Die Signale für die Schwelle kommen von den Werten aus dem angegebenen Array. An der mit 1 markierten Stelle ist das Echo aufgrund des Übersprechens sehr knapp unter der Schwelle. Im Array sollte der Wert von 105 auf 120 erhöht werden, um ausreichend Reserven vorzusehen. An der Stelle, die mit »2« gekennzeichnet ist, muss die Schwelle deutlich gesenkt werden. Versuchsweise könnte der Wert von 80 für das Array-Element 1 probeweise durch den Wert von 20 ersetzt werden. Danach sollen die Messungen wieder mit einem Oszilloskop beurteilt werden. Dabei wird ein Array-Wert gesucht, bei dem nur das Echo der Fliege größer als die Schwelle ist. Auf diese Weise kann der Sensor für diese Anwendung optimal eingestellt werden. Bei einem fertig aufgebauten Sensor ist eine derartige Optimierung nicht möglich.

```
int verst []=
{
  105, 80, 78, 76, 74, 72, 70, 68, 66, 64, 62, 60, 58, 56, 54, 52,
   50, 48, 46, 44, 42, 40, 38, 36, 34, 30, 28, 26, 26, 26, 25, 25
};
```

13 Transistorkennlinie aufnehmen und grafisch darstellen

13.1 Arbeitsweise des Kennlinienschreibers

Das folgende Kapitel zeigt, wie man eine Transistorkennlinie aufnimmt und grafisch darstellt. Dabei wird das Ausgangskennlinienfeld, bei dem die X-Achse die Kollektor-Emitter-Spannung ist und die Y-Achse den Kollektorstrom repräsentiert, sowohl in Microsoft Excel 2010 als auch auf einem LC-Display dargestellt. Die Kennlinie wird mit dem Basisstrom parametrisiert, d. h., für verschiedene Basisströme werden einzelne Kurvenzüge gezeichnet. In diesem Experiment wird mit sehr einfacher Hardware gearbeitet. Ein professioneller Kennlinienschreiber würde eine umfangreichere Schaltung benötigen. Bei dieser Schaltung sollte die Versorgung im Kollektorkreis mit einem Leistungsverstärker realisiert werden, wodurch höhere Spannungen und Ströme eingespeist werden könnten. Der Basisstrom sollte mit einer spannungsgesteuerten Stromquelle eingestellt werden.

13.2 Darstellung der Daten in Excel

Zuerst wird ein Kennlinienschreiber vorgestellt, der die Messwerte an der seriellen Schnittstelle ausgibt. Die Daten werden mit dem Terminal-Programm (z. B. Hyperterm) empfangen und in einer Datei abgelegt. Danach wird mit Excel die Datei geöffnet und die Transistorkennlinie als Grafik dargestellt.

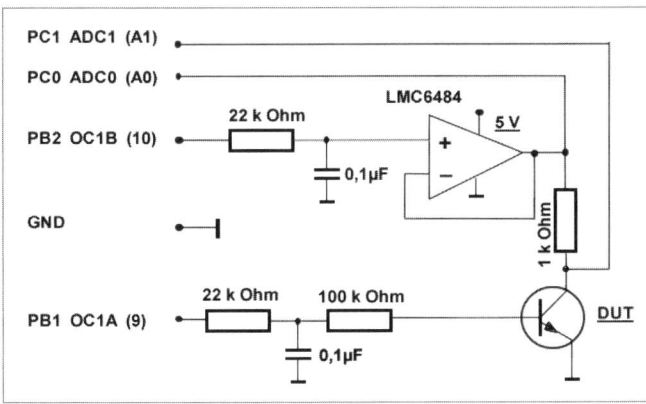

Abb. 13.1: Schaltplan des Kennlinienschreibers für Transistoren (DUT = device under test); die Schaltung wird sowohl für die Visualisierung in Excel als auch zusammen mit dem LC-Display eingesetzt.

An *PB1* und *PB2* wird vom Prozessor ein PWM-Signal abgegeben. Jedes PWM-Signal wird über einen Tiefpass in eine Spannung von 0 V bis 5 V umgewandelt. Das PWM-Signal an *PB2* liefert, nach einer Tiefpassfilterung, die Spannung im Kollektorkreis. Das PWM-Signal an *PB1* bewirkt den Basisstrom. Für den Basisstrom wird zuerst mit einem Tiefpass mit 22 kΩ und 0,1 µF das PWM-Signal geglättet und in eine Gleichspannung umgewandelt. Danach erfolgt mit einem 100-kΩ-Widerstand die Umwandlung der Gleichspannung in den Basisstrom. Da beim Transistor die Basis-Emitter-Spannung näherungsweise konstant ist, berechnet sich der Basisstrom mit folgender Formel:

$$I_{Basis} = \frac{\dfrac{5\ \text{Volt} * OCR1AL}{255} - 0{,}45\ \text{Volt}}{100\ \text{kOhm} + 22\ \text{kOhm}}$$

Abb. 13.2: Formel für Basisstrom

Die Flussspannung einer (Basis/Emitter-)Diode liegt bei 0,6 V. Für Ströme im µA-Bereich ist jedoch 0,45 V realistischer, und dieser Wert wurde in die Formel oben eingesetzt. Der Wert von *OCR1AL* bestimmt das Tastverhältnis des PWM-Signals und liegt im Wertebereich von 0 bis 255.

Beispiel: OCR1AL = 100

Nach Gleichung ist I_{Basis} = 12,4 µA.

Am Eingang *PC1* wird die Kollektorspannung gemessen. Die Spannungsquelle im Kollektorstromkreis wird mit dem OPV als Spannungsfolger realisiert. Die Kollektorspannung wird am Pin *PC0* des Prozessors eingelesen. Aus der Differenz der Spannungen an *PC0* und *PC1* ergibt sich der Spannungsabfall am 1-kΩ-Widerstand. Daraus lässt sich über das ohmsche Gesetz der Kollektorstrom berechnen.

$$I_C = \frac{U_{PC0} - U_{PC1}}{1\ \text{kOhm}}$$

Abb. 13.3: Berechnung des Kollektorstroms aus den Messungen an *PC0* und *PC1*

Im nachfolgenden Programm wird in der äußeren *For*-Schleife zuerst ein Basisstrom eingestellt. D. h., mit *for(i = 0; i < 4; i++);* wird der Transistor bei vier verschiedenen Basisströmen betrieben. Der Wert für *OCR1AL* wird bei jedem Schleifendurchlauf um 25 erhöht. Das bedeutet, dass die Basisströme in Stufen um 4 µA zunehmen.

In der Folge wird in der inneren Schleife die Spannungsquelle im Kollektorstromkreis erhöht. Dabei wird eine Treppenspannung mit acht verschieden Spannungswerten ausgegeben. Der erste Wert ist 0 V, danach steigt die Spannung um 5 V * 30 / 255 = 0,588 V je Stufe.

Die Werte der Kollektorspannung und des Kollektorstroms werden mit Tabulator getrennt auf die RS-232-Schnittstelle ausgegeben. Nach Ausgabe beider Zahlenwerte wird ein Zeilenumbruch an die Schnittstelle geschickt. Dadurch kann man die Messwerte in einem Terminal-Programm gut beobachten und außerdem besteht mit einem Terminal-Programm die Möglichkeit, diese Daten aufzuzeichnen. Daten in diesem Format sind in Excel einlesbar.

```
/*
Transistorkennlinie
 fuer ATmega328P
 fuer Atmel Studio
 Ausgabe der Daten über RS-232
 */

#define F_CPU 16000000UL
#include <string.h>
#include <stdlib.h>
#include <stdio.h>
#include <avr/io.h>
#include <util/delay.h>
#include "serial2.h"

//Initialisierung und die Funktionen uart_putchar und uart_getchar
//Beide Funktionen sind in serial3.h programmiert
//Aktion 1: Eintrag von uart_putchar und uart_getchar als Standard IO

FILE mystdout = FDEV_SETUP_STREAM(uart_putchar, uart_getchar, _FDEV_SETUP_RW);

unsigned int read_adc(unsigned char adc_input)
{
ADMUX=adc_input | (1<<REFS0);          //Vref von Vcc
_delay_us(10);
ADCSRA|=(1<<ADSC);                     //ADC Start Umwandlung
while ((ADCSRA & 0x10)==0)             // AD abwarten, bis fertig
      ;
ADCSRA|= (1<<ADIF); //Datenb.: ADIF is cleared by writing a logical one to the
flag
return ADCW;
}

int main(void)
{  int i,j,m,n;

   uart_init(F_CPU, 9600);             //Serielle initialisieren
   stdout = stdin = &mystdout;         //Elementare IO Funktionen als

PORTB=0x00;
DDRB=0x06;                             //PWM Ausgaenge Basisstrom/Kollektorspannung

TCCR1A= (1<<COM1A1)|(1<<COM1B1)|(1<<WGM10); //COM1A1 COM1B1 Clear on
                                       //Compare Match; WGM10 (mit WGM12) im
                                       //vom nächsten Byte 8 Bit fast PWM
TCCR1B= (1<<WGM12)|(1<<CS10);          //WGM12, CS10 ohne Vorteiler für Timer

ADCSRA= (1<<ADEN)| (1<<ADPS2) ;        //ADV Enable, ADPS2 Clock Teiler 1/16

        for(i = 0; i < 4; i++)         //Anzahl der Basisstroeme
           {
             OCR1AL= 25 + i*25;        //Ausgabe der PWM fuer Basisstrom
             for(j = 0; j < 8; j++)    //Ausgabe der Spannung am OPV ueber PWM
                {
                OCR1BL= j * 30;
                _delay_ms(20);
                m = read_adc(1);       //Messung: Spannung am Ausgang des OPV
```

```
              n = read_adc(0);        //Messung: Spannung direkt am Kollektors
              printf("%ld\t", n * 5000L / 1024 );          //1. Spalte in EXCEL
              printf("%ld\r\n", ( m -n ) * 5000L / 1024); //2. Spalte in EXCEL
              }
         }

   while(1)
   {
   }
}
```

Programm zur Aufnahme einer Transistorkennlinie mit Ausgabe der Messwerte an die serielle Schnittstelle. Werden die Daten mit dem Hyperterminal oder dem Terminal-Programm der Entwicklungsumgebung von CodeVisionAVR empfangen, können sie auch aufgezeichnet werden. Das erfolgt in drei Schritten:

1. Vorgang des Datenempfangs anmelden und Dateiname angeben

2. Aufzeichnung starten (Drücken von Reset am Arduino; dadurch werden die Daten ausgegeben)

3. Aufzeichnung beenden

Die Datenübertragung soll für das Hyperterminal im Detail gezeigt werden.

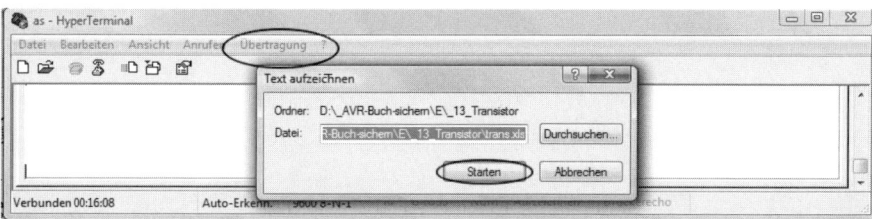

Abb. 13.4: Datenempfang anmelden

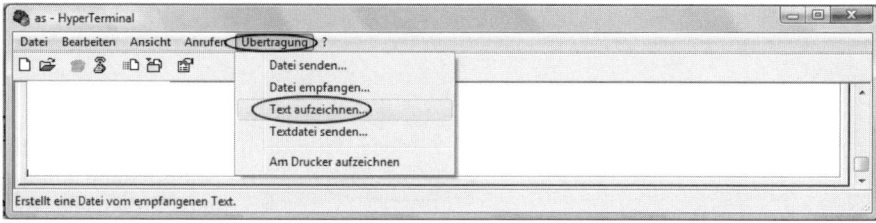

Abb. 13.5: Aufzeichnung starten

Danach drücken Sie die Reset-Taste am Arduino. Die Messdaten werden im Terminal-Programm sichtbar und gleichzeitig in die oben angegebene Datei geschrieben. Danach beenden Sie die Aufzeichnung.

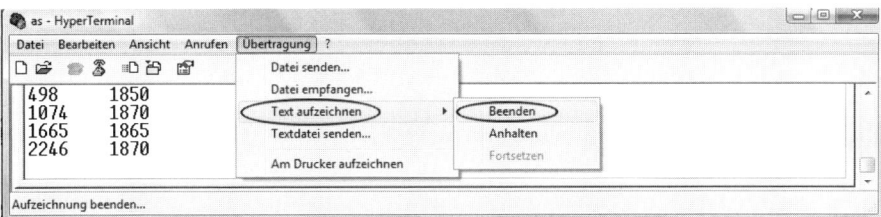

Abb. 13.6: Die Datei wird dadurch geschlossen und kann danach in Excel geöffnet werden.

Bei Darstellung der Messdaten in Microsoft Excel 2010 ist zu beachten, dass vier getrennte XY-Graphen in einem Diagramm dargestellt werden müssen. Jeder Graph hat Punkte, die mit einem x- und einem y-Wert gekennzeichnet sind. Die x-Werte der verschiedenen Graphen haben nicht dieselben Werte!

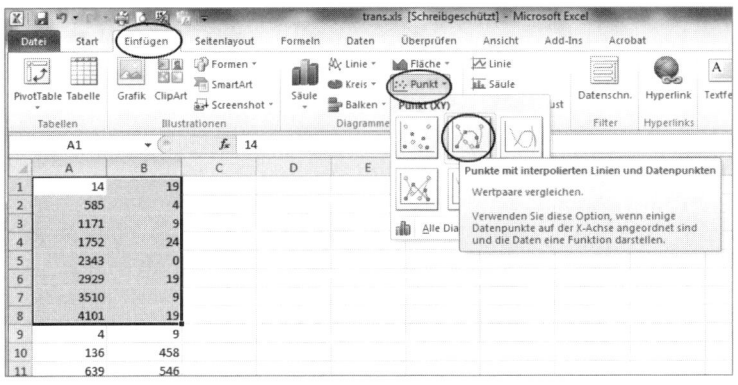

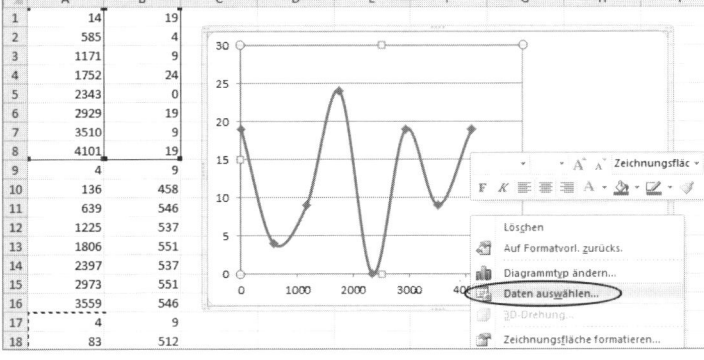

Abb. 13.7: Links: Datei mit Excel 2010 öffnen, Daten markieren, XY Graph auswählen; rechts: mit rechter Maustaste Pop-up-Menü öffnen und Datenquelle auswählen

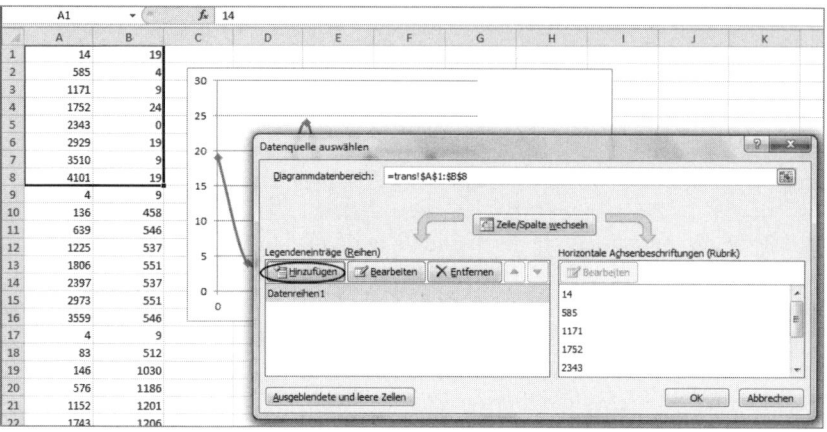

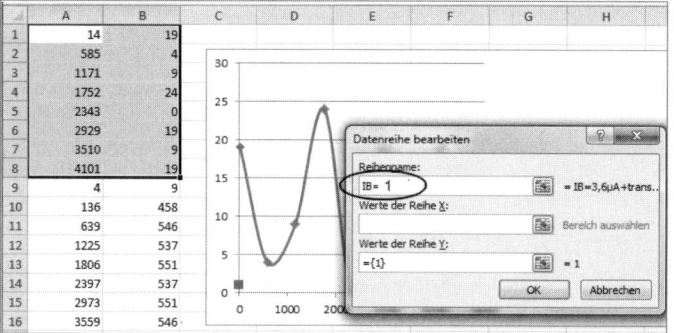

Abb. 13.8: Links: Hinzufügen (einer neuen Datenreihe); rechts: Bezeichnung für neuen Graphen angeben

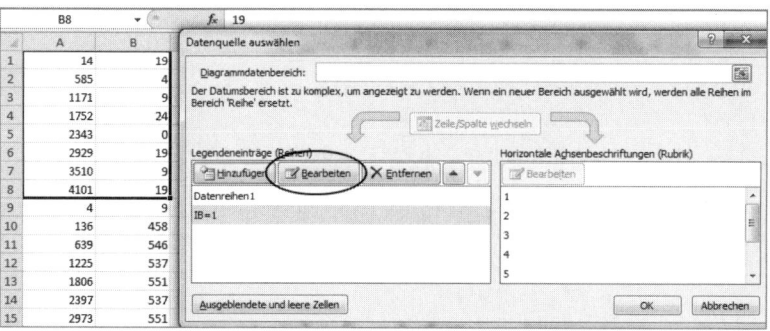

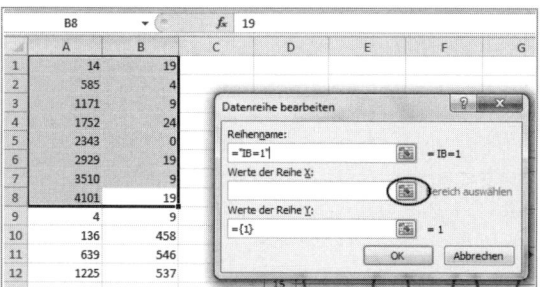

Abb. 13.9: Links: Auswahl einer neuen Datenquelle; rechts: x-Werte markieren

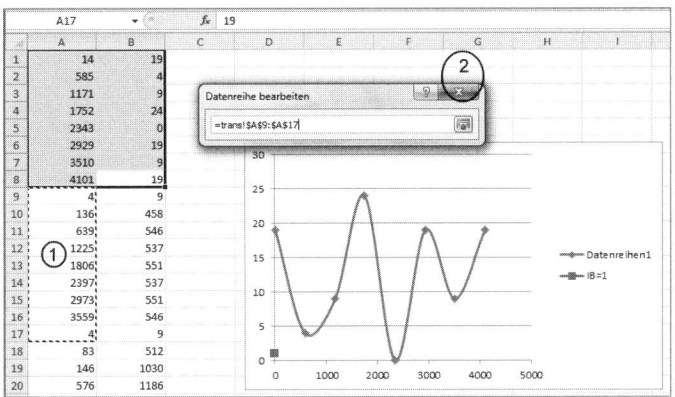

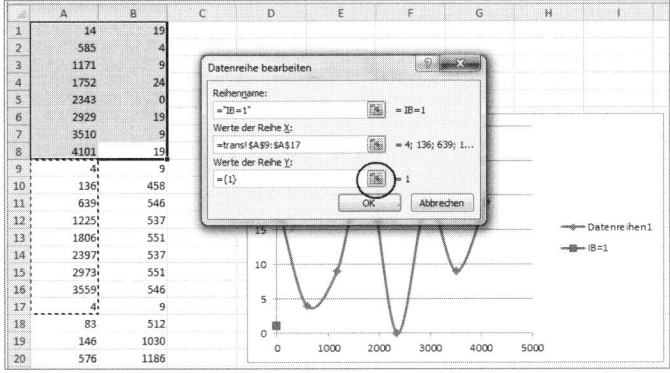

Abb. 13.10: Links: x-Werte angeben.; rechts: Eingabe der y-Werte

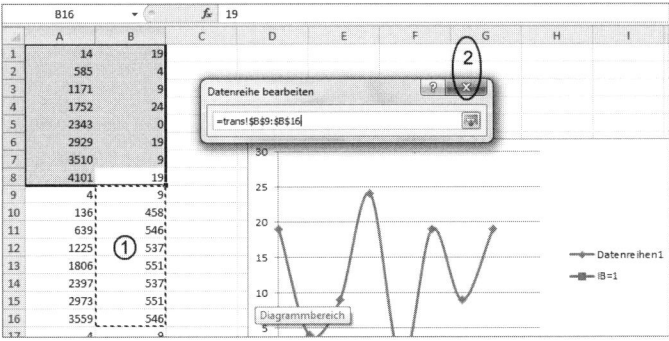

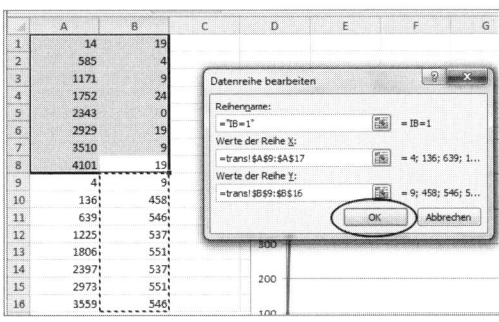

Abb. 13.11: Links: y-Werte eingeben; rechts: Bestätigen, dass alle Daten vorhanden sind

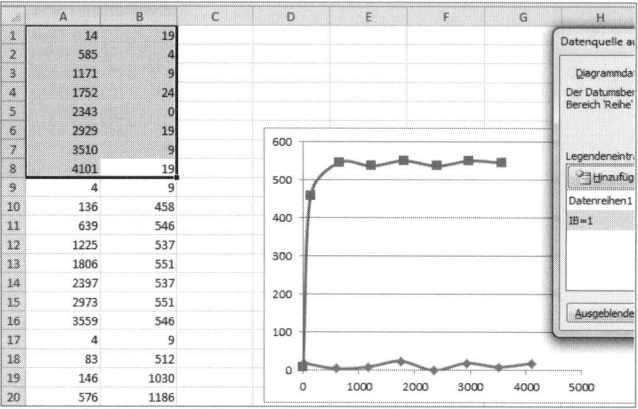

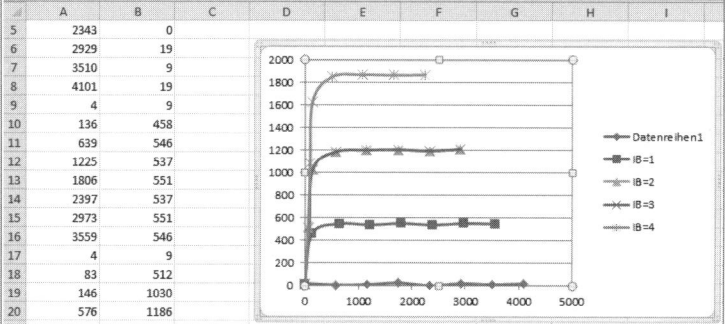

Abb. 13.12: Links sind jetzt zwei Kurvenzüge dargestellt. In dieser Weise ist auch der dritte und vierte Kurvenzug zu erstellen. Rechts ist das vollständige gemessene Kennlinienfeld dargestellt.

13.3 Darstellung der Daten mit einem grafischen LCD

Mit einem Mikrocontroller ein grafisches LC-Display anzusteuern eröffnet viele Möglichkeiten. Leider belegt ein Display sieben oder mehr Port-Leitungen und erfordert einen spezielles Treiberprogramm zur Ansteuerung. Diese Probleme umgeht man mit einem seriell ansteuerbaren Grafik-Display. Ein derartiges Modul wird unter der Bezeichnung LCD-09351 *http://www.sparkfun.com/products/9351* angeboten und kann auch von *www.watterott.com* bezogen werden.

Das Display mit der seriellen Schnittstelle hat 128 * 64 Punkte. Dabei genügt eine einzige Datenleitung vom Arduino Pin 1 (Tx) zum Anschluss Rx am Display, um es anzusteuern. Bei dieser Beschaltung werden gleichzeitig das LC-Display und der virtuelle COM-Schnittstelle beschrieben. Die Kommunikation erfolgt mit 115.200 Baud, 8 Datenbits, 1 Stopp-Bit, keiner Parität. (Das Programm, das auf der Zusatzplatine auf einem ATMega168 läuft, steht auch im Sourcecode auf der Seite vom Sparkfun zur Verfügung.)

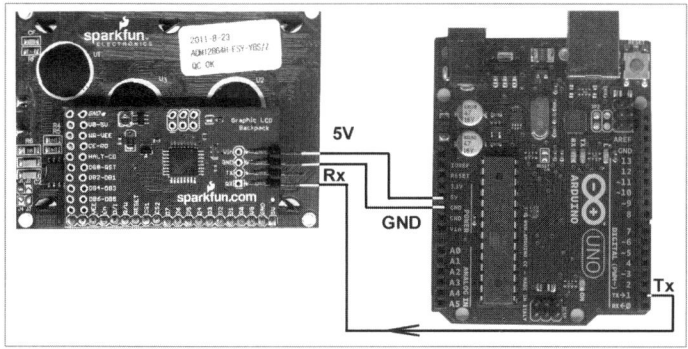

Abb. 13.13: Anschluss des Grafik-Displays LCD-09351 am Arduino; bei einer Betriebsspannung von 5 V hat das Display einwandfrei funktioniert. Laut Datenblatt sind 6–7 V Betriebsspannung erforderlich.

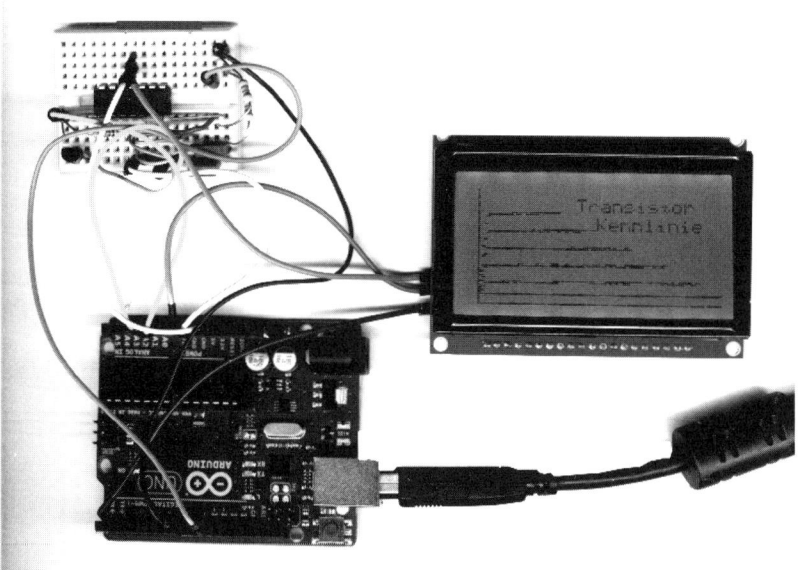

Abb. 13.14: Arduino mit Messschaltung für den Kennlinienschreiber (Schaltplan siehe oben) und Grafik-Display

Das C-Programm unten enthält elementare Funktionen zur Ansteuerung des Displays über die serielle Schnittstelle. Die Ausgabe ist dabei mit der Funktion *printf();* realisiert und daher wird dem Projekt die Datei serial2.h (siehe Kap. 6.3) hinzugefügt. Das Programm stimmt weitgehend mit dem Programm überein, das die Daten im Excel-Format ausgibt. Der Unterschied zum Programm für Excel liegt nur in der Ausgabe der Daten.

```
/*
Transistorkennlinie mit LC-Display
 mit ATmega328P
 fuer Atmel Studio
 Ausgabe der Daten über RS-232
```

```
 Erfordert die Einbindung von serial2.h
 */

#define F_CPU 16000000UL
#include <string.h>
#include <stdlib.h>
#include <stdio.h>
#include <avr/io.h>
#include <util/delay.h>
#include "serial2.h"

//Initialisierung und die Funktionen uart_putchar und uart_getchar
//Beide Funktionen sind in serial2.h programmiert
//Aktion 1: Eintrag von uart_putchar und uart_getchar als Standard IO
FILE mystdout = FDEV_SETUP_STREAM(uart_putchar, uart_getchar, _FDEV_SETUP_RW);

/***********************************************************************/
/********* Funktionen fuer Grafikdisplay *******************************/
/***********************************************************************/

void ClearScreen( void)
        {
        printf("%c%c", 0x7C, 0x00);
        }

 void setPixel(int state)
 {
  printf("%c%c%c",0x50, 0x40, state);
 }

void drawLine(int startX, int startY, int endX, int endY, int state)
   {
   printf("%c%c", 0x7C,0x0C);
   printf("%c%c%c%c%c", startX, startY, endX, endY, state);
   }

void drawCircle(int startX, int startY, int radius, int state)
   {
   printf("%c%c%c%c%c%c", 0x7C,0x03,startX, startY,radius,state);
   }

void setX (int x)
   {
     printf("%c%c%c",0x7c, 0x18, x);
   }

void setY (int y)
   {
     printf("%c%c%c",0x7c, 0x19, y);
   }
```

```
void setHelligkeit (int  value){
  printf("%c%c%c", 0x7C,0x02, value);
  }


/***********************************************************************/


unsigned int read_adc(unsigned char adc_input)
{
ADMUX=adc_input | (1<<REFS0);           //Vref von Vcc
_delay_us(10);
ADCSRA|=(1<<ADSC);                      //ADC Start Umwandlung
while ((ADCSRA & 0x10)==0)              // AD abwarten, bis fertig
           ;
ADCSRA|= (1<<ADIF);   //ADIF is cleared by writing a logical one to the flag
return ADCW;
}


int main(void)
{   int i,j,m,n;
   int x_alt, y_alt;
   int x_neu, y_neu;

   uart_init(F_CPU, 115200L);        //Serielle initialisieren
   stdout = stdin = &mystdout;       //Elementare IO Funktionen als
   DDRD = 2;
   PORTB=0x00;
   DDRB=0x06;                        //PWM Ausgaenge Basisstrom/Kollektorspannung

   TCCR1A= (1<<COM1A1)|(1<<COM1B1)|(1<<WGM10); //COM1A1 COM1B1 Clear on Comp.
Match
                                      //WGM10 (mit WGM12) im
                                      //vom nächsten Byte 8 Bit fast PWM
   TCCR1B= (1<<WGM12)|(1<<CS10);      //WGM12, CS10 ohne Vorteiler für Timer

   ADCSRA= (1<<ADEN)| (1<<ADPS2) ;   //ADV Enable, ADPS2 Clock Teiler 1/16

   ClearScreen( );
   _delay_ms(1000);
  setHelligkeit(100);
   _delay_ms(1000);
     for(i = 0; i < 6; i++)          //Anzahl der Basisstroeme
         {
            OCR1AL= 25 + i*25;        //Ausgabe der PWM fuer Basisstrom
        x_alt = y_alt = 0;
            for(j = 0; j < 250; j++)  //Ausgabe der Spannung am OPV ueber PWM
              {
              OCR1BL= j ;
              _delay_ms(3);
              m = read_adc(1);        //Messung: Spannung am Ausgang des OPV's
              n = read_adc(0);        //Messung: Spannung direkt am Kollektor
```

```
        x_neu = n/8;
        y_neu = (m-n)/15;
        drawLine(x_alt+5, y_alt+5, x_neu+5, y_alt+5, 1);
        x_alt = x_neu;
        y_alt = y_neu;
            }
    }

    setX(55); setY(55);
    printf("Transistor");
    setX(65); setY(45);
    printf("Kennlinie");
    drawLine(5,1,5,60,1); drawLine(1,5,1,120,1);
    while(1)
    {
    }
}
```

Kennlinienfeld eines Transistors auf grafischem LC-Display ausgegeben

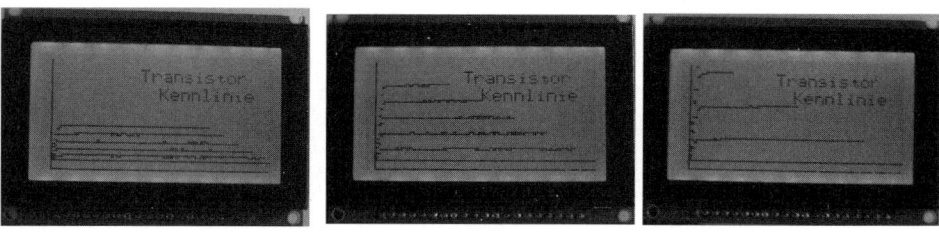

Abb. 13.15: Transistor mit kleiner, mittlerer und großer Stromverstärkung.

14 Schwebende Kugel

14.1 Prinzip und Versuchsaufbau

Eine Kugel soll mit einem geregelten Magneten schwebend gehalten werden. Falls die Kugel nach unten fällt, soll der Magnet stärker werden und die Kugel nach oben ziehen. Ist die Kugel zu hoch, soll im Elektromagneten über der Kugel der Strom vermindert werden, sodass die Kugel durch die Erdanziehung wieder nach unten fällt.

Dieses einfache Prinzip ist in der Umsetzung keinesfalls trivial. Physik und Regelungstechnik, Elektronik und Software für die schwebende Kugel werden an diesem abgeschlossenen Versuch erläutert. Bei diesem Versuchsaufbau wurde Wert darauf gelegt, dass nur Standard-Bauelemente eingesetzt werden, die leicht zu beschaffen sind, um den Nachbau leichter möglich zu machen.

Abb. 14.1: Schwebende Kugel

Die Höhe einer Kugel (1) wird mit einer Lichtschranke, bestehend aus LED (3) und Solarzelle (2), gemessen. Der Elektromagnet (4) wird vom Mikrokontroller (5) so angesteuert, dass die Kugel in der Schwebe gehalten wird.

Theorie der Regelung des Elektromagneten

Baut man eine einfache p(proportional)-Regelung, bekommt man die Kugel nicht in eine stabile Schwebeposition. Bei dieser einfachen Regelung wird die Kugel auf und ab schwingen und entweder nach unten fallen oder oben am Magnet haften bleiben. Wird durch die Spule des Elektromagneten ein Strom geschickt, ändert sich die Anziehungskraft auf die Spule proportional zum Strom. Aus der Mechanik ist der Zusammenhang F = m * a oder a = F / m bekannt (F = Kraft [N], m = Masse [kg], a =

Beschleunigung [m/s]). Somit ist die Beschleunigung der Kugel direkt proportional zum Strom in der Spule. Die Geschwindigkeit der Kugel ergibt sich aus dem Integral der Beschleunigung. Der Ort der Kugel kann mit einer nochmaligen Integration ermittelt werden. Somit ist der Ort der Kugel durch zweimalige Integration des Stroms zu berechnen. Jede Integration bewirkt bei sinusförmigem Signal eine Phasendrehung von 90°. Deshalb entsteht zwischen Spulenstrom und Ort der Kugel (bei sinusförmigen Wechselsignalen) eine Phasenverschiebung von 180°.

Baut man die Regelung so auf, dass bei zu hohem Stand der Kugel der Strom vermindert wird, kann man das als Gegenkopplung bezeichnen. Eine Gegenkopplung hat eine Phasendrehung von 180°. Zu dieser Phasendrehung von 180° kommt noch die Phasendrehung zwischen Spulenstrom und Ort der Kugel hinzu, sodass im Regelkreis die Phasendrehung für Wechselsignale 360° ist. Dazu kommt noch verschärfend, dass die Spule mit einer (PWM) Spannung ansteuert. Die PWM bewirkt eine Totzeit und dadurch eine zusätzliche Phasendrehung. Als weitere Verschärfung kommt hinzu, dass der Spulenstrom verzögert zur angelegten Spulenspannung fließt (Tiefpass mit T = L / R).

Bei einer Phasenverschiebung von 360° und einer Verstärkung von größer 1 wird sich eine Sinusschwingung aufschaukeln und das System (Kugel) wird schwingen. Die Lösung, um die Kugel stabil zu halten, wird in einem Regler gefunden. Der Regler hat bei dieser Anwendung die Aufgabe, die Phase zurückzudrehen.

14.2 Regelungstechnisches Modell

Das Modell für die schwebende Kugel kann in einzelne Blöcke zerlegt werden. Dabei sind a, b, c, d, e und f Konstanten. Jetzt gilt es, das Modell zu vereinfachen und trotzdem das Problem der schwebenden Kugel hinreichend genau zu beschreiben.

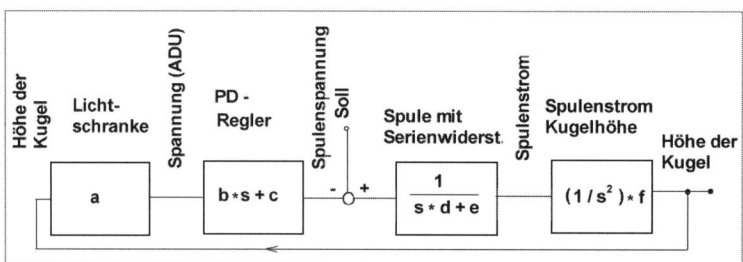

Abb. 14.2: Regelungstechnisches Modell der schwebenden Kugel

Die verwendete Spule hat eine Induktivität von 27 mH und einen Widerstand von 6,5 Ω. Das ergibt eine Zeitkonstante von T = L / R = 4,14 ms. Im freien Fall fällt die Kugel in 4,14 ms eine Höhe h = g * t² / 2 = 0,08 mm (g ist die Erdbeschleunigung mit 9,81 m/sec²). Daher kann die Übertragungsfunktion Spulenstrom zu Spulenspannung durch eine Konstante ersetzt werden. Auch die PWM ist schneller als 4,14 ms, sodass ein PWM-Tastverhältnis direkt und fast ohne Verzögerung den Spulenstrom bestimmt. Auch wenn die Phasendrehung durch PWM und den Tiefpass Spulenspannung zu Spulenstrom vernachlässigen kann, bleibt die zweifache Integration von Spulenstrom zum Ort der Kugel. Das bewirkt in jedem Fall ein instabiles Verhalten und erfordert einen Regler.

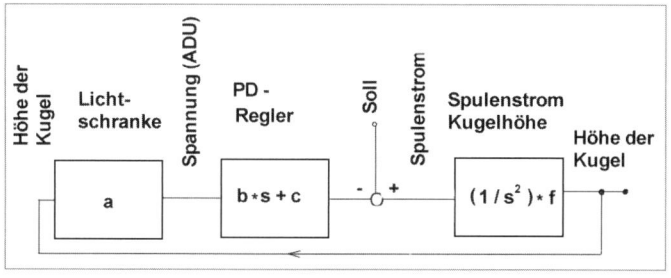

Abb. 14.3: Vereinfachtes Regelmodell der schwebenden Kugel mit einem PD-Regler

Der PD-Regler wird mit dem Prozessor ATmega8 oder ATmega328P realisiert, der die Spannung in Form eines PWM-Signals abgibt. Das regelungstechnische Modell dient im Wesentlichen zur Untersuchung, ob die Kugel stabil schwebt. Die Übertragungsfunktionen im Modell oben haben physikalische Dimensionen. Beispielsweise hat die Lichtschranke die Übertragungsfunktion »a« mit der Dimension V / m. Aus der Regelungstechnik ist bekannt, dass bei rückgekoppelten Systemen die Gesamtübertragungsfunktion H aus der Vorwärts- und Rückwärtsübertragungsfunktion mit folgender Formel berechnet werden kann:

$$H = \frac{H_{vor}}{1 + H_{vor} * H_{rück}}$$

Abb. 14.4: Gesamtübertragungsfunktion aus Vor- und Rückübertragungsfunktion

Setzt man die Übertragungsfunktionen aus dem Modell oben ein, erhält man:

$$H = \frac{\frac{1}{s^2} * f}{1 + \frac{1}{s^2} * f * a * (bs + c)}$$

Abb. 14.5: Gesamtübertragungsfunktion der schwebenden Kugel

Multipliziert man das mit s^2, erhält man:

$$H = \frac{f}{s^2 + s * a * b * f + a * c * f}$$

Abb. 14.6: Gesamtübertragungsfunktion hat das Verhalten von einem Tiefpass zweiter Ordnung.

Für Systeme zweiter Ordnung ist das zeitliche Verhalten bekannt. Falls a * b * f = 0 ist, ist die Dämpfung 0 und das System schwingt. Es wird also unbedingt ein D-Anteil benötigt (die Konstante b muss einen Wert > 0 haben), um die Kugel stabil zu halten. Es ist damit nachgewiesen, dass die einfache Lösung mit einem p-Regler zu einem schwingenden System führt.

Falls als Sollwert die Höhe der Kugel vorgegeben wird, also der Sollwert vor dem PD-Regler eingespeist wird, bleibt das Nennerpolynom unverändert. Es besteht bei konstantem Sollwert kein Unterschied bezüglich der Stabilität der Kugel.

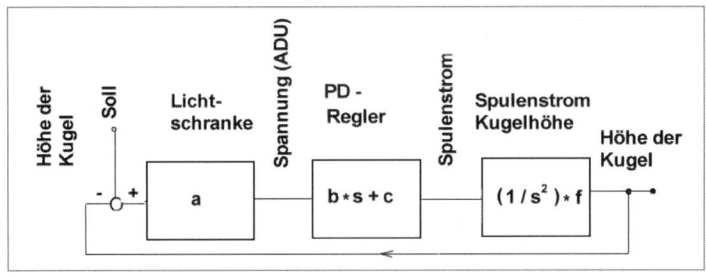

Abb. 14.7: Reglermodell für Vorgabe der Kugelhöhe als Sollwert

$$H = \frac{a*(bs+c)*f}{s^2 + s*a*b*f + a*c*f}$$

Abb. 14.8: Übertragungsfunktion der Kugelposition bei Kugelhöhe als Sollwert.

Wird nur eine fixe Kugelhöhe als Sollwert vorgegeben, ergibt der Wert $b*s = 0$. Daher hat der Zähler mit $a*c$ einen konstanten Wert und das System ein Tiefpass-Verhalten der zweiten Ordnung bezüglich Einschwingen. In der Praxis ist das System etwas instabiler, da der Spulenstrom der Spulenspannung verzögert folgt und auch ein neuer Wert für die PWM nur verzögert wirkt (oben erwähnte Vernachlässigungen). Jede Verzögerung bewirkt eine Phasendrehung und macht das System weniger stabil.

Eine schwebende Kugel kann mit einem PD-Regler realisiert werden. Das System hat ein Tiefpassverhalten zweiter Ordnung, oder, wie die Regelungstechniker sagen, ein PT2-Verhalten. Die Dämpfung der Kugelschwingung kann man mit dem D-Anteil des PD-Reglers bestimmen. Der häufig verwendete PID-Regler würde in diesem Fall nur Nachteile bringen. Wird bei Verwendung eines I-Reglers das System gestartet, ohne dass eine Kugel vorhanden ist, steigt bei diesem Regler der Spulenstrom ständig an und erreicht viel zu hohe Werte.

14.3 Schaltplan

Der Magnet wird mit einem PWM-Signal angesteuert. Der Schalter, der für den Spulenstrom verantwortlich ist, ist der Feldeffekttransistor IRLZ34. Ist er FET-leitend, fließt der Strom durch die Spule und den FET nach Masse. Falls der FET sperrt, wird ein Stromfluss durch die Spule über die Schottkydiode aufrechterhalten. In diesem Fall bezeichnet man diese Diode als Freilaufdiode.

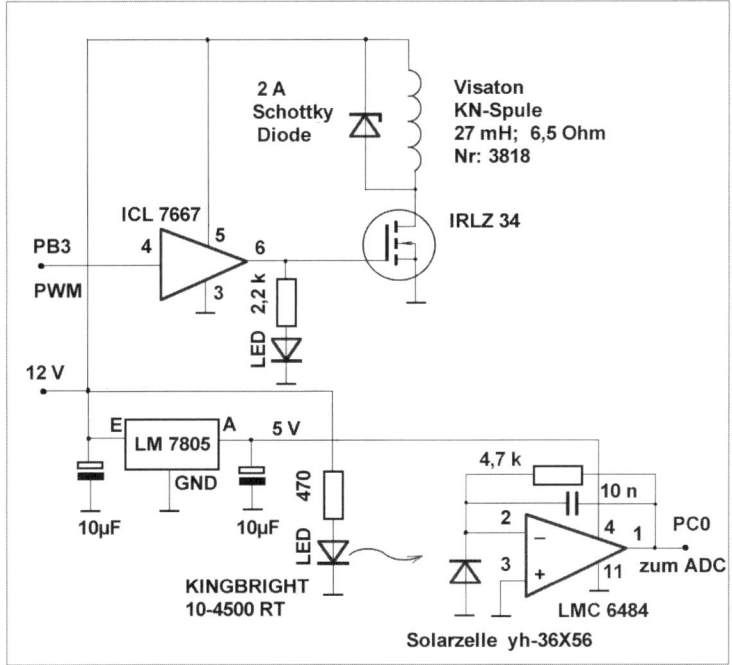

Abb. 14.9:
Schaltplan der
schwebenden Kugel

Im unteren Teil des Schaltplans befindet sich die Lichtschranke. Die Solarzelle wird von einer stark leuchteten LED beleuchtet. Durch die großflächige Solarzelle ist sichergestellt, dass ein großer Höhenunterschied der Kugel erfasst werden kann. Damit nur die unterschiedliche Höhe der Kugel die Beleuchtung beeinflusst, wurde über die Solarzelle eine Maske aus Karton angebracht. Der Operationsverstärker ist für eine Versorgungsspannung von 5 V geeignet und vom Typ *rail-to-rail*. Das bedeutet, dass der OPV auch 0 V am Eingang zu verarbeiten vermag und am Ausgang Spannungen von 0 V bis 5 V abgeben kann. Der 10-nF-Kondensator verhindert Schwingungen der Schaltung. Die Funktion des 10-nF-Kondensators ist für den schwingungsfreien Betrieb unbedingt erforderlich und kann auf folgende Weise erklärt werden: Die Rückführung auf den invertierten Eingang bedeutet eine Phasendrehung von 180°. Durch die Frequenzkompensation des OPV, der wie ein Tiefpass wirkt, kommen nochmals 90° Phasendrehung dazu. Der Gegenkopplungswiderstand (4,7 kΩ) und die Kapazität der Solarzelle bilden einen Tiefpass mit weiteren 90° Phasendrehung. Daher hat die rückgekoppelte Schaltung 360° Phasendrehung. Bei einer Phasendrehung von 360° und einer Verstärkung >1 schwingt die Schaltung. Der 10-nF-Kondensator dreht die Phase etwas vor und verhindert diese Schwingneigung.

Das Signal von der Höhenmessung geht in den ATmega. Zuerst erfolgt im Prozessor eine Analog-Digital-Umwandlung. Nach der Berechnung der PD-Funktion wird das Ergebnis als PWM-Signal vom Timer 2 an *PB3* ausgegeben. Das vom Mikrocontroller abgegebene PWM-Signal ist zu schwach, um direkt eine Magnetspule anzusteuern. Daher ist der Feldeffekttransistor vorgesehen, der auf den ersten Blick dafür ein ideales Bauelement ist. Entweder leitet der FET und hat keinen Spannungsabfall, oder der FET sperrt und es fließt kein Strom. In beiden Fällen hat der FET keine Verlustleistung. In der Praxis ist die Umschaltphase aber bezüglich der Verlustleistung leider nicht ideal. In dieser Phase kann bei nennenswertem Spannungsabfall bereits ein Strom fließen und eine Verlustleistung am FET auftreten. Je langsamer der Umschaltvorgang vor sich geht, desto größer werden die Verluste am FET. Leider hat der Leistungs-FET IRLZ34 zwischen Gate und Source eine Kapazität (gemessene 1.070 pF). Der ATmega kann diese Kapazität mit seinem geringen Strom am Ausgang nicht schnell umladen. Daher wurde der Treiber ICL7667 eingesetzt. Die LED mit dem 2,2-kΩ-Widerstand zeigt mit ihrer Helligkeit den Spulenstrom an.

14.4   Programm für die schwebende Kugel

Das Unterprogramm *read_adc();* wandelt das Signal von der Lichtschranke und damit die Höhe der Kugel in einen Zahlwert um, der in der Variablen *akt* gespeichert wird. Das erfolgt im Interrupt des Timers 2. Dieser wird mit 2 MHz getaktet und löst alle 256 Clocks einen Interrupt aus. d. h., alle 128 µs wird vom Timer 2 ein Interrupt ausgelöst.

Bei jedem zehnten Interrupt (durch *z++; if (z ==10)*) wird durch den Regelalgorithmus ein neuer Wert berechnet. Demnach erfolgt alle 1,28 ms ein neuer PWM-Wert für den Spulenstrom. Die Variable *p* steht im Programm für den Proportionalanteil und die Variable *d* für den differenziellen Anteil. Der differenzielle Anteil wird durch *d = (akt - alt);* berechnet, wobei *akt* der aktuelle Messwert (oder die Höhe der Kugel) und *alt* der Messwert der Höhe vor 1,28 ms ist.

Der Timer 2 erzeugt zusätzlich noch ein PWM-Signal, dessen Tastverhältnis durch *OCR2* beim ATmega8 (oder *OCR2A* beim ATmega328P) bestimmt wird. Aus diesem Grund wird das Ergebnis des Regelalgorithmus auf *OCR2* bzw. *OCR2A* geschrieben. Um bei einer Störspitze nicht zu stark zu reagieren, werden der differenzielle Anteil auf den Wert 10 und ein Überlauf des Ausgabewerts begrenzt. Dadurch werden in jeden Fall Unstetigkeiten vermieden.

```
/*
 * Kugel.c
 * Schwebede Kugel
 * getestet mit ATmega8 und ATmega328P
 *  fuer Atmel Studio
 */
#define F_CPU 16000000UL
#include <avr/io.h>
#include <util/delay.h>
#include <avr/interrupt.h>

int p,d,akt,alt;
int wert, z, schw = 10;

unsigned int read_adc(unsigned char adc_input)
{
ADMUX=adc_input | (1<<REFS0);              //Vref von Vcc
_delay_us(10);
```

```
ADCSRA|=(1<<ADSC);                        //ADC Start Umwandlung
while ((ADCSRA & 0x10)==0)                // AD abwarten, bis fertig
            ;
ADCSRA|= (1<<ADIF);       //Datenblatt: "ADIF is cleared by writing a logical
one to the flag"
return ADCW;
}

ISR(TIMER2_OVF_vect)
{z++;
   if(z == 10)
     {
        z = 0;
        akt = read_adc(0);            // Analog-Digital-Wandlung
        d = (akt -alt ) ;             //Differenzieren
        if (d >= schw )               // begrenzt den d-Anteil
             d= schw;
        if (d <= -schw)
             d= -schw;
         p =akt;
        wert = ( p / 2 + d * 5 );         //PD nach Einschwingverhalten
                                          //gewichten und addieren
        if (wert >= 255)     // keine Unstetigkeit durch Begrenzung
             wert = 255;
         if (wert <= 0)
             wert = 0;

      #ifdef TIMSK0     //fuer Mega328 und Prozessoren mit gleichen Timer2
         OCR2A = 255-wert  ;
      #else
         OCR2 = 255-wert  ;       //fuer Mega 8 und ...
      #endif


        alt = akt;                //Rückspeichern
     }
}

int main(void)
{
DDRB = (1<<PB3);                          //PWM Ausgang

// Timer 2
#ifdef TIMSK0                             //fuer Mega328 und ...
TIMSK2 = (1<<TOIE2);                      //Interrupt Overflow

TCCR2A = (1<<COM2A1)|(1<<WGM21)|(1<<WGM20);
                         //Compare Reg A; WGM bewirkt Fast PWM
TCCR2B=(1<<CS21);                         //Teiler durch 8
                                          //fuer Mega8 und ...
#else
TIMSK= (1<<TOIE2);                        //Interrupt Overflow
TCCR2= (1<<WGM20)|(1<<WGM21)|(1<<COM21)|(1<<CS21); //Fast PWM, Clear
                                          //OC2 on Compare Match, Teiler 8
#endif
```

```
// Analogwandler
// ADC aktivieren, Teilungsfaktor 64
ADCSRA = (1<<ADEN) | (1<<ADPS2) | (1<<ADPS1);
sei();

    while(1)
    {
    }
}
```

14.5   Aufbau und Inbetriebnahme

In einem Gehäuse, das innen 67 mm x 106 mm misst, ist der Elektromagnet oben mit einer 60 mm langen M4-Schraube befestigt. Mit der Schraube kann die Höhe des Elektromagneten (Spule) eingestellt werden.

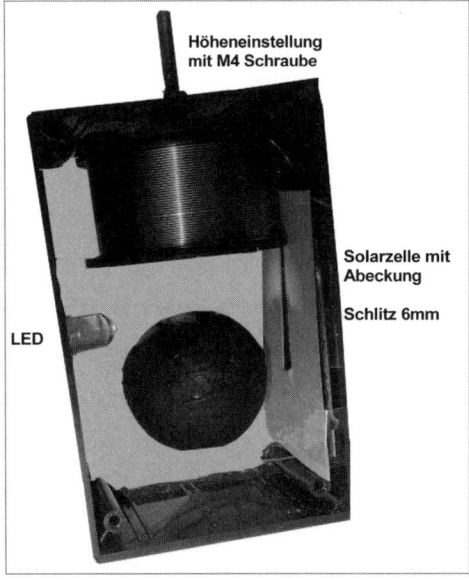

Abb. 14.10: Versuchsanordnung der schwebenden Kugel

Die LED ist auf halber Höhe des Gehäuses angebracht, und die Solarzelle mit Maske ist rechts mit Klebeband befestigt. Besonders zu beachten ist, dass durch die Kugel eine deutliche Hell-Dunkel-Grenze auf die Solarzelle projiziert wird.

Die Kugel ist aus einem Tischtennisball hergestellt. Dazu wird dieser aufgeschnitten und innen mit Kraftkleber ein Permanentmagnet befestigt. Der Permanentmagnet gibt die Möglichkeit, einen größeren Abstand zwischen Kugel und Magnet zu erhalten. Die Beilagscheibe oben mit einem Außendurchmesser von 12 mm ist für den Elektromagneten der Anzugspunkt.

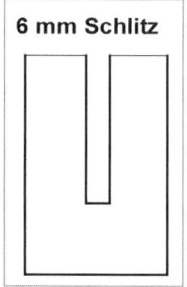

Abb. 14.11: Abdeckung der Solarzelle

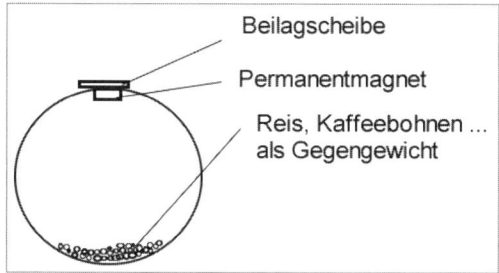

Abb. 14.12: Aufbau der Kugel

Zur Stabilisierung, falls der Elektromagnet nachlässt, befindet sich in der Kugel unten ein Gegengewicht in Form von Reiskörnern. Die Kugel ist außen schwarz lackiert und macht dadurch auf Beobachter den Eindruck, besonders schwer zu sein.

Inbetriebnahme

Zuerst ist die Höhe zu ermitteln, in der der Permanentmagnet in der Kugel den Eisenkern der Spule (ohne Stromfluss) genauso stark anzieht, wie die Erdanziehung die Kugel nach unten zieht. Wird die Kugel höher gehalten, zieht der Magnet sie nach oben. Hält man die Kugel tiefer, fällt sie nach unten. Diese Höhe bezeichnen wir als *neutrale Höhe.*

Jetzt muss bestimmt werden, wie die Spule anzuschließen ist. Bei der Polarität der Spule ist zu beachten, dass ein Spulenstrom die Kugel nach oben zieht. Bringen Sie die Kugel in die *neutrale Höhe.* Schließen Sie an die Spule 12 V Gleichspannung an und beobachten Sie, ob die Kugel nach oben gezogen wird. Falls das nicht der Fall ist, polen Sie die Spule um.

Falls Sie die Polarität, bei der die Kugel nach oben gezogen wird, beim Anschluss der Spule gefunden haben, bleibt der Anschluss der Spule bei +12 V erhalten und der zweite Anschluss wird getrennt. An diesem Wicklungsanschluss wird der Drain des n-Kanal-FET angeschlossen.

Nach Aufbau der Elektronik kann am Ausgang des OPV mit einem Multimeter oder Oszilloskop die Lichtschranke kontrolliert werden. Hält man die Kugel mit den Fingern in die *neutrale Höhe* und danach einen Zentimeter nach unten, sollte sich die gemessene Spannung (Abb. 14.9 am LMC6484, Pin 1) um ca. 1 V ändern. Günstig sind Spannungen im Bereich von unter 2,5 V, da der ADU auf interne Referenzspannung konfiguriert ist.

Mit einem Oszilloskop kann man zusätzlich erkennen, ob die Verstärkerstufe der Licht-schranke schwingt. Zuerst soll die schwebende Kugel mit nur einer p-Regelung in Betrieb genommen werden. Dafür ersetzt man im Programm den Ausdruck *wert = p / 2 + d * 5;* durch *wert = p / 2;*. Das soll dazu führen, dass die Kugel auf und ab schwingt. Hält man die Kugel mit zwei Fingern und zieht sie nach unten, muss bei einer bestimmten Höhe eine starke Kraft nach oben zu spüren sein. Ist das nicht der Fall, muss die Spulenhöhe mit der Schraube neu eingestellt werden. Danach wird der *d*-Anteil dazugegeben. Falls noch Schwingungen auftreten, kann der Faktor 5 beim *d*-Anteil angepasst werden. Um die Schwingneigung zu vermindern, kann auch noch der zeitliche Abstand der Messungen verändert werden. Das erfolgt, indem man nicht jeden 10. Interrupt zur Messung heranzieht, sondern den Wert 10 im Ausdruck *if (z == 10)* durch einen anderen Wert ersetzt.

Mit dieser Optimierung kann auf experimentelle Weise eine optimale Reglereinstellung gefunden werden. Das Modell der schwebenden Kugel zeigt, dass man dieses Problem gleichzeitig von Blickwinkel der Physik und der Regelungstechnik, der Elektronik und der Programmierung betrachten muss.

Stückliste der wichtigsten Bauteile und Beschaffungsquellen
Starker Klein-Permanentmagnet
PIC-M0805 (Ø x L) 8 mm x 5
www.conrad.de; Best.-Nr.: 185106-62

Transistor Hexfet IRLZ34
www.conrad.de; Best.-Nr.: 162873-62; *www.reichelt.de*

Kunststoff-Kleingehäuse mit Aluminiumfrontplatte
(L x B x H) 110 x 72 x 50 mm
www.conrad.de; Best.-Nr.: 523925-62

Schottky Diode für mehr als 2 Ampere z. B. *SB 340*
www.reichelt.de

Visaton KN-Spule 27 mH
(H) 30 mm, (Ø) 55 mm, Drahtstärke 0,6 mm, Innenwiderstand 6,5 Ω, Verpackungsge-wicht 0,266 kg
Artikelnummer des Herstellers: 3818
www.reichelt.de; *http://www.visaton.de/de/chassis_zubehoer/bauteile/kn_spulen/index.html*

FET-Treiber ICL7667
www.conrad.de; Best.-Nr.: 147303-62; *www.reichelt.de*

Solarzelle (als Sensor verwendet)
yh-36X56
www.conrad.de; Best.-Nr.: 191267-62

LED
Hersteller KINGBRIGHT
Artikelnummer des Herstellers: L-813SRC-F
www.reichelt.de; Artikel-Nr.: LED 10-4500 RT

15 EKG

15.1 Grundlegendes zum Elektrokardiogramm

Das menschliche Herz hat einen Impulsgenerator, der ungefähr einmal pro Sekunde einen Impuls abgibt und als Sinusknoten bezeichnet wird. Diese Spannung (P) zwischen dem linken und dem rechten Arm kann man messen.

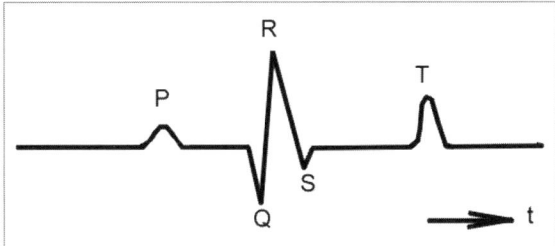

Abb. 15.1: EKG mit Kennzeichnung der einzelnen Phasen

Die P-Welle bewirkt die Ansteuerung des Vorhofs. Danach wird das elektrische Signal über spezielle Leitungen im Herz, die eine elektrische Verzögerung bewirken, zur Arbeitsmuskulatur geführt. Diese führt einen kräftigen Pumpvorgang aus, der im EKG mit Q, R und S ersichtlich wird. Die T-Welle ist danach für die Erregungsrückbildung verantwortlich. Diese Klassifikation des EKG hat Willem Einthoven 1903 festgelegt. Ihm ist es damals gelungen, das EKG ohne Verstärkerröhre oder Transistor aufzuzeichnen und zu deuten. Dafür hat er 1924 den Nobelpreis erhalten.

Das nachfolgende Kapitel beginnt mit einer einfachen Schaltung für ein EKG, das aus nur zwei Schaltkreisen besteht. Mit dieser Schaltung ist aber ausschließlich der QRS-Komplex ersichtlich, und es kann damit nur die Herzfrequenz gemessen werden. Danach werden Verbesserungen vorgestellt und begründet, die notwendig sind, um ein brauchbares EKG zu erhalten. Mit dem EKG-Shield vom Olimex wird eine brauchbare Hardware besprochen und in den folgenden Projekten verwendet.

Die Ausgabe der EKG-Kurve erfolgt im ersten Programm über die RS-232-Schnittstelle. Dabei werden die Daten mit einem Terminal-Programm empfangen und in eine Datei abgelegt. Die grafische Darstellung erfolgt mit Excel. Im zweiten Programm erfolgt die Ausgabe der EKG-Kurve mit einem grafischen LC-Display. Dieses Gerät könnte auch mit einer Batterie betrieben werden.

15.2   Sicherheitshinweis

Die angegebenen Schaltungen entsprechen nicht den Sicherheitsnormen für medizinische Geräte. Für Laborexperimente wird empfohlen, mit einem Laptop zu arbeiten, an dem kein Kabel (z. B. für ein Netzgerät oder ein Netzwerk) angeschlossen ist.

15.3   Einfache EKG-Schaltung

Im einfachsten Fall greift man die EKG-Spannung an beiden Armen ab und erhält eine Amplitude in der Größenordnung von 1 mVss. Leider ist der menschliche Körper eine Empfangsantenne, und seine Spannung gegen Erde schwankt um ca. 1 V bis 100 V. Jeder, der den Eingang eines Oszilloskops berührt hat, konnte eine Spannung beobachten, die vorwiegend eine Frequenz von 50 Hz hat. Diese störende Spannung, die mehr als 1.000-mal so groß ist wie die EKG-Spannung, muss beseitigt werden. Das geschieht, indem man einen Instrumentenverstärker verwendet, der nur die Spannung zwischen den Armen misst und die Person am Fuß erdet. Zusätzlich schaltet nach dem Instrumentenverstärker ein Filter (Tiefpass bei 10 Hz oder Notch bei 50 Hz). Die nachfolgende Schaltung arbeitet mit einem Instrumentenverstärker (INA118) und einem Switched-Capacitor-Filter fünfter Ordnung (LTC1062). Die Clock-Frequenz für den Filter ist 100-mal so hoch wie die Grenzfrequenz des Tiefpasses und wird vom ATmega328P geliefert.

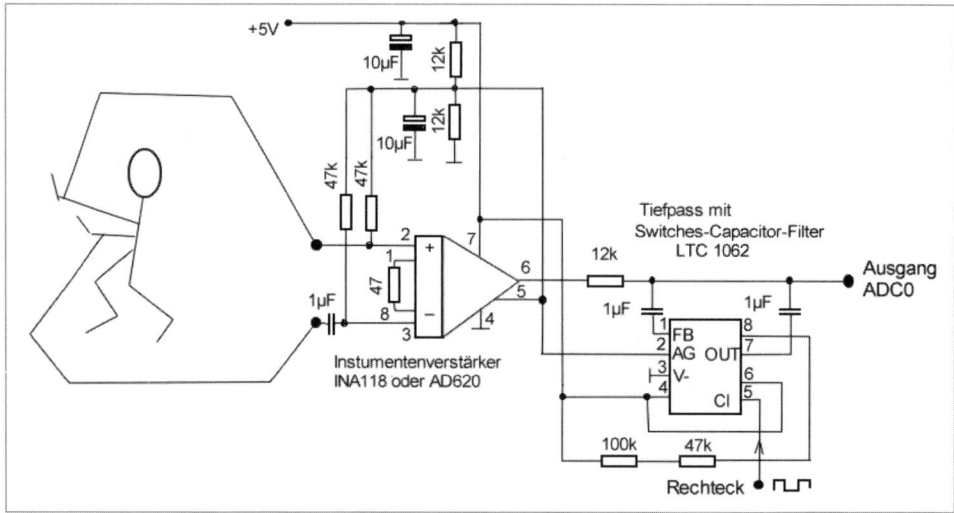

Abb. 15.2: Schaltplan für ein einfaches EKG

Die Spannungsversorgung ist unipolar und 5 V und wird von der USB-Schnittstelle geliefert. Eine neue Masse wird mit dem Spannungsteiler mit den beiden 12-kΩ-Widerständen realisiert. Der 1-µF-Kondensator am Eingang beseitigt Gleichspannungen, die vom Übergang Haut zu Elektrode entstehen können. Das Rechtecksignal für das Tiefpassfilter hat eine Frequenz von 1 kHz und könnte auch von einem Funktionsgenerator stammen.

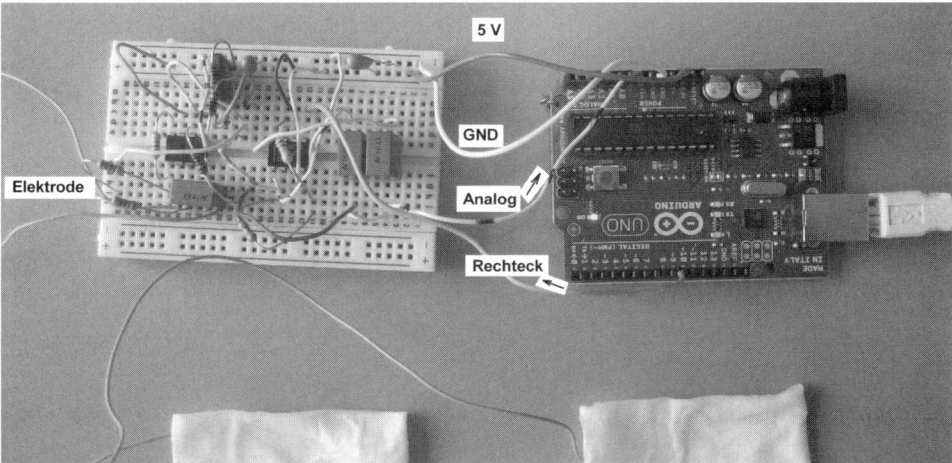

Abb. 15.3: Aufbau des einfachen EKG; als Elektrode wurden stark befeuchtete Taschentücher verwendet.

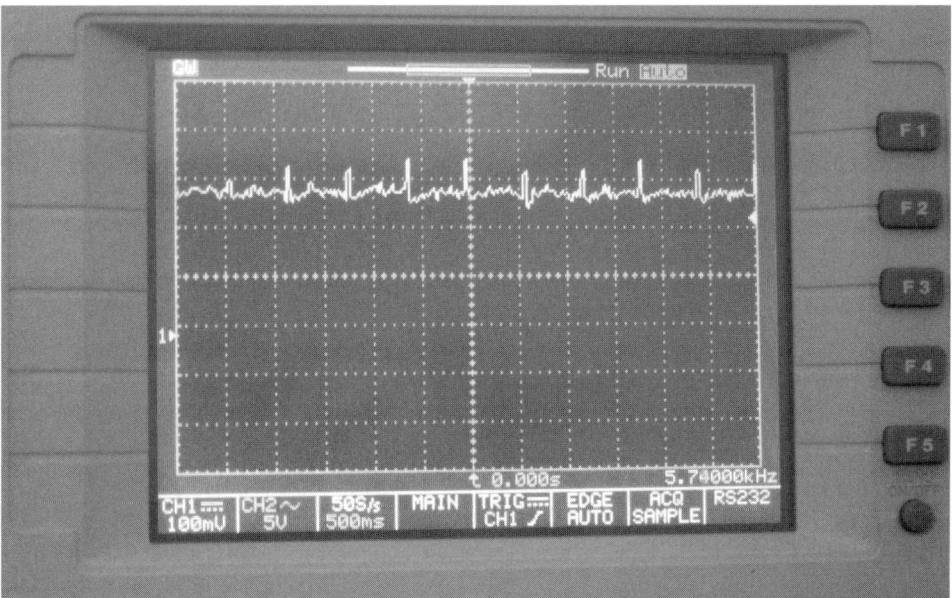

Abb. 15.4: Signal am Ausgang, dargestellt mit einem Oszilloskop

Das Signal des EKG ist noch nicht zufriedenstellend. Die Schaltung hat einige Schwachstellen, die verbessert werden müssen:

1. Zu den Elektroden wurden keine abgeschirmten Kabel geführt.

2. Der Aufbau mit einem Steckbrett führt zu großen Drahtschleifen und zu induzierten Störspannungen.

3. Die neue Masse, die mit dem Spannungsteiler gebildet wurde, ist nicht niederohmig. Instrumentenverstärker benötigen am Referenzeingang eine saubere Masse. Störungen im Millivoltbereich beeinträchtigen die Eigenschaften des Verstärkers wesentlich.

15.4 EKG-Shield von Olimex

Beim Shield von Olimex sind die oben angeführten Probleme gelöst. Zusätzlich wird die Ausgangsspannung des Instrumentenverstärkers INA321 integriert und auf den Referenzeingang (*REF*) gelegt. Enthält die Spannung einen Gleichanteil (bezogen auf die Masse *V_REF*), wird sie ausgeregelt.

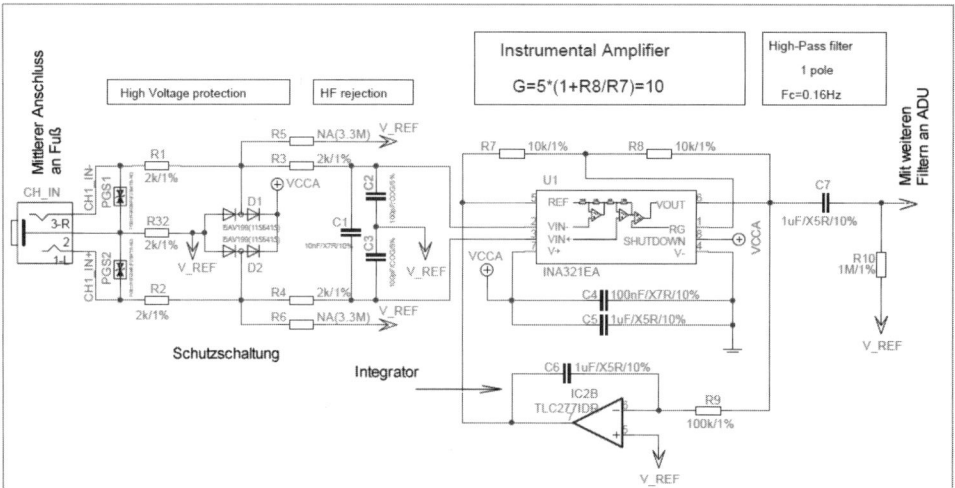

Abb. 15.5: Auszug aus dem Schaltplan des EKG-Shields von Olimex

Die Filter, die nicht im Schaltplan dargestellt sind, sind vom Typ Sallen-Key. Dieses Shield wurde für alle nachfolgenden Experimente verwendet.

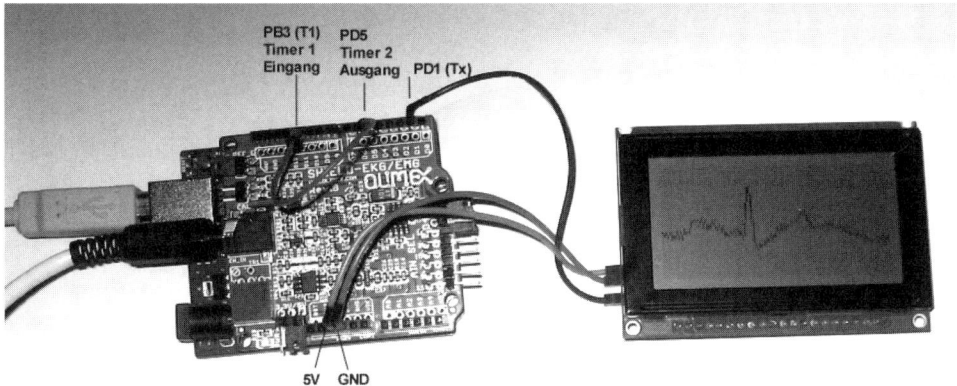

Abb. 15.6: Shield-EKG-EMG vom Olimex auf Arduino UNO mit Grafik-Display LCD-09351 von Sparkfun (Versorgungsspannung des LCD beträgt 5 V, sollte nach Datenblatt aber mindestens bei 6 V liegen)

Eine Beschreibung zum EKG-Shield finden Sie unter *https://www.olimex.com/dev/shield-ekg-emg.html*.

Beim ersten Projekt, das in der Folge beschrieben ist, erfolgt die Visualisierung in Excel. In diesem Projekt wird das Grafik-Display nicht verwendet. Im zweiten Projekt wird das Display verwendet und wie im Bild oben angeschlossen. Der Anschluss des Displays ist in Kapitel 13, Abb. 13.13 angegeben. Das Grafik-Display kann von www.sparkfun.com oder *www.watterott.com* bezogen werden. Das EKG-Shield und die Elektroden sind bei *www.watterott.com* oder *www.elmicro.com* erhältlich.

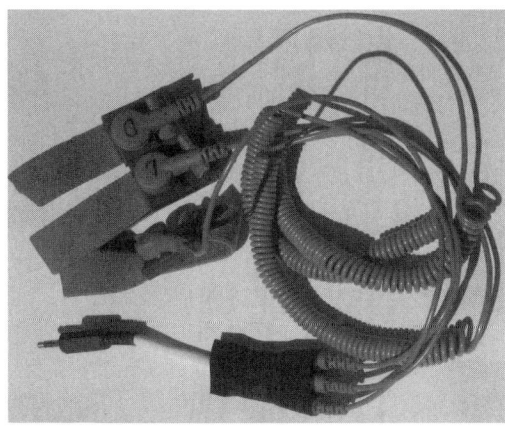

Abb. 15.7: Elektroden
für das EKG-Shield oben

Die mit L bezeichnete Elektrode ist am linken, R am rechten Arm und D an einem Fuß anzuschließen. Die Haut sollte vorher befeuchtet werden. Am besten verwendet man dazu Wasser, das mit Zitronensaft versetzt wird. Mit dem Zitronensaft wird die Leitfähigkeit des Wassers erhöht. Die Elektroden können von demselben Lieferanten wie das EKG-Shield bezogen werden und haben die Bezeichnung Shield-EKG-EMG-PA.

15.5 Darstellung der Daten in Excel

Das Analogsignal, das vom EKG-Shield abgegeben wird, soll im zeitlichen Abstand von 10 ms abgetastet werden. Dafür wird die Clock des Prozessors mit dem Timer 2 im CTC-Modus auf 1 kHz geteilt. Damit besteht die Möglichkeit, das erforderliche Signal für Switched-Capacitor-Filter zu gewinnen (man könnte daher auch die einfache EKG-Schaltung aus Abb. 15.2 verwenden).

In diesem Experiment wird mit dem EKG-Shield gearbeitet. Daher werden die 1 kHz, die am Ausgang des Timer 2 (*PD5*) anliegen, mit dem Eingang des Timer 1 (*PB3*) verbunden und durch 100 geteilt. Mit den 100 Hz (10 ms) wird ein Interrupt ausgelöst. In der Interrupt Service Routine wird der Analogwert ermittelt und in das Array *werte[]* geschrieben. Ist die in der Konstanten ANZ festgelegte Anzahl von Messwerten gespeichert, wird in der Interruptroutine die Variable *start* auf eins gesetzt, und es werden keine weiteren Daten erfasst.

Im Hauptprogramm wird durch die Variable *start*, die jetzt den Wert 1 hat, erkannt, dass die Datenerfassung fertig ist. Daher wird mit der Datenausgabe auf die RS-232-Schnittstelle begonnen. Diese Ausgabe sendet die Daten im Excel-Format, die mit einem Terminal-Programm aufgezeichnet werden. Dazu wird einfach nach jedem Messwert ein \r\n angehängt und in Excel die erste Spalte beschrieben. (Das Aufzeichnen der Daten mit dem Terminal-Programm wurde in Kapitel 13 beschrieben.)

```
/*Geignet für ATmega328P
 * ekg_excel.c
 *serial2.h aus Kapitel 6.3 ist hinzuzufügen
 *  fuer Atmel Studio
 * Created: 13.08.2012 08:59:59
 *  Author: user
 */

#define F_CPU 16000000UL
#include <avr/io.h>
#include <string.h>
#include <stdlib.h>
#include <stdio.h>
#include <util/delay.h>
#include <avr/interrupt.h>
#include "serial2.h"
#define ANZ 320
volatile int zaehler;
volatile int werte[ANZ];
volatile int start;

//Initialisierung und die Funktionen uart_putchar und uart_getchar
//Beide Funktionen sind in serial2.h programmiert
//Aktion 1: Eintrag von uart_putchar und uart_getchar als Standard IO
FILE mystdout = FDEV_SETUP_STREAM(uart_putchar, uart_getchar, _FDEV_SETUP_RW);

unsigned int read_adc(unsigned char adc_input)
{
```

```
    ADMUX=adc_input | (1<<REFS0);        //Vref von Vcc
    _delay_us(10);
    ADCSRA|=(1<<ADSC);                   //ADC Start Umwandlung
    while ((ADCSRA & 0x10)==0)           // AD abwarten, bis fertig
          ;
    ADCSRA|= (1<<ADIF);                  //Datenblatt: "ADIF is cleared by writing
                                         //a logical one to the flag"

    return ADCW;
}
    ISR(TIMER1_COMPA_vect)               //Daten im Interrupt erfassen und in das
    {                                    //Array werte[] schreiben
    if(zaehler == ANZ)                   //Falls Array voll ist, wird start gesetzt
       start = 1;
    else
       werte[zaehler++] = read_adc(0);   //Messdaten in das Array schreiben
    }

int main(void)
{    int i;

    DDRB=(1<<DDB3) ;                //Ausgang von Timer 2
    uart_init(F_CPU, 115200);       //Serielle initialisieren
    stdout = stdin = &mystdout;     //Elementare IO-Funktionen als Standard
// Counter1, Clock an T1 (PD5) steigende Flanke,CTC-Modus,top=OCR2A
// Mode: CTC top=OCR1A
//Interrupt on Compare Match, 10 ms

    TCCR1A=(0<<COM1A1) | (0<<COM1A0) | (0<<COM1B1) |
        (0<<COM1B0) | (0<<WGM11) | (0<<WGM10);
    TCCR1B=(0<<ICNC1) | (0<<ICES1) | (0<<WGM13) |
         (1<<WGM12) | (1<<CS12) | (1<<CS11) | (1<<CS10);
    TCNT1H=0x00;
    TCNT1L=0x00;
    ICR1H=0x00;
    ICR1L=0x00;
    OCR1AH=0x00;
    OCR1AL=0x63;
    OCR1BH=0x00;
    OCR1BL=0x00;

    // Timer 2, Clock 2 MHz, CTC-Modus, top=OCR2A
    // OC2A: Toggle on compare match
    //Ausgangsfrequenz 10 kHz an PB3

    ASSR=(0<<EXCLK) | (0<<AS2);
    TCCR2A=(0<<COM2A1) | (1<<COM2A0) | (0<<COM2B1) |
        (0<<COM2B0) | (1<<WGM21) | (0<<WGM20);
    TCCR2B=(0<<WGM22) | (0<<CS22) | (1<<CS21) | (0<<CS20);
    TCNT2=0x00;
    OCR2A=0x63;
    OCR2B=0x00;
```

```
// Analogwandler
// ADC aktivieren, Teilungsfaktor 64
ADCSRA = (1<<ADEN) | (1<<ADPS2) | (1<<ADPS1);

// Timer/Counter 1 Interrupt(s) initialization
TIMSK1=(0<<ICIE1) | (0<<OCIE1B) | (1<<OCIE1A) | (0<<TOIE1);

sei();

while (start == 0)        //warten, bis Datenerfassung fertig bzw.
    ;                     //start in der ISR gesetzt wird

for(i=0; i<ANZ-1; i++)    //Ausgabe der Daten im Excel-Format
    {
    printf("%d\r\n", werte[i]);
    _delay_ms(30);
    }
  while(1)
      {
      }
}
```

Programm zur Aufnahme eines EKG mit dem Shield von Olimex und Datenausgabe an die serielle Schnittstelle im Excel-Format

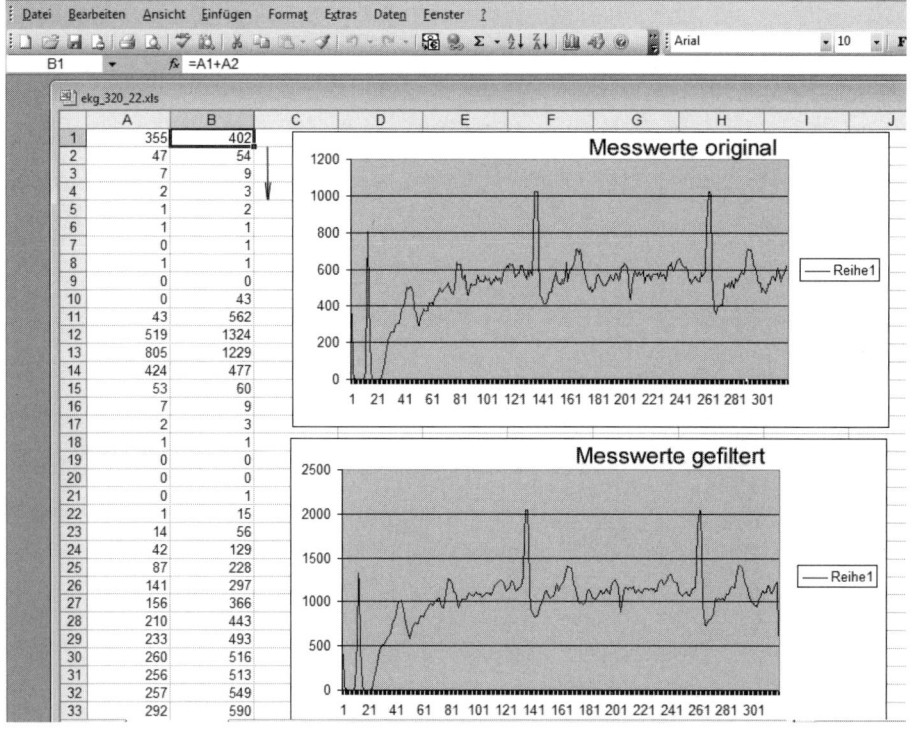

Abb. 15.8: EKG in Excel; die Grafik unten ist frei von 50-Hz-Störungen

In der ersten Spalte befindet sich die Messreihe des EKG, die über die serielle Schnittstelle ausgegeben wurde. Die entsprechende Grafik ist oben dargestellt. Die Abtastung der Messwerte erfolgt im zeitlichen Abstand von 10 ms. Ist eine 50-Hz-Störung vorhanden, wird einmal beim positiven Wert der Störung, das nächste Mal beim negativen Wert gemessen. Diese Abtastfrequenz führt also zu einer hohen Bewertung des 50-Hz-Anteils. Diese Eigenschaft ist aus der Zickzackkurve im Diagramm oben ersichtlich. Die zweite Spalte ist aus der ersten Spalte mit den Funktionen von Excel gebildet. Dabei werden immer zwei benachbarte Werte der Messreihe zusammengezählt und dadurch der positive und negative Anteil der 50-Hz-Störung ausgeglichen. (Formel: Feld B1 wurde mit =A1+A2 berechnet und heruntergezogen.) Die grafische Auswertung im Bild zeigt die Verbesserung. Dieses Filter wird als *Notch-Filter* bezeichnet und ist auch für viele andere messtechnischen Anwendungen geeignet.

15.6 Darstellung der Daten in einem grafischen LC-Display

Soll das EKG mit einem grafischen LC-Display dargestellt werden, ist wieder das seriell ansprechbare Display LCD-09351 die erste Wahl. Das Display wird mit drei Leitungen entsprechend Bild 15.6 angeschlossen. Das Programm mit der Ausgabe unterscheidet sich in nur zwei Punkten vom Programm mit der Ausgabe in eine Excel Datei. Es wird nicht der Zahlenwert der Messung an die serielle Schnittstelle geschrieben, sondern der String für das Zeichnen einer Linie vom alten Messpunkt zum neuen Messpunkt. Außerdem wird nicht nur einmal gemessen, sondern wiederholend in einer *while*-Schleife.

```
/*Geignet für ATmega328P
 * ekg_lcd.c
 *serial2.h aus Kapitel 6.3 ist hinzuzufügen
 *  fuer Atmel Studio
 * Created: 14.08.2012 06:39:52
 *  Author: Plötzeneder
 */

#define F_CPU 16000000UL
#include <avr/io.h>
#include <string.h>
#include <stdlib.h>
#include <stdio.h>
#include <util/delay.h>
#include <avr/interrupt.h>
#include "serial2.h"
#define ANZ 160
volatile int zaehler;
volatile int werte[ANZ];
volatile int start;

//Initialisierung und die Funktionen uart_putchar und uart_getchar
```

```
//Beide Funktionen sind in serial2.h programmiert
//Aktion 1: Eintrag von uart_putchar und uart_getchar als Standard IO
FILE mystdout = FDEV_SETUP_STREAM(uart_putchar, uart_getchar, _FDEV_SETUP_RW);

unsigned int read_adc(unsigned char adc_input)
   {
   ADMUX=adc_input | (1<<REFS0);              //Vref von Vcc
   _delay_us(10);
   ADCSRA|=(1<<ADSC);                         //ADC Start Umwandlung
   while ((ADCSRA & 0x10)==0)                 //AD abwarten, bis fertig
      ;
   ADCSRA|= (1<<ADIF);                            //Datenblatt: "ADIF is cleared by
                                          //writing a logical one to the flag"
   return ADCW;
   }

   ISR(TIMER1_COMPA_vect)         //Daten im Interrupt erfassen und  in das
     {                            //Array werte[] schreiben
   if(zaehler == ANZ)             //Falls Array voll ist, wird start gesetzt
      start = 1;
   else
     werte[zaehler++] = read_adc(0); //Messdaten in das Array schreiben
     }
   /**********************************************************************/
   /********* Funktionen fuer Grafikdisplay *************/
   /**********************************************************************/

   void ClearScreen( void)
      {
      printf("%c%c", 0x7C, 0x00);
      }

   void setPixel(int state)
      {
      printf("%c%c%c",0x50, 0x40, state);
      }

   void drawLine(int startX, int startY, int endX, int endY, int state)
      {
      printf("%c%c", 0x7C,0x0C);
      printf("%c%c%c%c%c", startX, startY, endX, endY, state);
      }

   void drawCircle(int startX, int startY, int radius, int state)
      {
      printf("%c%c%c%c%c%c", 0x7C,0x03,startX, startY,radius,state);
      }

   void setX (int x)
      {
      printf("%c%c%c",0x7c, 0x18, x);
      }

   void setY (int y)
```

```
        {
      printf("%c%c%c",0x7c, 0x19, y);
        }
    void setHelligkeit (int  value)
        {
      printf("%c%c%c", 0x7C,0x02, value);
        }

    /****************************************************************/

int main(void)
{
    int i;

    DDRB=(1<<DDB3);    //Ausgang von Timer 2

    uart_init(F_CPU, 115200);   //Serielle initialisieren
  stdout = stdin = &mystdout; //Elementare IO-Funktionen als Standard

    // Counter1, Clock an T1 (PD5) steigende Flanke, CTC-Modus, top=OCR2A
    // Mode: CTC top=OCR1A
    //Interrupt on Compare Match, 10 ms

  TCCR1A=(0<<COM1A1) | (0<<COM1A0) | (0<<COM1B1) |
      (0<<COM1B0) | (0<<WGM11) | (0<<WGM10);
  TCCR1B=(0<<ICNC1) | (0<<ICES1) | (0<<WGM13) |
      (1<<WGM12) | (1<<CS12) | (1<<CS11) | (1<<CS10);
  TCNT1H=0x00;
  TCNT1L=0x00;
  ICR1H=0x00;
  ICR1L=0x00;
  OCR1AH=0x00;
  OCR1AL=0x63;
  OCR1BH=0x00;
  OCR1BL=0x00;

  // Timer 2, Clock 2 MHz, CTC-Modus, top=OCR2A
  // OC2A: Toggle on compare match
  //Ausgangsfrequenz 10 kHz an PB3

  ASSR=(0<<EXCLK) | (0<<AS2);
  TCCR2A=(0<<COM2A1) | (1<<COM2A0) | (0<<COM2B1) |
      (0<<COM2B0) | (1<<WGM21) | (0<<WGM20);
  TCCR2B=(0<<WGM22) | (0<<CS22) | (1<<CS21) | (0<<CS20);
  TCNT2=0x00;
  OCR2A=0x63;
  OCR2B=0x00;

  // Analogwandler
  // ADC aktivieren, Teilungsfaktor 64
  ADCSRA = (1<<ADEN) | (1<<ADPS2) | (1<<ADPS1);

  // Timer/Counter 1 Interrupt(s) initialization
  TIMSK1=(0<<ICIE1) | (0<<OCIE1B) | (1<<OCIE1A) | (0<<TOIE1);
```

```
sei();

setHelligkeit (100);        //Bereich 0 bis 100
 while(1)
    {
 while (start == 0)         //warten, bis Datenerfassung fertig
              ;             //bzw. in der ISR gesetzt wird

 for(i=0; i<(ANZ-1); i++)   //EKG grafisch ausgeben
    {
     drawLine(i, werte[i]/20, i+1, werte[i+1]/20, 1);
     _delay_ms(10);
    }
     _delay_ms(2000);       //Grafik 2 Sekunden stehen lassen

     ClearScreen();
     _delay_ms(200);
      zaehler = start = 0;  //Messung neu starten
    }
}
```

Programm zur Aufnahme eines EKG mit dem Shield von Olimex und Datenausgabe an ein LC-Display.

Das EKG, bestehend aus Arduino Uno, Shield von Olimex und LC-Display kann auch mit einer Batterie betrieben werden. Dazu muss an die Buchse zur Spannungsversorgung am Arduino nur eine Spannung größer 7 V anliegen. Die gemessene Stromaufnahme mit einer 9-V-Batterie und beleuchtetem Display (*setHelligkeit(100)*) beträgt ca. 250 mA, bei dunklem Display 150 mA. Bei der Aufnahme eines EKG ist eine entspannte Körperposition einzunehmen. Am besten ist eine liegende Position, da jede Muskelanspannung eine störende Spannung erzeugt.

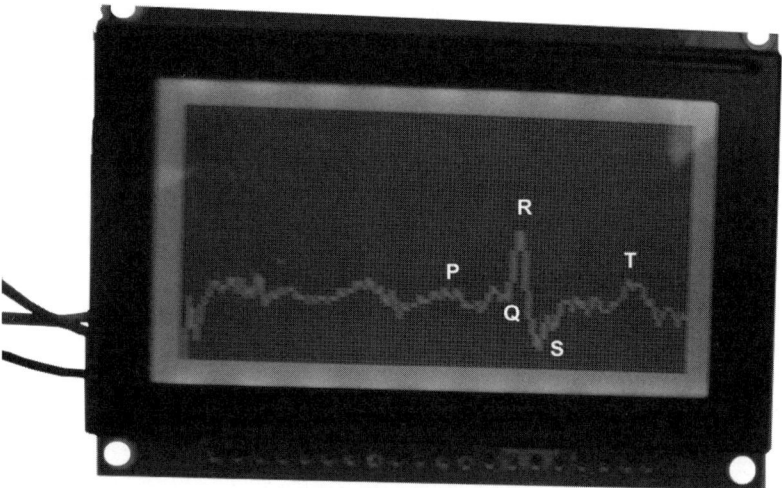

Abb. 15.9: EKG am LC-Display; die charakteristischen Punkte sind nachträglich eingezeichnet.

16 Anhang

Um mit dem Programmieradapter *Dragon* den Bootloader von Arduino in einen neuen ATmega328P zu bringen, müssen Sie zunächst den Dragon mit dem Arduino Uno verbinden. Der Anschluss des Arduino Uno an den Dragon ist wie in Abb. 2.3 gezeigt auszuführen.

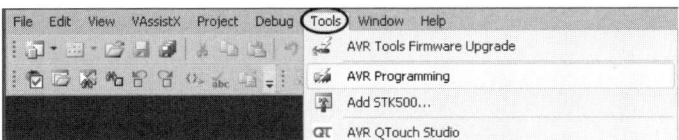

Abb. 16.1: Auswahl des Dragons als Programmiergerät im AVR Studio

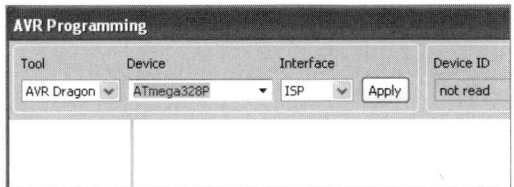

Abb. 16.2: Auswahl des ATmeg328P und des Interfaces

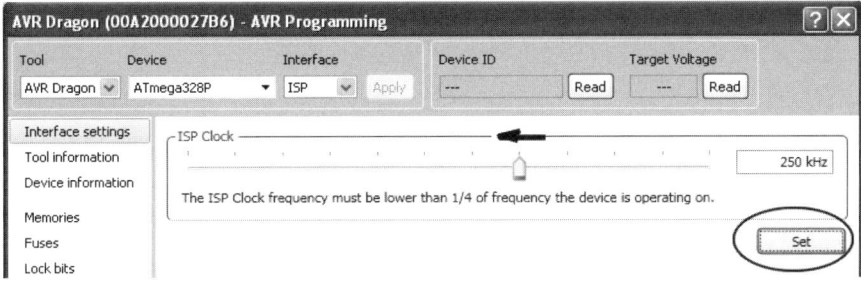

Abb. 16.3: Angabe der Clock-Frequenz; die ISP-Clock ist kleiner 250 kHz einzugeben (ein neuer Prozessor arbeitet mit 1 MHz).

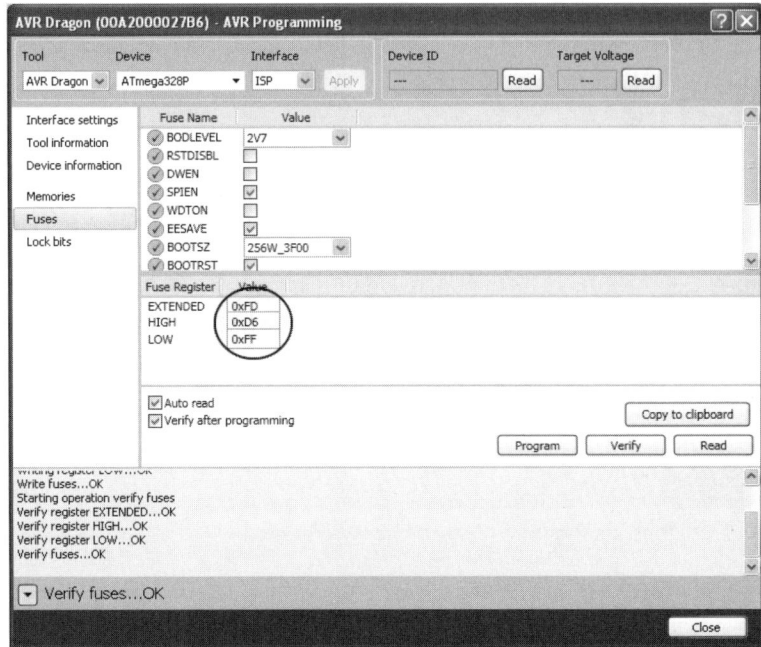

Abb. 16.4: Eingabe der Werte und Schreiben der Fuses mit *Program*; damit wird auch auf Quarzbetrieb umgeschaltet.

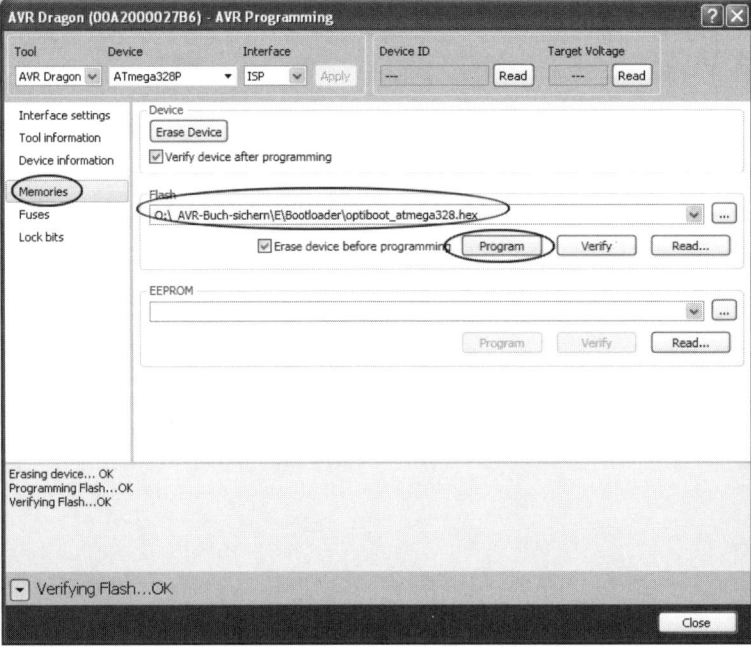

Abb. 16.5: Auswahl der Datei, die den Bootloader enthält

Diese Datei, die den Bootloader enthält, finden Sie nach Entpacken der Entwicklungsumgebung von Arduino im Verzeichnis …*arduino-1.0-windows\arduino-1.0\hardware\
arduino\bootloaders\optiboot\optiboot_atmega328.hex.*

Abb. 16.6: Eingabe des Werts 0xCF und Schreiben der Lock-Bits mit *Program*

Die Autoren

Abb. 16.7	*Abb. 16.8*
Dipl.-Ing. Friedrich Plötzeneder studierte allgemeine und theoretische Elektrotechnik. Er ist an einer österreichischen HTL und an der Fachhochschule Wels tätig. Er ist schon mit dem Z80 in die Mikroprozessortechnik eingestiegen und hat unzählige Projekte mit Mikroprozessoren realisiert. Diese langjährigen Erfahrungen kommen dem Leser des Buchs zugute.	Andreas Plötzeneder, MSc BSc, studierte in Wien und Salzburg technisches Management sowie Informationstechnik und Systemmanagement. Als IT-Unternehmer (http://www.ploetzeneder-it.com), der sein Unternehmen während des Studiums aufgebaut hat, weiß er, wie wichtig angewandtes Wissen und praxisfokussiertes Lernen ist.

Stichwortverzeichnis